集刊

集人文社科之思 刊专业学术之声

集 刊 名：气象史研究
名誉主编：许小峰　丁一汇
主　　编：熊绍员　王志强
主管单位：中国气象局科技与气候变化司
主办单位：中国气象局气象干部培训学院

METEOROLOGICAL HISTORY STUDIES

第一辑

集刊序列号：PIJ-2020-417
中国集刊网：www.jikan.com.cn
集刊投约稿平台：www.iedol.cn

中国气象局气象干部培训学院

气象史研究

METEOROLOGICAL HISTORY STUDIES

（第一辑）

社会科学文献出版社
SOCIAL SCIENCES ACADEMIC PRESS (CHINA)

主编语

熊绍员

历史的重要性毋庸置疑，从历史角度看气象，寻找对未来气象事业的启示，这是20世纪竺可桢先生留下的传统。行至当代，为促进气象事业高质量发展和气象强国建设，有必要在气象科技史研究和业务领域有专门的学术性系列出版物，来系统展现这方面的研究成果和业务进展。中国气象局气象干部培训学院研究人员在中国气象局的指导支持下，专门从事气象史及相关研究已逾十年，逐渐成长为学院的重点研究团队，并对全国乃至国际气象史学界有所贡献。可喜的是依托气象干部培训学院的中国科技史学会气象科技史委员会，从2013年起每隔两年召开一次全国气象科技史学术研讨会，今年是第五届，全国相关领域的气象史研究已经蔚然成风，从已经出版的系列"气象科技史文集"，进一步嬗变为《气象史研究》，为全国乃至世界气象史共同体搭建了学术平台，这是很有意义的重要举措。这会进一步提高气象史学术研究的社会影响力，满足学界需求，进一步提升气象科技史的学术规范和研究水平。

习近平总书记多次强调历史和文化的重要性，总书记指出"文化自信是更基础、更广泛、更深厚的自信，是更基本、更深沉、更持久的力量""如果没有中华五千年文明，哪里有什么中国特色？如果不是中国特色，哪有我们今天这么成功的中国特色社会主义道路？"为进一步在气象史领域落实总书记和中国气象局党组关于"四史"学习，气象干部培训学院主办的《气象史研究》可谓恰逢其时。

作为第一辑的《气象史研究》具有开创性，我们做了不少探索，在内容编排上，突出气象特色和科学史视角。在特稿《构建中国数值天气预报体系——李泽椿院士访谈》一文中，李泽椿院士回忆了我国的数值预报业务，从20世纪80年代的北京B模式发展到如今GRAPES系统这一段艰辛历程，体现了气象学家的担当和家国情怀。在“中国气象史”专题中，刊发了《登州文会馆水利气象类实验研究》和《被遗弃的知识：明清士人论冰雹》两篇文章，体现了中国本土气象学知识体系的特点和演变。在“气象人物史”专题中，《邹竞蒙对中国气象事业的贡献》和《从麻省理工学院气象系毕业的五位气象学家简传》两篇文章，讲述了气象学者和管理者对气象事业发展的贡献。在“气候与文明史”专题中，共有《试论黄河汛期与文明起源》、《从王士性的游记看明代气象科技文化发展》和《辽金时期气候再探》三篇论文，阐述了气象与气候因素对人类文明发展的重要作用。本辑还推出一个特色专题“气象科技文化遗产”，这是气象科技史研究的自然延伸，是后续气象科技史领域重要的业务组成，本专题介绍了二十四节气的有关论述，包括《二十四节气形成过程——基于文献分析》和《礼乐易占确时节——律吕调阳与传统时节划分》。在“国际气象史”专题中，有《古典气象学背景与构成及其发展》、《19世纪苏格兰山地气象学的发展历程》和《世界气象组织的发展与趋势》，国际气象科学技术发展历史对于中国气象事业是有很多启发的。“气象教育史”专题包含《国立清华大学早期的气象学教育与人才培养》一文，未来欢迎更多这方面文章。在“地方气象史”专题中有《营口气象站百年历史》一文，现在气象事业需要正确认识气象史和发展阶段，各省气象局的局史馆遍地开花就是个证明，未来这方面的文章将会更多。在“史料钩沉”专题中，展现了《1935年创建的国立山东大学天文气象组》和《章淹在三峡工程暴雨预报中的贡献与启示》的史料。本辑还设置了书评和约稿启事等，符合编撰和出版规范，同时也丰富了刊物内容。

随着研究的深入和学科专业化趋势加强，学术集刊在全国学界的重要影响和学术地位越来越大。在国家重视学术集刊和落实党史学习教育的大背景下，《气象史研究》的出版具有重要价值和长远意义。社会科学文献出版社是中国人文社会科学学术出版的大社名社，对出版发行的学术刊物具有较高定位及高质量的标准要求，相信在全国气象史学者和其他相关学者的支持下，《气象史研究》必将成为国内外气象史和文化遗产及相关领域学人的重要学术家园。

目录 Contents

特稿

中国气象史

气象人物史

气候与文明史

气象科技文化遗产

国际气象史

气象教育史

地方气象史

史料钩沉

书 评

特　稿

构建中国数值天气预报体系

——李泽椿院士访谈

孙　楠　李生坤　访问整理

摘　要： 我国的数值预报业务系统从当年的北京B模式发展到如今GRAPES，历经艰辛，这其中，由于西方禁运，进口巨型计算机的过程更是一波三折。李泽椿院士长期奋斗在天气预报系统建设和科学研究第一线，体现了气象学家的担当和国家情怀。

关键词： 数值预报业务系统　MICAPS　李泽椿

李泽椿（1935～），著名气象学家、中国工程院院士。1935年6月1日出生于江苏省南京市。1951年参加中国人民解放军。1962年毕业于北京大学地球物理系，1965年在该校硕士研究生毕业，毕业后被分配至中央气象台工作。1983～1996年先后担任国家气象中心副主任、主任。1995年当选为中国工程院院士。2001年获何梁何利奖，2004年获中国气象局科学技术贡献奖。

李泽椿长期在气象业务第一线工作，注重科研成果转化成实际业务的能力。1978年开始，李泽椿与北京大学、中科院大气物理研究所合作，研发了我国短期数值天气预报业务系统。“七五”期间，组织并参与研发了我国第一个中期数值天气预报业务系统。1992～1994年，参与组织安装了当时我国运算速度最快的银河－II和美国Cray C90巨型计算机，并设计构建成两个互为备份的计算机体系，保证了预报业务的发展与稳定运行。“八五”期间，研发了我国台风与暴雨数值预报系统。“九五”期间，主持了“并行计算在数值天气预报（NWP）中应用”科研项目，项目成果极大地提升了我国天气预报业务水平。李泽椿主持的项目共获得国家科技进步一等奖 1 次、二等奖 3 次。[①]

本文中，李泽椿讲述了我国数值天气预报系统的建立和发展过程。从早期的短期数值预报北京 B 模式，到后来的中期数值预报“T”系列，再到新一代全球/区域通用的数值天气预报系统（GRAPES），以及台风、暴雨等灾害性天气的监测预报系统，其中的艰难曲折、峰回路转，李泽椿先生娓娓道来，让我们感受到当代气象学家的责任担当和家国情怀。

采访时间：2020 年 11 月 12 日。

采访地点：中国气象局李泽椿院士办公室。

一　北京 B 模式

孙楠（以下简称“孙”）： 听说您是在抗美援朝时期参军的，怎么后来改行从事天气预报？

李泽椿（以下简称“李”）： 这事说起来也简单。1951 年，当时我正在上海市市西中学读高二。这一年的 4 月 11 日，《人民日报》刊登了魏巍的那篇《谁是最可爱的人》，反响很大。同时，当时中央人民政府政务院和中央军委号召青年学生抗美援朝保家卫国、参加军事干部学校，年轻人热血沸腾，纷纷报名参军，我也是其中之一，那一年我 16 岁。

高中生在当时可算是有学问的知识分子了。我被分配到西南军区空军气象干部训练班。我参加的是第二期学习班，先是学了 5 个月的政治，接着学了 4 个月的气象观测。

孙： 您本来打算走上战场真刀实枪保家卫国，进了部队后却安排您做气象工作，当时有没有情绪？

李： 穿上军装却上不了前线，我当时极度失落。不过那 9 个月的学习培训对我影响很大。我不仅掌握了初步的气象观测知识，也了解到气象工作对军事行动的保障作用。我知道自己已经是一名解放军战士了，要无条件服从命令，要为人民服务，个人的成长和工作要服从国家和社会需要。国家需要，就要尽心尽力地去做。

当时全国的宣传基调是到基层去、到边疆去、到祖国最需要的地方去。

---

① 郑国光主编《中国气象百科全书 · 综合卷》，气象出版社，2016，第 494 页。

结业后，我便申请到大西北工作，被分配到西北军区，在军区司令部军训队任助教，讲授气象知识。后来因为要开通西藏航线，航线上要建立多处气象站。1952 年冬天，我与两名战士全副武装，推着装满观测设备的独轮车，从汉中出发，走了整整 4 天崎岖的山路，来到秦岭大巴山深处的略阳县，建立气象观测站。

略阳县隶属于陕西省汉中市，地处陕、甘、川三省交界地带。当时这里时常有国民党残兵和土匪出没，山区生活十分艰苦，吃的是咸菜、荞麦和玉米糊。观测员 24 小时值班观测，我还兼任电台摇机员，一旦遇到雷雨大风时，我常常摇得满头大汗、腰痛臂酸。艰苦和劳累我可以忍受，但大巴山区寒冷的气候让我这个南方人非常不适应，后来我患上了严重的风湿性关节炎，直到今天，我的双腿关节仍不时隐隐作痛。

1955 年，我被选送到北京气象学校中专班学习。当时，抗美援朝战争已经结束，全国掀起工农业大生产高潮，气象部门已转为国务院建制，由重点服务军事转为重点服务工农业生产。在此前的 1953 年和 1954 年，中国发生了大范围的寒潮和洪涝灾害，当时的天气预报效果都不是很好。我想，既然已经从事气象事业了，就争取把它干好，所以在上学的第二年，我申请参加全国高考，因为我是调干生被破例批准。

1956 年，我考入北京大学地球物理系气象专业，开始是本科四年学制，后来党中央提出向科学进军，又改为五年制、六年制，直到 1962 年我才本科毕业。我继续攻读本校硕士研究生，导师是谢义炳先生。1965 年研究生毕业，我进入中央气象台搞天气预报。

孙：中国气象的数值模拟预报是什么时候开始研制的？

李：1950 年的时候，美国人查尼第一个搞出了数值预报①，顾震潮先生当时就敏锐地意识到，随着计算机计算速度的加快，数值模拟预报将会成为一种常规预报业务，是未来天气预报的发展方向。顾先生在瑞典留学，是罗斯贝②先生的学生。虽然美国是第一个成功地制作出数值天气预报图的国家，但瑞典和其他欧洲国家在这方面也很有研究。当时没有计算机，顾先生和他的团队就用算盘计算、用图解法求解微分方程。个别年轻人对这

---

① 郑国光主编《中国气象百科全书 · 综合卷》，第 xvii 页。

② 卡尔 · 古斯塔夫 · 罗斯贝（Carl - Gustaf Rossby，1898 ~ 1957），瑞典人，现代气象学和海洋学的开拓者。

种算法有点懈怠，顾先生就鼓励他们说，不要认为图解法很土、很老套，牛顿在发明微积分之前，就是用图解法来计算天体运动的，你们读读他的《自然哲学之数学原理》就知道了。1959 年，顾先生和他的团队首次计算出正压模式 500 百帕形势预报，向国庆十周年献礼。

顾先生当时是用正压方程计算的，查尼也是这么干的，这样做是为了减少计算量。当然，地球大气是斜压的，第二年，顾先生改用较为复杂的正压涡度方程，计算出 24 小时和 48 小时高空形势场，供中央气象台预报员试用。随着研究的不断深入，计算方法不断地趋于先进，模式逐渐趋近原始方程。在以后的计算方法中，顾先生采用了中科院大气物理研究所（以下简称中科院大气所）曾庆存的半隐式差分法。曾庆存后来获得 2019 年度国家最高科学技术奖，这个算法是很有贡献的，他的这种算法成为数值天气预报发展的一个里程碑，与现在流行的半拉格朗日平流格式异曲同工。

顾先生认为数值预报存在一个根本性缺陷，就是只用一个初值，大量的历史资料都没有被利用。在他的帮助下，团队里一位年轻的北大毕业生丑纪范创造性地优化了这个“短板”。他将数值预报的微分方程定解问题，转化为等价的泛函极值问题，提出了在数值预报中使用前期观测资料的具体实现方法。就这个方法的核心理论而言，这是世界上最早关于四维变分同化的理论和方法，比查尼等人提出这一理论要早 10 年。[①] 当时这篇论文列为保密材料，直到 1974 年才在《中国科学》第 6 期上发表。我看到有文章介绍说，当时还是巴黎理工大学学生的米歇尔·雅罗[②]，无意间浏览到丑纪范的这篇论文，使他对气象学产生了浓厚兴趣，从此改变了他的人生轨迹。

1965 年，中央气象台正式向全国发布 48 小时 500 百帕形势预报。

不过，当时资料处理和分析都是手工操作，时效很低，还有其他很多客观条件的制约，特别是之后的“文革”干扰，数值预报没能在我国成为日常业务，最后与发达国家的差距越来越大。即便如此，顾先生等人的超前研究，为中国的数值预报积淀了基础，所以后来我们发展很快。

孙：北京 B 模式是什么时候起步的？

---

① 郑国光主编《中国气象百科全书·综合卷》，第 485 页。

② 世界气象组织前秘书长。

李：1978 年的时候，中央气象局决定要搞数值预报，并且把它作为气象事业现代化建设的重要步骤，成立了由邹竞蒙、叶笃正和谢义炳等人组成的领导小组，参照建国初期组建“联心”[①] 的工作方式，与中科院大气所、北京大学等单位合作，在中央气象台成立了联合数值预报室，以上海气象台的三层模式作为试验对象，这个模式简称 A 模式。

这个 A 模式是属于试验性质的，目的是先在中央台形成数值预报业务并取得经验后再进一步发展。在 A 模式运行的同时，中科院大气所、北京大学等单位也在实验自己的数值预报模式。为了做到科学民主决策，我们曾组织过对各模式的对比报告会，当时没有条件在计算机上、用同一初值条件运行，以比较彼此结果，只能依靠相互报告与讨论。最后确定，北半球模式用中科院大气所的、有限区域模式用北大的。气象局参与研发的人员被划分成 3 个小组，我当时参与研发五层北半球原始方程模式的一组，另一组与北京大学合作，参与研发有限区域模式，第 3 组负责质量控制与客观分析。

经过一年多的研发后，我们分成两批去日本气象厅考察。当时日本气象厅用于数值预报的计算机是日本自己生产的日立型，我们在 20 世纪 70 年代中期为建设世界气象组织亚洲区域通信枢纽时，同时进口了一台计算机用于做预报。我们带着自己的方案，利用日本的日立计算机，参照日本的业务方案，进行修改、调试，回国后立即移植到中央气象台的 M170 计算机上试验。

1981 年 9 月，北半球模式开始了准业务试验，1982 年 2 月正式转为业务运行，有限区域模式也于同年 4 月进行了业务运行。

孙：北京 B 模式对当时的天气预报准确率有什么促进作用？

李：北京 B 模式是中国第一套从资料收集、加工处理到产品分发的全自动化业务系统，填补了我国数值天气预报业务的空白，对当时的天气预报业务起到了推动作用，这在我国天气预报发展史上具有重要意义。一些省市气象台将北京 B 模式的物理量诊断产品，采用 MOS 法或 PP 法，开展当地天气预报，取得了不错的效果。当年正值 PC－1500 和 Apple-Ⅱ 等微型计算机在全国气象台站普及，基层台站预报员 MOS 方程用得比较多，对传统预报手段有很大的改进。

---

① 温克刚主编《辉煌的二十世纪新中国大记录·气象卷：1949～1999》，红旗出版社，1999，第 21 页。

二 中期数值预报业务系统

孙：为了研发中期数值预报业务系统，您去了欧洲中期天气预报中心调研，也克服了很多困难。

李：1983 年，国家气象局启动了中期数值预报业务系统建设工程。后来国家计委、国家科委都投资开展科研和工程（买高性能计算机等）建设，1987 年国家气象局取了个代号叫“873 工程”。

中期数值预报较之北京 B 模式而言，其复杂程度的增加呈指数增长，建设难度不可小觑，特别是全球一周天气预报，需要处理的数据信息堪称海量，它包括气象台站的地面人工观测、自动观测、高空探测、气象卫星和雷达探测数据。中期数值预报不仅涉及气象科学的多个分支，还涉及应用数学和计算机科学。对中国而言，建设中期数值预报不仅缺乏经验、缺乏技术、缺乏人才，更缺乏高性能的巨型计算机。

虽然数值预报的“第一次”突破是在美国，但美国数值预报直到 1955 年才开始实验。据说当年美国地球物理流体动力学实验室在进行第一个中期预报试验时，用了一年时间收集资料。直到 20 世纪 80 年代，美国才凭着它强大的科技实力和财力，使中期数值预报成为美国天气预报的常规业务。

说来让人难以置信，瑞典在 1954 年就建成了世界上第一个中期数值预报业务系统，这要归功于罗斯贝的贡献，他使欧洲的数值预报赢在了起跑线上。但中期数值预报的业务化运行，需要超级计算机等强大的外部条件支撑，所以后来欧洲共同体组建了欧洲中期天气预报中心（以下简称欧洲中心），为欧共体成员国统一提供服务。在当时，世界上只有欧洲中心开展此业务，独领风骚，所以，以邹竞蒙为组长的专家小组，目光几乎无一例外地都转向了英格兰的雷丁小镇，欧洲中心就设在那里。

1983 年 10 月，章基嘉副局长带队，我们到了欧洲中心，对其业务流程、资源要求和计算机性能等方面进行了详细考察。

记得当年在欧洲中心的计算机机房里，除了一台 Cray X－MP/48 机外，还有几台 Cyber800 系列计算机。他们用 3 台 Cyber 机作为前置机，先对数据预处理，然后送到 Cray 机分析计算。其他的如 IBM4341 用于高分辨率模式的大量数据处理，VAX11/750 专用于绘图，两台 RC8000 专门用作通信。

当时，中科院大气所的吴国雄、北大的陈受均和国家气象中心的邬元康等人都在这里工作。这是中国气象考察团第一次到这里考察，三个人激动之余，热情地介绍了欧洲中心的方方面面，尤其是它的分析预报系统。我们还在 Cray 机上进行了计算机水准测试，掌握了第一手资料，为以后引进大型机、巨型机打下了基础。对了，之后我们还考察了英国气象局。

孙：为什么欧洲中心的预报那么“牛”？

李：近代的欧洲，大气科学领域人才辈出，挪威有卑尔根气象学派，芬兰有气象学家帕尔门和世界著名的探空仪器生产商维萨拉，瑞典有罗斯贝，他最早也是在卑尔根学习的，后来在美国创建了芝加哥学派。我看过一个资料，说在近现代气象科技的杰出科学家中，欧洲人超过了 90% 。

欧洲中心成立于 1975 年，1979 年正式发布预报。目前欧洲中心是一个由 34 个国家支持的国际组织，成员国主要限于欧洲各国，资金分配和决定问题的投票权，按各成员国国民生产总值而定，参加职员数按中心所在国和其他国家事项多寡而定。欧洲中心的正式工作人员目前只有 100 多人，采取招聘合同制，一般 3 ~ 5 年，科研人员最多聘用 2 次，有进有出，知识结构不断随之更新。

欧洲中心的分析预报系统，应该是迄今为止设计的最复杂、最高级的模式之一，它是整个地气系统的缩影。最初使用的是格距为 1. 875°经纬距的网格点模式，垂直 15 层 α 坐标，但这个模式的不同之处是采用了球形网格。1983 年，欧洲中心又启用谱模式，采用混合坐标，近地层用 α 坐标，上层用 p 坐标，采用 T63L16 谱模式，相当于 1. 875°经纬距分辨率。不久，模式又升级为 T106L16 新模式，这套模式更真实地反映了地气系统的运动和交换情况，预报时效性也大大延长。

那个时期的美国国家气象中心（以下简称 NMC）也开始进行发布中期天气预报，不过，NMC 采用的是一种水平网格模式而不是球形网格模式，侧重于使用卫星云图资料。NMC 承认欧洲中心的模式更为先进。

搞数值预报的人都知道，一个好的预报方法，必须要有一个好的分析方法与之相配合，也就是说预报不能与分析脱节。为此，欧洲中心把分析系统和预报模式一体化，取名分析预报系统。在欧洲中心的分析预报系统中，对于资料的客观分析和初始化都做了大量工作，尤其是在四维同化方面更是如此。一个数值预报系统的优劣很大程度上取决于模式和初始资料，受制于初始资料的误差以及误差的增长速度，而误差的增长速度又取决于模式的精确度和分辨率的高低。对初始资料的误差，需要从资料的收集、分析、质量控制和初值形成方案等方面加以考虑，就技术上而言，欧洲中心科研人员高度重视四维同化系统的引用和改进，也就是说高度注重对初值形成方案的改进，这也是一个早期不受人们注意的方面，而他们却花费了很大精力。实际上，数值天气预报就是一个初值问题，数值模式计算出大气运动“初值”的过程叫作“资料同化”，它是由早期的逐步订正法、最优插值法演变而来的。利用变分概念及其快速算法，可以同化不同类型、不同时次的观测数据，包括直接利用卫星辐射率、雷达反射率和降水资料。目前，就中期数值预报准确率而言，欧洲中心的水平在世界上是领先的。

孙：听说当年引进巨型机费了很多周折？

李：是的，可以用一波三折来形容。从欧洲中心回来后，由我牵头起草了中期数值预报系统建设方案，仅整个可行性报告就修改了十多次。在经过了不知多少轮的研讨和论证后，方案最终于 1984 年得到国家计委批准立项、1986 年通过国务院电子振兴办组织的论证会。巨型计算机选定美国的 Cray 机和 Cyber 机。

1986 年 6 ~ 7 月，中国仪器进出口公司组织我们去美国考察和测试设备技术性能，章基嘉副局长带队，我们与国家计委的同志一起考察了 CDC、CRAY 和 IBM 等计算机公司和 Liebrt 场地设备公司，并取得了一些计算机的性能测试数据。

在“873 工程”项目中，使用国产银河机是必然的首选。那个时候中国的外汇储备少，动用外汇报批手续相当烦琐，即使批准进口，数量也极其有限。但银河机毕竟是第一台国产巨型机，没有经历实践的考验，对它的运算速度、稳定性和兼容性都一无所知。为此，我们对银河-I 的性能进行了一系列测试。

首先是选用基准性能测试程序进行测试。结果，全向量题目银河-I 的速度只有当时 Cray 机的 1/5，经过改造优化后，速度才达 Cray 机的 1/2；混合型题目只有 Cray 机的 1/10；最后用欧洲中心的 T21 和 T42 模式源程序进行重点测试，而这一试，就花掉了 2 年多时间。由于当时我们对源程序的磁带格式和编码全然不知，无法读出程序，只得根据美国 CDC 机、日立 M-170 机，反复转换编码、转换程序，再转换成标准格式化磁带，我们多次往返于北京和长沙，在银河-Ⅰ上进行试算。最终的试算结果很是让人失望，银河-Ⅰ的速度只有Cray机的10.5%，计算T63模式要50个小时，不能满足业务要求。1986年2月，国家气象局将此结论提交由国务院电子振兴办组织的论证会，结论得到了与会专家的认可和理解，最后形成的论证意见为：用于中期数值预报系统通信的小型计算机应立足国内，大型机、网络机和巨型机需引进。后经国务院批复，同意进口一部巨型机。

国防科大的几位教授给时任国务院总理的赵紫阳写信，要求再研制新的银河机用于气象局的中期数值预报。赵紫阳总理随即批示：巨型机立足国内，用户要照顾这个大局。后来经过邹竞蒙局长的多方沟通协调，国务院的批示又稍作修改：在使用银河机的前提下，可以进口巨型计算机。

1986年8月，国家气象中心与国防科大计算机研究所签订意向书。后来，双方就新研制的银河-Ⅱ技术指标，在1988~1993年的5年间，3次签订合同和补充合同，最后将银河-Ⅱ的CPU升级为4个。

在银河-Ⅱ紧锣密鼓的研制过程中，我们作为用户不仅全程参与其中，而且着手移植开发由欧洲中心引进的中期数值预报系统。这种“同步进行法”，使得银河-Ⅱ在建成之后很快便正式投入运行。否则，从计算机研制成功到应用软件投入运行，还将有很长的路要走。

直到这个时候，美国才批准向中国出口Cray计算机。

其实很早，国家气象中心进口巨型机的谈判就已启动，但阻力重重，最大的阻力就来自“巴统”。国家气象中心先后与CRAY公司的几家外国机构洽谈购买意向，但这些机构代表众口一词，要么建议将机器放在境外，要么就是由他们派人24小时监管，并且要支付昂贵的监管费用。

1992年6月，“联合国环境与发展大会”在巴西里约热内卢召开，李鹏总理应邀出席首脑会议并发表讲话，邹竞蒙局长与李鹏总理同机前往巴西参会。途中，邹竞蒙向李鹏总理汇报中期数值预报与气象卫星工作时，谈及巨型机的引进问题，李鹏总理表示支持继续引进，于是国家气象中心再次向CRAY公司签发了购买意向书。当年10月，邹竞蒙率团访美，他以世界气象组织主席和国家气象局局长的双重身份，与美国国务院、军备控制与裁军署、商务部、国防部以及国家安全委员会等官员会谈，商谈巨型机的出口许可证问题。邹竞蒙详细说明了中国引进巨型计算机是为了应对全球气候变化以及它的人道主义用途，对美方官员们提出的有关安全问题的担心给予了解答。

1993年，老布什总统在他卸任的前一天，批准了向中国出口巨型机的计划。但是克林顿上任后，出口计划再度搁浅。

此时，国防科大的银河-Ⅱ计算机已经在国家气象中心现场组装。当美国得知后，不得不放松出口管制，批准向我国出口巨型机。但在具体的商业谈判中，美方又提出两个苛刻条件：一是这台计算机只能用于气象预报，不能用于其他研究；二是派人现场监控，监控人员的费用由中方承担，5年累计200多万美元。这无疑遭到中方的断然拒绝。

1993年11月，江泽民主席与克林顿总统在西雅图举行会谈，其间再度谈到进口Cray计算机的问题，这次美方态度十分积极。其实，对于美方的这个态度，中方早已在意料之中。因为“巴统”成员国特别是美国，有个不成文的潜规则，当你对某项技术或理论已经掌握，即将量产之前，它们就会放松限制出口。这样做出于两个目的，一是知道既然禁控无望不如趁早多赚点，二是高科技的试产需投入巨大资金，导致前期产品价格高昂，它们便以略低于你的价格出售，给点甜头让你知难而退。

就在中美领导人会晤之前，CRAY公司多次与我方就安全条款、技术指标和商务细则进行谈判。美方让国家气象局出具一份法律式的保证书，保证此机器不用于军事目的，并且具体列举了10项细则，其中有不能用于模拟核爆炸和核潜艇的设计、情报解密等条款。当美方得知银河-Ⅱ已经在国家气象中心组装即将试运行时，便立即取消了监控人员的费用要求。见此情境，我就提出，你们卖给我们的机器每个CPU只比我们银河机的CPU快1.33倍，已经算不上先进设备了，我无法向单位交代。最终美方只得调整了机型系列，它的CPU比银河-Ⅱ的CPU快10倍，大大提升了系统的运行速度。此外，购买Cyber机也同样是一波三折。国家气象中心在与国防科大合作初期时，对银河机的性能不敢抱有太大希望，因此在设计前置机的时候，尽可能选择运转速度较快的Cyber机，以备出现事故时有降级使用方案。国家气象中心选定的Cyber992和Cyber962两款计算机，当时均为“巴统”限购产品。Cyber机又联网中国气象卫星，中方会不会将卫星探测地面的资料（比如坦克的布置信息）透露出去？并正式通过生产厂家代表向我方提出质询。我回复他们说，我们的气象卫星星下点分辨率只有1500米，也就是说，只有大于这个尺寸的物体气象卫星才能看到，你们西方的坦克有那么大吗？

经过几年艰难的多轮谈判，最终达成了协议。

为了保证 Cyber 机的正常运行，我们派出 40 多人出国培训。在美国的明尼阿波利斯，我们每天都要冒着 -38 ~ -30℃的严寒，步行 25 分钟去培训中心接受训练。大家对自己要求很严，每周的学习时间自觉地增加半天，在经费的使用方面处处为国家着想，坚持节约，能不花的钱尽量不花。据学习结束后审核，我们在半年时间里仅住宿费、交通费就为国家节约了近 20 万美元。

以后的事情你们都知道的。1993 年国庆节后，银河-Ⅱ数值预报系统运行庆典会召开。国家气象中心以银河-Ⅱ为主机、Cyber 机为前置机，运行 T63L16 数值预报模式，制作 7 天中期预报。自此，中国步入世界少数几个能制作中期数值预报的国家行列。而 Cray 机及其配套设备，直到 1994 年 8 月才分批到货。

“873 工程”项目建设从 1983 年酝酿启动，到 1993 年业务运行，历时十年，真可谓十年磨一剑。而等待时间最长的，就是巨型机的引进和研制。为了节省时间，将来尽快上手，我们采取“三步走”和“小马拉大车”的策略，边等边干、边学边干、先简后繁、先易后难，在还不完全具备条件的情况下，建成了中期数值天气预报业务系统。

孙：现在我国的数值预报在国际上处于什么水平？

李：1997 年 6 月，国家气象中心将 T63L16 模式升级为 T106L96 模式，拉开了我们数值预报“T”系列模式的升级序幕。这套模式与之前的 T63L16 相比，不仅分辨率有所提高，而且预报时效性也延伸至 10 天。几年后，T213L31 全球谱模式投入业务使用。这套模式与前几套模式一样，也是从欧洲中心引进、经过适应性移植开发和优化而建立起来的，这也是我们在“并行机”实现的第一代中期数值预报模式。T213L31 模式依然是三角截断的全球谱模式，截断波数为 213 个，格点空间水平分辨率为 60 千米，垂直方向为 31 层，水平分辨率和对流层垂直分辨率都比原来的 T106L96 模式提高了一倍，它采用了规约化高斯格点、半拉格朗日方法处理平流等一系列改进，节省了计算时间和空间。

虽然 T213L31 对形势场和降水预报都有显著提高，但与国际上先进的中期预报模式相比，还存在一定差距。这套模式除了在卫星云图等非常规资料的应用方面较为落后外，模式的物理过程和计算方法改进也相对迟缓。

此时的欧洲中心已开发出更加先进的模式，垂直分辨率从 31 层逐渐增加到 60 层，水平分辨率从 60 千米降低到 40 千米。美国、日本和加拿大等国也都纷纷改进模式，提高分辨率。因此，进一步提高我国中期数值预报的模式分辨率、改进相应的物理过程已是势在必行。

2009 年 3 月，TL639L60 模式投入业务使用。这套模式的水平分辨率由 60 千米提高到 30 千米，垂直分辨率提高到 60 层，资料同化系统由原来的 SSI 升级为 GSI，实现了三维变分同化方案的升级，因此可大量使用卫星资料。更为关键的是，这套系统为今后自主提升模式分辨率等计算方式提供了支持。

我们在升级改进“T”系列模式的同时，还引进移植和优化开发了一系列专业预报模式，比如中尺度数值模拟、沙尘天气数值模拟等系统，对中尺度天气预报和专项天气预报提供了很大帮助。

此外，在引进移植和优化开发的同时，我们早在 2001 年，就启动了 GRAPES 项目。2006 年，GRAPES 的区域预报正式投入业务运行，2016 年，全球模式投入业务使用，并向全国下发产品，这标志着我们的数值预报技术体系实现了国产化，也宣告我们基本掌握了从全球预报到区域高分辨率预报的数值预报核心技术。2018 年，GRAPES 全球四维变分同化系统实现业务化。

如今，我们不仅除了拥有“大而全”的 GRAPES，还开发有中尺度模式、有限区域模式、沙尘预报、森林火险等级预报和环境气象预报等多种“小而精”的区域、专业模式。同时我们还培养了一支精干的数值预报业务人才队伍，可以自力更生不断发展我们的气象业务，而不会被“卡脖子”。

2019 年 8 月，GRAPES - TYM 的 9 千米区域台风数值预报系统正式投入业务使用，相较于上一版本，新版系统在多方面进行了改进，水平分辨率由原来的 12 千米精细至 9 千米，垂直分辨率由原来的 50 层提升至 68 层，并进一步优化了模式的近地面参数化过程，通过对 2019 年第 9 号台风“利奇马”的强度和路径预报检验，新版系统对台风强度预报的能力明显提高。

三　MICAPS

孙： 国家气象中心在研制数值预报业务系统的同时，还开发了 MICAPS?

李： MICAPS，全称是“天气预报人机交互处理系统”。早在 1982 年的时候，我们中科院大气所的一位同志，就把美国威斯康星大学空间科学和工程中心（SSEC）的人机对话资料存取系统（MCIDAS）介绍给国家气象中心，这个人机交互处理系统能够快速地把许多气象信息，包括常规的高空、地面、雷达和气象卫星资料及加工产品，经过综合分析后，将过去只能在预报事后才能得到的信息，提前处理好，并且以图形图像的形式呈现在预报员面前，这可是我们预报员梦寐以求的，会大大提高我们认识天气物理状态的能力和预报水平。

但是在以后的几年里，这套系统并没有被付诸实施。这也是正常的，因为新的事物、新的技术工具，并不一定能立即被人们所认识到而形成推力。到了20世纪80年代中期，我与国家气象中心、卫星气象中心的同事等6人去SSEC学习，引进到中央气象台会商室使用，随后有人又引进了欧洲中心的图像系统，我们的一些业务人员也从国外带回来不同版本的相关系统，但始终没有一个能被预报人员普遍接受的系统。因此，我们期望能有一个先进的图像系统和一个备份系统。

MICAPS是当前适用于全国各级气象台的使用系统、获得国家科技进步二等奖。研制中有一条经验是，不拘一格降人才，培养干部，最初的三个年轻人，其中有一个是中专毕业、一个是刚毕业的大学生。

1993年之后，经过不断地改进和去国外进修学习，终于有了个相对完善的系统，我们将它命名为MICAPS。在研制过程中也出现过不断加入最新的技术，最终才形成了一个相对固定的版本。这套人机交互处理系统，将天气系统与卫星云图叠加在天气底图上，非常直观地反映出天气系统、降水云系与地理位置相互叠加的直观效果，对预报人员分析和预报天气起到很好的作用。此外，预报人员还可以方便快捷地对天气预报图的生成进行修改。1996年，“9210工程”① 完成了省级系统的建设之后，这套MICAPS的业务布点工作也相继完成。

四　台风、暴雨数值预报系统

孙：您对台风、暴雨的预报特别关注，这其中有没有什么特别的原因？

① 温克刚主编《辉煌的二十世纪新中国大记录·气象卷：1949～1999》，第60页。

李：对台风和暴雨的预报，是我国气象部门关注的焦点。我之所以特别关注，起因于“75·8”特大暴雨。

1975年8月的4~7日，河南驻马店一带，降水量超过400毫米的面积接近2万平方千米，暴雨中心最大过程雨量1631毫米、最大6小时雨量830毫米，都超过了当时的世界最高纪录；最大24小时雨量1060毫米，也创造了我国大陆地区的最高纪录。这就是气象史上有名的“75·8”特大暴雨。

中国气象局及部分省市气象局、中科院大气所、北京大学地球物理系、水利部门和一些其他科研机构，联合组织会战，分析研究这次暴雨的成因及其预报方法。这次的联合会战和分析研究，其规模之大、研究之深，是我国气象史上从来没有的。

孙：您在“八五”期间，带着团队开发的台风与暴雨数值预报系统，能否预报出像“75·8”这样的特大暴雨？

李：当年的会战，搞出的那些预报方法都是建立在天气学和统计学基础上的，没有数值预报模式。后来条件成熟了些，在我的建议下，经过众多专家和领导的反复研讨后，气象局最终形成向国家科委的建议，建议“八五”气象科技攻关项目为“台风、暴雨灾害性天气监测、预报技术研究”。

国家科委批准立项后，包括气象系统、有关大学和中科院在内的28个单位、1136人参加了这项研究。整个项目分为10个课题55个专题，涉及面非常广，大体上分为信息获取包括多普勒天气雷达研制和卫星遥感资料反演、信息传输、资料加工预报和服务对策等部分，从大气探测、通信、预报方案、科学外场实验、减灾防灾对策等一系列研究与技术开发。我负责项目的组织协调。经过5年的研究攻关、近2年的业务转换，基本上形成了上下两级的台风与暴雨数值预报系统。这个项目提高了我国对台风、暴雨的监测与预测能力，1997年获国家科学技术进步奖二等奖。

美国人说（“75·8”）是人为灾难，是夸大其词、不顾事实。我可以肯定地说，以当时的技术水平，没有任何一家预报机构、任何一个人，能预报出这样大范围的特大暴雨。几年前，我们曾将“75·8”并不完整的数据带入数值模式，只计算出了300毫米的降雨预报，远远没有达到当时的实际降水量级。

我认为主要问题在于机理仍然没有搞清。大气可分为不同尺度的网格，尺度大了，大气运动的细节就会被忽略掉。不将这些“细节”进行参数化，观测数据分辨率再高、集合预报成员再多，也很难做出准确预报。比如1993年夏天，北京市延庆区（当时为延庆县）出现了一次强降水，暴雨导致山体滑坡，死亡一人，能否预报出这样的小范围天气是一个新的气象科学问题。再比如1995年9月，抗日战争胜利50周年纪念大会在天安门广场举行，江泽民主席要求我们，在两天前预报出天安门广场及其周边是否下雨。这一切都促使我们想尽快地建立一套能够预报小范围地区的预报系统。

我让国家气象中心的年轻人先用美国的MM－5模式做7.5千米格点的试验。这个模式是研究模式，不适宜做业务应用，但我坚信可以改造成业务应用模式。1996年，我们与北京市气象局合作，建成了一套中尺度短时预报系统。这个系统成功地预报出了几次预报员经验所不能达到的预报结论。在这之后，我们又针对北京奥运会需要，开发出3小时间隔、3千米分辨率的“快速更新循环同化和预报系统”，对中小尺度强对流天气的预报发挥了重要作用。

然而，天气预报技术永远没有“完成时”，预报技术永远都是“接近”完美。

孙： 非常感谢您能接受我们访谈。您今年已经是85岁高龄了，虽然头发花白但精神矍铄，思路清晰，恭祝您健康长寿。

致谢：李泽椿院士助手国家气象中心王月冬老师、中国气象局气象干部培训学院陈正洪老师对访谈所做的贡献

中国气象史

登州文会馆水利气象类实验研究*

郭建福　白　欣**

摘　要：登州文会馆是晚清时期美国传教士在山东登州（今蓬莱）建立的一所大学。该校很早就建立了种类非常齐全的物理实验室，包括东西方常用的水利、大气、热学类实验仪器。依据一些当时的原始资料，本文试图对相应的实验及其器材和引进国外先进的水利气象知识方面进行梳理，并对该校的实验仪器与同时期国外的仪器进行横向比较，与现代所用的教学仪器进行纵向比较，以更好地说明当时这些仪器的先进程度及其影响。

关键词：登州文会馆　狄考文　水利实验　温度计

登州文会馆是在美国传教士狄考文（Calvin Wilson Mateer，1836～1908）1864 年创办的男童学校基础上发展而来的，它是最早强调讲授西方自然科学知识的教会学校。[①] 1884 年，美国长老会将其确认为大学，英文名称"Tengchow College"。登州文会馆当时的规模并不大，建校初期只有六名学生，但招生、授课模式、学生管理都很有特色。其将文理、中西甚至工科和医科统统融合，学生毕业后各有所长。[②]

出于教学的需要，登州文会馆很早就建起了物理实验室，由于当时实验仪器价格昂贵，而学校经费拮据，狄考文只能靠仿制的实验仪器来教学，1874 年 2 月，他在日记记述上一年工作时说："实际上我的全部时间都用在了教

---

* 本文系国家自然基金资助项目"20 世纪中国力学专业的创建与发展历程研究"（项目编号：11772208）的成果之一。

** 郭建福，内蒙古师范大学科技史研究院博士，滨州学院教师，研究方向为科学技术史；白欣（通讯作者），首都师范大学初等教育学院教授，博士生导师，研究方向为科学史与科学教育。

① 何晓夏、史静寰：《教会学校与中国教育近代化》，广东教育出版社，1996，第 303 页。

② 郭大松、杜学霞编译《中国第一所现代大学——登州文会馆》，山东人民出版社，2012，第 8 页。

学、实验和制作仪器上。”随着学校知名度的提升和经济情况的好转，实验室初具规模。1897 年，狄考文在给美国杰斐逊学院同学的一封信中说：“我们现在拥有与美国普通大学一样好的仪器设备，仪器设备数量比我们毕业时的杰斐逊学院的两倍还多。”①

1913 年，由王元德和刘玉峰编写的《文会馆志》记录了文会馆的 300 多种实验仪器，分为 10 大类，包括：水学器、气学器、蒸气器、声学器、力学器、热学器、磁学器、光学器、电学器（干电器、湿电器、副电器）和天文器。② 在如此众多的实验仪器之中，包含众多有关水利气象类的实验仪器，主要包含在力学器、水学器、气学器和热学器中。

一　水利实验器材

水利实验器材主要集中在水学器实验室，它主要是研究流体力学的实验仪器，包括静流体力学（静水学）和动流体力学（动水学）仪器设备。水学器实验室是文会馆最早建立的实验室之一。《文会馆志》中列举了 36 种仪器设备：喷水狗、压水管、压水球、间流泉、无轮水磨、平常水磨、水力上托架、喷水马、提水管、毛孔片、压力筒、奶轻重表、水跃力筒、银淡养轻重表、大水斗、轻重表、毛孔管、压柜、同体水称、巴玛压柜、压力六面球表、搅水龙、密率表、过水瓶、鬼瓶、救火水龙、湍大勒杯、水碓（原文为锤）、酒精、虹吸、葫芦瓶、铜浮表、玻浮表、汽船水轮、试水涨球、光铁射水器。

其中的密率表是其他物质相对于水的密度比率的一张教学挂图，酒精也只是教学物品，并不能算实验仪器，间流泉是一种关于气体压强的气学器，被误认为水学器，因此水学器实验室中的实验仪器应该是 33 种。

1. 水力装置

（1）平常水磨和无轮水磨。“造一转轮，设有机关，借水力旋运，凡碾谷锯木一切琢磨动荡等事，皆可用之。”水轮是利用水力代替人力做功的机械。平常水磨就是用常见水轮带动的水磨，在江南地区比较常见。而无轮水磨的工作效率更高，也更不易损坏。“以磨置于木架之上，磨下安一长

① 〔美〕费丹尼：《一位在中国山东四十五年的传教士——狄考文》，郭大松等译，中国文史出版社，2009，第 114 页。

② 王元德、刘玉峰编《文会馆志》，广文学校印刷所，1913，第 41 ~ 47 页。

柄，下设活槽拖住，以便旋转，柄外以管束之……水势湍急，由二孔反正流出，因水力相拗之故，自能将柄运动，则磨随之而转矣。”显然无轮水磨是利用水的反冲运动原理所制。

平常水磨和无轮水磨进一步扩展到火轮兵船，文会馆实验室还有汽船水轮的仪器——明轮和暗轮，被广泛应用到蒸汽轮船中。蒸汽轮船“与他舟无甚异，惟设有转轮”[①]，有的动力“转轮”是设在船旁边或在船尾的明轮，也有的是设在船底的暗轮。1807年，美国机械工程师罗伯特·富尔顿（Robert Fulton，1765～1815）设计出蒸汽机带动两侧明轮拨水的“克莱蒙特”号轮船，但是明轮效率较低，也容易损坏。1829年，奥地利人约瑟夫·莱塞尔发明了更实用的暗轮，暗轮即螺旋桨，它克服了明轮推进效率低、易受风浪损坏的缺点，但最初的暗轮是木质结构，容易折断，所以很长时间内，明轮船和暗轮船同时存在。

1865年，徐寿和华蘅芳建造了中国最早的蒸汽轮船“黄鹄”号，该船的推进动力装置就是两侧明轮。徐寿也是较早对暗轮进行研究的中国人，暗轮“其翼为螺丝截断之形，故又名螺轮，在水内转行，似乎螺丝在螺盖内转行，所以螺轴顺船之方向而转，船即前行”[②]。由于明轮制造技术较简单，便于操作和维修，当时传入我国的动力技术主要是明轮，而文会馆实验室既有明轮又有暗轮，水学器中的汽船水轮就是明轮。这也体现出狄考文对待实验仪器的一个特点，他自己并不对某项技术的优劣做出判断，而是将它交给市场，随着航海技术的进步暗轮逐渐取代了明轮，文会馆实验室也就把汽船水轮归入了水学器范畴。

（2）水碓。水碓[③]是“转轮二具，同在一轴，一轮在水，借水力以旋转，一轮有齿，转运踏动碓尾，一起一落……舂米、打铁、凿石均可用之”。舂米是极其繁重的劳务，要舂白一臼米，要用近一个钟头。不少人舂得大汗淋漓，喘气不已。利用水碓，可以日夜加工粮食，使人从繁重的劳作中解放出来，水碓需要设置在溪流江河的岸边，根据水势大小可以设置多个水碓，两个以上的叫作连机碓，最常用的是设置四个的连机碓，《天工开物》中绘有一个水轮带动四个碓的画面。

---

① 〔美〕丁韪良：《格物入门》气学卷（京都同文馆存版），戊辰（1868）仲春月镌，第43页。

② 〔英〕傅兰雅：《机动图说》，载王云五《丛书集成续编》，新文丰出版公司，1988，第223页。

③ 原文是水锤，应该是笔误，因为水锤只是一种水击现象。

2. **水浇器材**

（1）翻车人。翻车人是文会馆力学器实验室中的器材，提水效率高、使用简便，可适用于多种地形，有多种动力可供选择。翻车亦称龙骨水车（又称龙骨车）、踏车、水车，有人力的和畜力的，翻车人是以人力为动力的翻车（见图1）。

图1　翻车[①]

图2　用滑车改良的新式翻车[②]

---

① （明）宋应星：《天工开物译注》，潘吉星译注，上海古籍出版社，1998，第11页。

② 汪珍：《用滑车改良新式翻车图说》，《安徽实业杂志》1919年第28期，第1页。

李约瑟将龙骨水车列入中国古代的26项重要发明之中[1]，并指出西方在龙骨水车这一机械技术上要落后中国一千五百年。南宋诗人陆游在《春晚即景》中写道："龙骨车鸣水入塘，雨来犹可望丰穰。"龙骨水车约始于东汉，三国时发明家马钧曾予以改进，此后一直在农业上发挥巨大的作用。龙骨水车作为古代先进的生产工具，是我国古代劳动人民的杰出发明。龙骨水车在长时间的发展与改进过程中整合了众多先进的技术，如链轮传动的半自动技术，中国早在1000多年前就已经应用在龙骨水车上，而西方则直到近代才开始使用，足见龙骨水车在技术方面的先进性。[2]

在长期的劳动生产中，龙骨水车不断得到改良，直到民国初年还有利用滑车改良龙骨水车的文章出现，并配有插图：我国之有翻车千余年于兹矣，其制极简，其用最广，殆为农家重要之农具也（见图2）。[3] 可以看出其设计确实很好地利用了滑轮组的作用，但这种技术并没有被广泛应用起来，而是被更为先进的内燃机取代了。

（2）搅水龙。搅水龙是最初从西方引进的一种非常实用的浇地工具。"西国古时所用浇地器具也，以铁管曲之，使盘绕于长轴之上，一头置水中，于岸上持其柄而转之，水自循环围绕而上。"[4] 在当时中国水浇条件还很落后的时代，使用搅水龙可以提高工作效率。

搅水龙的提水原理是"其实水仍顺性流下，所以能上者，因旋转之故，如提之上升也"。搅水龙与明末引进的龙尾车原理是一样的，都是运用了阿基米德螺旋原理。约公元前1世纪，阿基米德在埃及发明一种螺旋水泵，被埃及人广泛使用，这种水泵称为阿基米德泵，是最初的龙尾车。明代万历时期，徐光启和意大利传教士熊三拔译著的《泰西水法》一书中详细介绍了龙尾车的原理和使用情况，"龙尾者，水象也，象水之宛，委而上升也"。龙尾车结构比较复杂且要密封在滚筒中，制作和维修都有难度，虽然机械效率很高，却始终未在中国发展起来，而搅水龙则是用盘绕的水管代替滚筒，既便于操作又提升了工作效率。文会馆实验室应该是仿制了搅水龙作为实验器材，搅水龙相比龙尾车的制作和使用流程要简单得多，以狄考文

---

① 〔英〕李约瑟：《中国科学技术史》（第一卷），科学出版社，1976，第253页。

② 叶瑞宾：《龙骨车与中国古代农耕实践》，硕士学位论文，苏州大学，2012，第1页。

③ 汪珍：《用滑车改良新式翻车图说》，第1~3页。

④ 〔美〕丁韪良：《增订格物入门》水学卷（同文馆集珍版），第28页。

的能力轻而易举就可仿制出来。

3. **其他水利实验器材**

（1）节水管实验。其原理是制一木球，浮在水面上，管内置合页，中间以杠杆相连，水位低，球下落，合页开，水自流；水位高，球上升，合页关。文会馆实验室记录为压水球，这一应用装置非常有趣，实际上是一个自动补水系统。节水管在现代生活中的应用也很普遍。牲畜自动饮水器其原理与节水管完全一致，只是多加了一个连通器而已。当水槽内没水时，浮子会下降，使节水管升起，水管向水槽内注水，这样牛羊等牲畜就能喝到水了。当水槽内水多了以后，浮子会浮起，同时带动节水管下降，关闭水管，这样水槽内的水就不会再增加了。

（2）提水管和压水管以及吸水管。提水管只是在井不甚深的情况下汲水，介绍也相当详细："用一竹竿竖立井中，管内上安活塞，其上有柄，可以使之上下，底有合页，若向下一按，则合页自开，水流入管，向上一提，则合页自关，而水流跃矣。"而吸水管一如提水管之式，可以于井深时使用，并应用了"吸气管"也即大气压的原理。而压水管适用于深井作业的情况，"虽数丈之高，亦能使之上跃也"。为了进一步提升压水管的工作效率，后人还提出了给压水管加压柜和加气箱的方法。后人还提出了一种被称为取水"尽善"的方法，即结合吸水管和压水管取水方法的双行吸水管。

（3）喷水马和喷水狗实验。喷水马"亦能令水自然上跃，数日不停"，"如箱内水多，虽终日亦娟娟不绝……俗名西洋水法"。喷水马也是利用压水管原理制成的。而喷水狗实验原理与喷水马有所不同，"用玻璃罩，盖令极严，中置一管……天气压于桶中水面"，可见喷水狗是利用大气压原理制成的。

（4）连通器实验。连通器的原理是"则静水之面必平而不侧"。验证之法是流与源可平，即使最常用的茶壶也能很好地演示。"西国"根据连通器原理"使水自流入于彼物之内"，"虽墙高数层亦能流入"①。文会馆还建有中国早期的自来水供水系统。

与连通器原理相关是虹吸现象。"虹吸者具有长短二臂之曲管，乃利用

---

① 〔美〕丁韪良：《格物入门》气学卷（京都同文馆存版），第43页。

大气压力，将高处之液，移于低处所用之器也。以虹吸之短臂置入上器内，而令长臂之口在其液面以下。今自长臂之口稍吸之，令液满管中，则液自流入下器不绝。”虹吸本身就是大气压和连通器原理的一个特殊应用。取两个容器，若容器内液面高低不同，现用管子将两器液体连通。在液体自身重力和大气压的双重作用下，两容器会有保持液面持平的运动趋向。我国汉朝时期的虹管灯就是虹吸现象的具体应用，其灯体有虹管，虹管实为导烟管，灯体为带空腔的容器（盛清水），灯罩内的烟火通过虹管导入灯体并溶于水中，可用来净化空气。文会馆实验室就有虹吸装置。另外，文会馆实验室中的仪器葫芦瓶可能是虹吸壶的一部分，这个需进一步考证。

二　气体压强装置

与气体压强相关的实验，主要集中在气学器实验室，气学器类是有关气体压强研究的实验仪器。《文会馆志》中有记载的包括 21 种：吸空球、吸重盘、轻气球、气稀盘、马路水银管、大抽气机、空盒风雨表、积气泉、吸重鞯、气稀瓶、天气球、天气积火筒、水鬼、吸空水银斗、积气筒、空中称、积气瓶、吸气管、哥路第恩球、水银吸气管、间流泉。

1. 大气压强的证明与测定

大气压的存在，以前并不为人们所认识，直到德国物理学家奥托·冯·格里克（Otto von Guericke，1602～1686）于 1657 年设计并进行了著名的马德堡半球实验，展示了大气压的存在并推翻了之前亚里士多德提出的“自然界厌恶真空”的假说。但这个实验并没有得出大气压的确切数值，这项工作最终由托里拆利完成。

（1）马德堡半球实验：马德堡半球实验在物理学的发展史上非常重要，它向人们形象地说明了大气压不但存在，而且还非常强大。文会馆实验室有吸空球，即《格物入门》提到的马德堡半球。“铁质空球吻合甚严，将气吸尽，虽三十马力不易开之”，但将空气放入，“其球自启”。学生常利用直径 26cm 的压力锅代替空心铜半球模拟马德堡半球实验。

（2）吸重鞯和吸重盘实验。吸重鞯实验是一种演示大气压强度的实验，与马德堡半球实验有着相同的效果，但更适于实验室演示。基本做法为：用沾湿的圆皮包裹木墩、石墩等物，“按令极严，不使稍有透气”，这样就在大气压的作用下使两个物体紧紧地成为一个整体，然后把重物提起。吸重鞲的意义在于用非常柔软的圆皮把很重的石墩提起，这在以前是不可想象的，通过这一现象显示出大气压的“力量”之大。吸重盘是一件边缘表面光滑的类似盘子的仪器，当将它扣到物体之上，吸出其中的空气，在大气压的作用下，可以提起物体，文会馆实验室只提到了名字，并没有找到相关的图片，不过在现代物理教学实践中，会经常用吸盘实验证明大气压的存在，吸重盘与吸重鞲的原理一样，它是附着在表面光滑的物体之上的。

（3）间流泉实验：间流泉实为一种生活中常见的自然现象，指山中泉水，时流时止，“水满则流，水尽则止”，时流时止故称间流泉。《文会馆志》把间流泉实验当作了水学实验，间流泉实验一方面证明了大气压沿各个方向的值都相等，另一方面也利用了连通器的原理。

（4）托里拆利实验。托里拆利实验是用来测定大气压强的实验，文会馆实验室并没有提到做托里拆利实验的仪器，可能是这些仪器太过普遍，没有详述，但提到了马路水银管实验。

2. 测量气体压强的实验

（1）马路水银管实验。一种测量气体压强的实验，根据法国物理学家埃德姆·马略特（Edme Mariotte，1602～1684）音译而来，原理是根据玻义耳-马略特定律，即一定质量的理想气体，在温度不变的情况下，它的压强与体积成反比。《格物入门》一书中有关于用水银验证气体胀缩的实验，其用具与马路水银管相似。根据《初等物理学》第3版介绍水银柱是一种简单实用的气压计，当外界气压减小时，水银柱里的水银就下降，当外界气压升高时水银柱里的水银就升高。在水银管上标上适当的刻度，就可以指示气压的变化了。①

（2）风雨表实验。气压的变化往往与风力和降雨有关，因此将测定风力和降水的气压计称为风雨表。风雨表又名晴雨表是通过测空气压力来预知风雨，可以根据它的水银柱或指针的变化预测天气是晴天还是雨天。其实验原理是“因天气之轻重以考验风雨故名”。但是对于不同地区也有相应的不同，“盖因天气地势有改移也”。风雨表不但可以测量气压、预测雨晴，

① E. Atkinson, *Elementary Treatise on Physics*（*3th*）, London: Longmans Green, 1868, p. 124.

还应用到海上行船和越野登山等方面，可见其应用之广。同时风雨表也有其不能克服的缺点，大气压受海拔高度、气温高低影响较大，这也是风雨表实验后来被其他实验取代的重要原因。

（3）空盒风雨表实验。空盒风雨表实验也是用来测定气压数值的实验，只是空盒风雨表是用钢条而不是用水银造的风雨表。其形状像“时辰表”，内有“吸空之盒，盘以钢条”，用钢条的弹力来测量外界大气压的大小，与现代弹簧秤的原理接近。空盒风雨表使用简单且“携带甚便”，被广泛使用，但由于受当时的制作工艺等限制，其精度并不如水银风雨表高。

（4）风力的利用与测量。对于风力的利用有风磨，实为利用了现代风力发电的基本原理。测量风力大小的风称有两种：一是以钢条弹力来测量风力的铁圈风称；二是利用连通器原理制作的水管风称。这两种风称虽然都是测量风力的，但原理却截然不同，水管风称是利用在一个连通器中，不同液面上面的气体压强不同，上面还插有小旗以指示风向，一个水管上标有刻度，利用液面高度的差值以表示风力的大小。

3. 大气压强运用实验

文会馆实验室提到一种气稀瓶实验，该实验是被抽走空气后的一件玻璃瓶，当然受当时的技术条件限制，瓶子是不可能被抽成真空的，所以只是将瓶子的气体抽走一部分，所以称为气稀瓶实验。气稀瓶可以做很多物理实验，据《格物入门》介绍有物体的自由落体运动（“鹅毛与银钱”下落实验）和测量空气阻力的实验装置。

（1）自由落体实验：鹅毛下落得慢，银钱下落得快，已经被中国人广泛认可，现在发现在这一个瓶子内，它们居然下落得一样快，这种震撼是显而易见的。这就是现代实验室经常提到的自由落体实验，这个实验最早是由伽利略提出并进行研究的，它不仅证明了空气阻力对不同物体的阻碍效果不同，同时它还证明了重力加速度的存在。《格物汇编》之《格致释器》第6部分气学器篇中也介绍了气稀瓶，并有牛顿管的介绍，其形状与现代所用仪器非常接近了，还提出小鸟在空气稀薄的地方不能飞翔等。

（2）气稀瓶旋转页实验：这一装置是将旋转页在空气中的旋转与在气稀瓶中的旋转进行比较，从而证实空气对物体运动的阻碍作用。《格致汇编》中对这一装置进行了改进，两组叶轮，其中一组与运动方向垂直，一组与运动方向平行，这样在空气中与运动方向垂直的叶轮先停下来，当将其全部放入气稀瓶中时，两个叶轮旋转时间更长，并几乎同时停下来。由此可见气稀瓶至少是两套实验装置。

（3）水银吸气管实验：水银吸气管是三百多年前“布国俄陀”发明的，可用来吸出器具中的气体，“如欲吸气，将嘴入于器之口内”利用活塞反复操作，“则余气亦吸出”了。还有一种双管吸气管，双管吸气管活塞上装有齿轮，“上下提动”使用“尤为便捷”，这样可以大大提高抽气的效率。

（4）积气筒和积气泉实验。积气筒实验原理与吸气管几乎是一致的，只是其作用正好相反，相当于现代的打气筒，现代应用非常广泛的打气筒，但那时还未有充气车胎，是“无甚大用”的。还有名为积气泉的实验，原理简单，却非常实用，“西国酒肆用此”取酒。

4. 其他的气体压强实验

与大气压有关的实验还有很多，相对应着很多实验仪器，如做无声铃仪实验，就必须用到抽气机，将容器内的气体抽取出来。实验室中也经常用到吸空水银斗来吸取装置中的气体。

（1）大抽气机实验：用于抽取容器内的气体，来制造一个近似真空的实验，如前面所说的自由落体实验和气稀瓶实验都要用到大抽气机来抽取玻璃容器内的气体。这种大抽气机相对之前讲到的抽气机有很多优点，全金属制作，带有大轮的手摇操作装置，齿轮传动，可以连续抽气，现代物理实验室中仍然使用该装置。

（2）空中称实验。空中称实验是用来演示气体浮力的实验（见图3）。先用天平称量一个体积较大的物体，另一边用砝码，在空气中调节平衡。然后用一个大的玻璃罩将它们整个罩住，抽出玻璃罩中的气体，这时由于物体的体积较大，在空气中受到的浮力也较大，而砝码相对受到的浮力较小，当失去空气浮力时，天平将向体积较大的物体一端倾斜。[①] 这个实验证明了，气体与液体一样对物体具有浮力。

（3）泳气钟。泳气钟是一种载人潜水器，其作用是“或因舟溺，水底

---

① E. Atkinson, *Elementary Treatise on Physics*（*3th*）, p. 133.

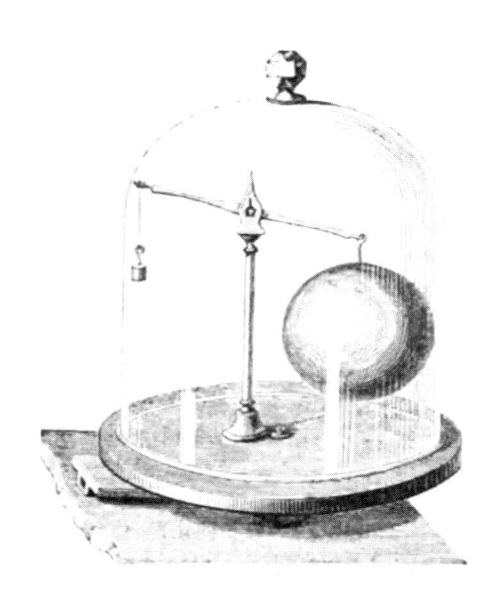

图 3 空中称①

捞物，或因石阻碍行舟”入水查看，并做一些简单的处理工作。《格物汇编》之《格致释器》中对泳气钟介绍为，以玻璃为之，内有小人，上有进气筒，与连下入水，内常进空气，则钟内水不得入，人能呼吸。经过一个半世纪的发展，这种装置已经能够到深海之中进行科学研究工作了。2012 年 6 月，我国自行设计、自主集成研制的“蛟龙”号载人深潜器，在马里亚纳海沟创造了下潜 7062 米世界同类作业型潜水器最大下潜深度纪录。

（4）轻气球实验。轻气球有两种，一是填充气体为氢气的皮球，二是热气球。早期的轻气球则多指热气球，它是利用加热的空气或某些气体使其低于气球外的空气密度以产生浮力飞行。1783 年 11 月 21 日，蒙特哥菲尔兄弟将他们精心制作的热气球在巴黎市中心放飞，飞行时间 25 分钟，创造了人类首次升空的历史。以后盖 - 吕萨克（Gay-Lussac，1778 ~ 1850）对热气球进行了改进，并提出了著名的盖 - 吕萨克定律。热气球证明了更轻的“物于天气能浮”，空气也是具有浮力的。热气球主要通过自带的机载加热器来调整气囊中空气的温度，从而达到控制气球升降的目的。

---

① E. Atkinson, *Elementary Treatise on Physics* (*3th*), p. 142.

文会馆实验室并没有放飞热气球的相关记录资料，可能是这种热气球比较小，并不是载人的那种大型热气球。风雨表是气学器中的代表性实验仪器，然而实验室中有比较少见的空盒风雨表，却并没有提及最为常见且更为精确的水银风雨表，依据当时的实验要求看，离开了水银风雨表研究大气压问题，几乎是不可能的。《文会馆志》中说的“兹撮其要列左”[①]，并不仅是一句谦虚的话，书中有关实验仪器的记录并不全面。

三　与温度相关的实验

与温度有关的实验仪器主要集中在热学器实验室，《文会馆志》中记载热学器类有 26 种：射热筒、零玻滴、引熟圜、吹火、引热囊、雪盐冰球、铁球架、铂锅、涨力[②]仪、热声筒、涨力表、较准寒暑表、传热表、银锅、磨力管、开花炮、涨力灯、散热铜壶、自记寒暑表、四质涨力圜、散热泥壶、磨热管夹板、双球寒暑表、热学金类条、试涨力铁球与圜、傅兰林胍表球。

涨力表和传热表分别是物质受热膨胀系数和传热能力的挂图，不应属于实验仪器之列，所以热学器应为 24 种。热学器中研究物体受热膨胀的仪器有四种：涨力仪、涨力灯、四质涨力圜和试涨力铁球与圜。寒暑表（温度计）也有三种：双球寒暑表、较准寒暑表和自记寒暑表。

1. 关于温度变化的实验

温度的测量主要采用寒暑表，寒暑表主要有三种：双球寒暑表、较准寒暑表和自记寒暑表。为了能在寒冷地区测量温度，还发明了固体温度计——螺圆寒暑表，其温度测量的范围大，但灵敏度相对较差（见图 5）。

（1）双球寒暑表。双球表演示温度变化的做法很简单：乃用两端俱有空球之弯毛管，中注有色之水，二端之间有横管连之（见图 4）。横管中有塞门，欲试之需先闭其门，以手握其一球，则内气立涨催水而向彼端，以试二一水之冷热同否，则甚便焉。[③] 这种温度计是用来演示外界温度变化的仪器，特点是受温度变化影响较明显，而且特别用到有色水，使实验现象更加清晰，但由于内部使用的测量液体是水，测量范围受到限制，不可在低温下工作。

---

① 王元德、刘玉峰编《文会馆志》，第 41 页。

② 现多为张力。

③ 〔美〕赫士、刘永贵：《热学揭要》，益智书会，1898，第 5 页。

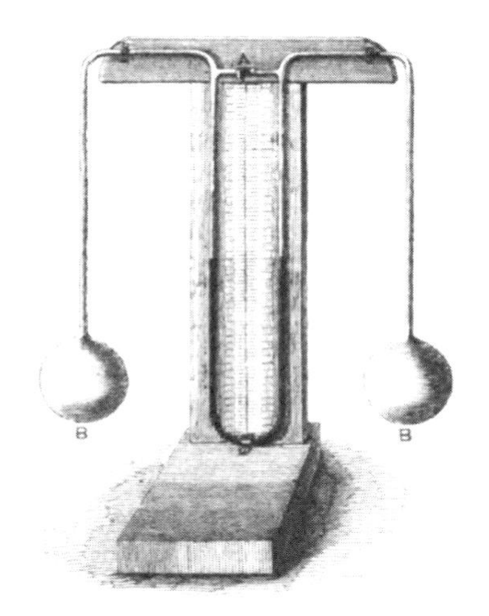

图 4　双球寒暑表①

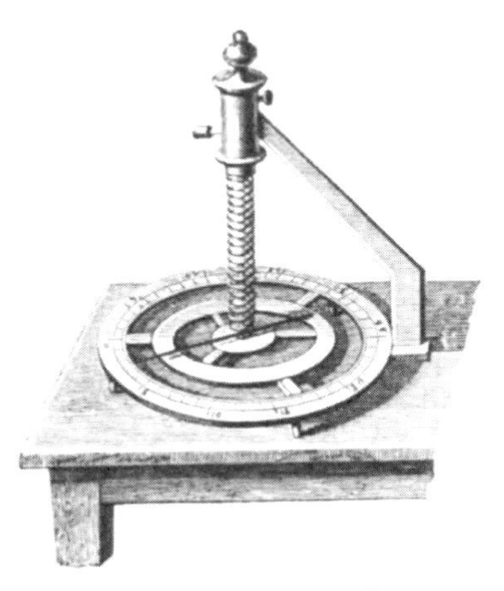

图 5　螺圆寒暑表②

（2）较准寒暑表。较准寒暑表是用来比较温度变化的仪器，原理与双球寒暑表相同，是由英国学者莱斯利（Leslie）发明的，又名莱斯利寒暑表，用于比较不同物体温度微小差异的仪器（见图 6）。这件实验仪器是文会馆实验室较早就具备了的。

---

① E. Atkinson, *Elementary Treatise on Physics* (*14th*), New York: Willian Wood, 1893, p. 291.

② E. Atkinson, *Elementary Treatise on Physics* (*14th*), p. 291.

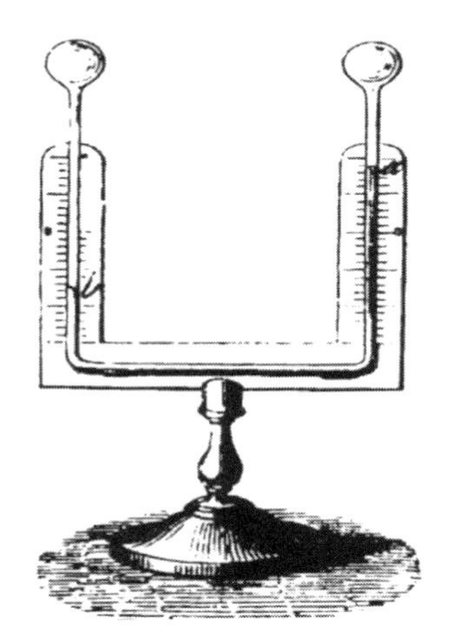

图 6　较准寒暑表①

（3）自记寒暑表。自记寒暑表可以记录全天温差，由两个温度计组成，一个是水银温度计，另一个是酒精温度计，用于记录每天的最高温度和最低温度。方法是：素用之表，须常测之，一日之冷热方知，故特做此表，免其日日耗费精神。即以二表横钉一板之上，上表系水银类，热则水银即胀而前行，及至不胀，因表之甲处极细，且管内亦无使水银后退之力，故水银不得回至球内，如此每日至热之度，便能自记（见图 7）。管中有细玻璃条乙标准，酒精缩，则乙随之后退，因其互有摄力也，及酒精复胀，则自条旁流过，故每日至冷之度，又能自记，因名自记表。②

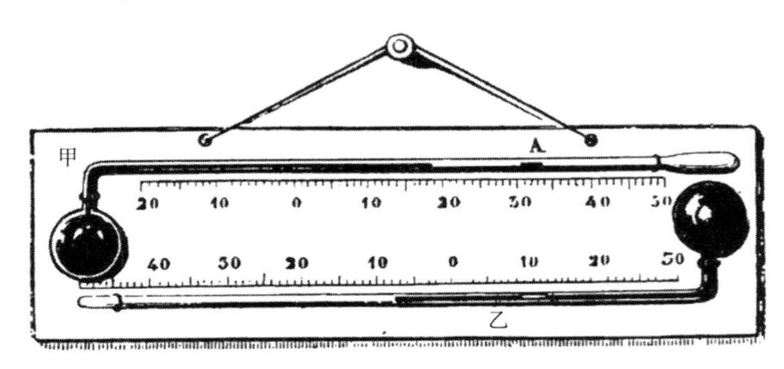

图 7　自记温度计③

---

① E. Atkinson, *Elementary Treatise on Physics* (*5th*), New York: Willian Wood, 1872, p. 223.

② 〔美〕赫士、刘永贵：《热学揭要》，第 5 页。

③ 〔美〕赫士、刘永贵：《热学揭要》，第 5 页。

2. 物体的热胀冷缩实验

物体的热胀冷缩现象很早被人们所重视，文会馆也一直将热胀冷缩作为热学教育的一个重点内容之一。其配置的研究物体受热膨胀的仪器有：涨力仪、热学金类条、涨力灯、四质涨力圜和试涨力铁球与圜。

（1）涨力表实验。涨力表主要是测量固体特别是金属类物质受热膨胀的仪器，有各种金属条备用。原理及具体做法为：凡物加热，其体多胀，气质为最，流质次之，定质又次之，而定质更可即其长短、面积及体积。量其因热而涨者，若流气二质，只可量其体而已，如定质，即其长短而试之。

图 8　涨力表[1]

如图 8，A 为铜条，此端有 B 螺丝可禁其外膨胀，彼端压于指针 K，针后有分度弧，如是先合针指圈度，后以酒精灯燃条，则针即立升，使易以他金之条，历时虽同，而针之升度则异，是知各金之涨力不同也。[2] 这一实验主要是验证不同的物体其热胀冷缩的系数是不同的，不同的物体在相同的温度差下体积的变化是不同的。

（2）涨力灯、涨力仪实验。物体的热胀冷缩，很早就有学者进行研究，因此此类的测量仪器较多。涨力仪为砖砌炉灶及灶中铜箱远镜等物，图本一具，兹分列之，以便醒目。灶为长方形，四角砌四石柱，中间架铜箱一，颇大。箱中藏水，使欲衡之物寒至初度下线，是时远镜正平，适对甲字，加薪箱下，燃火烧之，长条渐长。将右柱渐推渐欹，远镜随之而斜，直对乙字。炉中有寒暑表，视表上熟升几度，又观远镜移几度，两相计数，知

---

① E. Atkinson, *Elementary Treatise on Physics* (*14th*), p. 215.

② 〔美〕赫士、刘永贵：《热学揭要》，第 2 页。

热增一度，物涨几何。[①] 实验室非常重视研究物体的热胀冷缩实验，并且应用这样的仪器以图更准确地测量物体热胀冷缩的比率。

何德赉的《最新中学教科书・物理学》介绍了一种涨力铃的实验仪器。涨力铃实验原理与涨力仪相同，但加入了电铃，增加了实验的趣味性。其具体做法为：于底板上装立柱。于近顶处各凿一穴，穿径八分之一寸之铜丝，于其一端装螺旋令其紧不能动，又一端松而易动，另取一电池及电铃，一端与铜丝连，其又一端连一铜簧，在铜丝松端之外，相距少许，次以本生焰烧铜丝之中央，丝涨而松，端与簧相遇，电路通而铃发声，移去灯焰，铜丝即缩，电路绝而不鸣矣。[②]

（3）演示金属热胀冷缩的实验——试涨力铁球与圜。利用物体膨胀造成其体积变化而试之，铁圜可适容铁球，若将球烧红，则无论如何之圜终不能容也，故知其体积亦因热而涨也。[③]

（4）热学金类条实验。用来测量金属类物质线性膨胀系数的实验仪器，这是一个简略测量膨胀率的仪器。

热学金类条的实验原理：金类之线涨指必以精器细验之，简器亦可得起略近之数。简器为一铜管，中间通所试之金类条，近管之两端，各有一小管以通气。金类条之一端，定而不动，另一端触杠杆之一短臂，其长臂则为指针。管之中央，设一寒暑表，以定其热度，先注冰水于管内，继则注气，则条所涨之真数，可自表面之数及杠杆二臂之长推得之，既得每百度增涨之数若干，即易推得每度之涨数若干，是即线涨指也。[④]

3. 物态变化及其影响因素的实验

与物态变化相关的实验很多，如物体固态的熔化实验、固态的升华实验、液态的凝固实验等。同时物态变化也与很多因素有关，比如压强。

（1）开花炮实验：开花炮是水由液态变为固态形式的冰，体积变大的实验，液体变成固体，其体积有增加的，也有减小的。比方说水就是一个特殊的例子，“有瓦罐、瓷盆、玻璃瓶等盛水其中，遇寒成冰，其器必裂，皆以此故也。有名吴依扬者，做二铅球，空其中，实以水，用软木塞口，

---

① 〔法〕阿道夫・迦诺：《形性学要》，李杕译，徐汇汇报馆印，1899，第169～170页。

② 〔美〕何德赉：《最新中学教科书・物理学》，谢洪赉译，商务印书馆，1904，第224页。

③ 〔美〕赫士、刘永贵：《热学揭要》，第2页。

④ 〔美〕何德赉：《最新中学教科书・物理学》，第242～243页。

抛之门外。天寒至初度下数度，球中水冰冻，将一塞推去，掷之空际，冰亦稍出。又一塞紧附不出，然球已自裂，其涨力之大，从可想见，又铁汁铋铜汁等，凝时亦涨。若水银、硫黄、牛油、白蜡、磷质等，凝则其行缩，物性之不同如此"[①]。开花炮实验是专门观察水的物态变化的实验，一般的物质由液态变为固态时，体积会变小，而水正好相反，由液态变为固态冰时，密度变小、体积变大，开花炮实验就是直观形象地演示了这一物理现象。

（2）雪盐冰球（Wollaston）实验。文会馆热学实验室相关的实验仪器中有一件雪盐冰球的仪器。雪盐冰球是演示液体凝固现象的实验仪器，以粗玻璃管使二玻璃球甲乙连通，先在乙球中盛水适宜，加热至沸。则其中所有之空气及水汽，当自甲球尖端之小孔透出。今沸之不止，而将空气全逐出后，以吹管熔闭甲球尖端之口，乃使器中之水全聚于乙球中，而以甲球沉入起寒剂，则因甲中之水汽凝水不绝，故在乙球中水之化散甚速，而使余水结冰也。[②]

（3）高压锅实验。研究沸点与压强之间关系的实验，所用的实验仪器是铂锅，即压力锅，又称山锅。由于山上的气压低，很难煮熟食物，常在山上使用，因而得名。"水于高山既易沸，则煮物难熟，故备一器使气不泄，自生压力而热即增。锅上有盖，锅边有铃环，盖中有螺丝，可使紧压铃边，则气不得泄，盖上复设平安塞，免气之涨力过大，将锅崩裂。塞之杠杆有锤，可节气之多少，使热度有定率。过之塞自启，而气出，为用甚便。即以煮脆骨、筋类，亦称美善。"[③]

法国物理学家丹尼斯·帕潘（Denis Papin，1647～1712）在1679年发明了压力锅，这是一种产生蒸汽热量快速烹调食品的密封锅。这种锅后来被命名为"帕潘煮锅"，也称高压锅，当时这种压力锅用生铁制成。由于在密闭的环境中，锅中的压强变大，体积不变，温度升高，使水的沸点提高，从而做到迅速煮熟食物，这种锅可以将水加热到130℃。[④]《格物入门》中

① 〔法〕阿道夫·迦诺：《形性学要》，李杕译，第179页。

② 〔美〕饭盛挺造：《物理学》，藤田丰八译，王季烈重编，江南制造局，1900，第82页。

③ 〔美〕赫士、刘永贵：《声学揭要》，第21页。

④ E. Atkinson, *Elementary Treatise on Physics* (*14th*), p. 349.

讲道“瑞士国有人住极高山上，炊粮不易熟”，“加盖”后“其炊始熟”①，这也是利用了压力锅的原理。压力锅在人们的生产生活中得到了广泛的应用。

结　语

登州文会馆在其四十多年的发展历程中，逐渐建立起一整套完善的物理教学体系，为文会馆的发展和人才培养奠定了坚实的物质基础。狄考文建立文会馆的目的是培养为教会服务的教牧人员，但客观上却培养了一批优秀的科技人才，虽然人数不多，却影响甚广。1898 年，京师大学堂一次性聘任登州文会馆的 12 位毕业生担任教习，整个京师大学堂的西学教习，只有 1 名不是登州文会馆的毕业生。② 随后，各地方政府争聘文会馆毕业生为教习。截至 1904 年，文会馆毕业生“踪迹所至，遍十六行省”③。登州文会馆物理实验室引进的水利、大气、热学相关的知识与实验，对于近代中国气象科技的发展起到了积极的促进作用，也为山东地方经济的发展提供了人才和技术支持。

① 〔美〕丁韪良：《格物入门》电学卷（京都同文馆存版），戊辰（1868）仲春月镌，第 9 页。

② R. M. Mateer, *Character – Building in China*: *The Life – Story of Julia Brown Mateer*, Fleming H. Revell Company, New York, 1912, pp. 61 – 62.

③ 〔美〕费丹尼：《一位在中国山东四十五年的传教士——狄考文》，郭大松等译，第 158 页。

被遗弃的知识：明清士人论冰雹

刘洪君*

摘　要：明清之际，耶稣会士带来了西方教会系统的自然哲学。与此同时，16～17世纪欧洲学者开始有了变革性的科学方法。在中国，士人精英也有自己的自然知识传统，并在西学影响下阐发出一些为现代科学遗弃但又不完全落后的自然知识。这些知识长期以来很少被学界所关注。以此为出发点，本文从知识史视角整理明清之际中国士人对冰雹现象的思考和讨论，考究他们的知识来源，分析其术语与逻辑。笔者试图通过对冰雹论述的知识梳理，厘清在明清时代，中国士人对自然原理所具有的好奇心与理解力，以及这些理性思考在整个社会知识系统中处于什么样的位置。

关键词：明清士人　冰雹　自然哲学　科学史

在古代，很多人相信蜥蜴能做冰雹。宋代学者何梦桂曾将蜥蜴吐雹写进诗中："秋风来万壑，蜴蜥吐冰雹。雷吼弹丸飞，四海沍阴浊。"① 现代人会认为这是很荒谬的传闻，但自北宋以来，不少士人在严肃讨论中都论及蜥蜴能做冰雹。除蜥蜴做冰雹外，士人常用阴阳气术语阐释冰雹如何在空中冻结形成。明清之际西学进入，耶稣会士关于冰雹的知识影响熊明遇等中国士人，从而在中西交汇之际发展出独特的冰雹知识观念。本文从明清时期一批学者的格物专著及笔记杂谈中收集了他们对冰雹现象的思考与讨论，考证他们不同的知识来源，并对这些文本进行贴合语境的解读，加以中西对比分析，力求呈现中西交汇时代明清士人更全面、更本土的冰雹知

* 刘洪君，南京大学历史学院博士研究生，研究方向为明清科学史、明清中西文化交流史，尤其是明清士人关于大气现象的知识观念。

① （宋）何梦桂：《和虑可庵悲秋十首》，《何梦桂集》，浙江古籍出版社，2011，第6页。

识观念。[①]

一　关于冰雹的传统论述

现代气象学认为，冰雹是在强对流天气下，由云层中冰晶和水滴经反复冻结包裹后结成，最后降落到地面的一种固态降水。明清之际，尽管士人也认为冰雹是由雨水凝结而成，但由于他们没有水固液气三相变化的知识，对冰雹如何形成的论述多建立在含义模糊的阴阳气术语之上。

方以智在《物理小识》中说冰雹是阳之专气："阳之专气为雹，阴之专气为霰。"[②] 雹为阳之专气的说法出自《曾子天圆》[③]，在士人中间流传很广，熊明遇在《格致草》中也引用了这种说法，并评论曾子是传道第一人。[④] 冰雹形成的传统说法还有"愆阳伏阴说"，屈大均在《广东新语》中解释为何广东没有冰雹时就使用了愆阳伏阴的说法。

> 吾粤无雹。盖雹者冰之所为，冰以盛阴而坚，盛阴胁乎盛阳，则雨冰而为雹。吾粤盛阳之地，阴气不凝，当寒时不结而为冰，则当暑时不散而为雹。左氏云："雹者，冬之愆阳，夏之伏阴所致。"吾粤冬而愆阳多有之，夏而伏阴则少。[⑤]

屈大均认为雹是由冰构成，形成冰需要"盛阴胁乎盛阳"，广东地区阳盛阴不盛，用《左传》愆阳伏阴说来解释就是广东冬天有愆阳，但夏天少伏阴，因此不能形成冰雹。严格地说，雹的愆阳伏阴说并非直接来自《左

① 内史研究多关注历史上的冰雹灾害，直接关注士人冰雹知识观念的研究较少。徐光台的《西学传入与明末自然知识考据学：以熊明遇论冰雹生成为例》一文是笔者仅见的先行研究。徐光台从西学东渐视角考证了熊明遇引入耶稣会士冰雹生成说，并对理学的蜥蜴做雹说加以贬低批判的知识碰撞过程，成为明清西学东渐中一个典型的自然知识案例。参见徐光台《西学传入与明末自然知识考据学：以熊明遇论冰雹生成为例》，台湾《清华学报》2007 年第 1 期，第 117 ~ 157 页。

② （明）方以智：《物理小识》，《景印文渊阁四库全书》第 867 册，第 744 页。

③ 《大戴礼记·曾子天圆篇》有"阳之专气为雹，阴之专气为霰。霰雹者，一气之化也"。参见（汉）戴德撰《大戴礼记》，（北周）卢辩注，中华书局，1985，第 92 页。

④ （明）熊明遇：《函宇通校释：格致草（附则草）》，徐光台校释，上海交通大学出版社，2014，第 210 页。

⑤ （清）屈大均：《广东新语》，中华书局，1985，第 27 页。

传》，而是源自后人对《左传》的解读。《左传·昭公四年》记载一段如何应对雹灾的对话，谈到如果人们对冰储藏、使用得当，则冬天无愆阳，夏天无伏阴，就不会有霜雹等灾害。[①]《汉书·五行志》一段解读《左传》的文本中有雹为愆阳伏阴的直接表述。[②] 郑玄曾经注《左传》，也提出雹是伏阴薄阳所致。[③] 这些注解致使后人常将愆阳伏阴说归于《左传》。雹的愆阳伏阴说在明清士人中流传很广，吴鹄所撰农书《卜岁恒言》讲风雨雪雹等天气现象时也使用愆阳伏阴说。[④]

冰雹形成还有两种流传较广的表述。《物理小识》说："寒有高下……阴气暴上，雨则凝结成雹焉。"[⑤] 这种表述源自董仲舒《雨雹对》[⑥]，阴气暴上，雨才能凝结成雹，强调冰雹形成过程中的剧烈变化。章潢的《图书编》记载："雹者，盛阳雨水湿热，阴气胁之而成雹也。"[⑦] 这种表述出自《汉书·五行志》[⑧]，强调阴气对雨水的胁逼。黄鼎的《天文大成管窥辑要》也收录这一说法。[⑨]《曾子天圆》、《左传》、《雨雹对》和《汉书·五行志》中

---

① "（冰）其藏之也周，其用之也遍，则冬无愆阳，夏无伏阴，春无凄风，秋无苦雨，雷出不震，无灾霜雹，疠疾不降，民不夭札。"（周）左丘明传，（晋）杜预注，（唐）孔颖达正义：《春秋左传正义》，载李学勤主编《十三经注疏·春秋左传正义》，北京大学出版社，1999，第1198页。

② "《左氏传》曰：'圣人在上无雹，虽有不为灾。'说曰：'凡物不为灾不书，书大，言为灾也。凡雹，皆冬之愆阳，夏之伏阴也。'"参见（汉）班固撰《汉书》，中华书局，1962，第1427页。

③ "凡雨水，阳也。雪雹，阴也。雨水而伏阴薄之，则凝而为雹。"参见《春秋左传正义》，第1199页。

④ 吴鹄，字文斗，江苏扬州人，撰有《卜岁恒言》，共四卷，该书为农家占候类著作，卷一卷二有讲风、云、霞、雷、电、雨、雹、虹、露、雾、霜、雪等天气现象及其占候。（清）吴鹄：《卜岁恒言》，《续修四库全书》第976册，第182页。

⑤ （明）方以智：《物理小识》，第781页。

⑥ "寒有高下，上暖下寒，则上合为大雨，下凝为冰，霰雪是也。雹霰之至也，阴气暴上，雨则凝结成雹焉。"（汉）董仲舒：《董仲舒集》，袁长江等校注，学苑出版社，2003，第385页。

⑦ （明）章潢：《图书编》，《景印文渊阁四库全书》第969册，第278页。

⑧ "刘向以为盛阳雨水，温暖而汤热，阴气胁之不相入，则转而为雹；盛阴雨雪，凝滞而冰寒，阳气薄之不相入，则散而为霰。"（汉）班固撰《汉书》，第1427页。

⑨ 黄鼎，字玉耳，六安人，明末清初从军士人，《天文大成管窥辑要》共八十卷，"以古今天文占候分门编录"，第五十八、五十九卷收录有"虹霓"、"霜雪露占"、"雷电雹占"、"雷"、"霹雳"、"霆"、"电"、"雹"、"雪"、"雨"、"雨占"和"风雨雷雹电雪考验"等大气现象的占验论述。参见（清）黄鼎辑《天文大成管窥辑要》，《四库全书存目丛书》子部第62册，第593页。

这四种冰雹形成的论述流传最广，都建立在阴阳气观念基础上。明清士人往往化用不同表述，将它们糅合在一起，如李日华[①]的《时物典汇》既采用曾子雹为阳之专气的论述，又吸收刘向阴气胁雨水成雹的说法。

> 阳之专气为雹，阴之专气为霰，一气之化也。盛阳之气在雨水，则温暖为雨。阴气薄而胁之，不相入，则转而为雹。盛阴之气在雨水，则凝滞而为雪。阳气薄而胁之，不相入，则消散而下，因水而为霰。[②]

在先秦两汉的四种经典表述外，明清士人也吸收或提出一些基于阴阳气的新表述。李时珍和宋应星都有冰雹形成的阴阳气论述：李时珍在《本草纲目》中引用“阴阳相搏之气”的说法；[③] 宋应星在《论气》中提出雨、雹都是由气从高空坠落所形成：“气从数百仞而坠，化为形而不能固者，雨雹是也。”[④]

可以看出，士人对冰雹形成的传统解释以阴阳气观念为核心。以现代的眼光看，阴阳气观念虽然适用性很广，但相比现代科学术语没有确切的定义，无法准确描述冰雹在云层中这一复杂形成过程。同时期耶稣会士传入的冰雹论述以三际说和四元素说为基础，相比传统阴阳气观念，西学术语有自己独特的优势，影响了中国士人对冰雹形成的认知。

二　西学的影响：如何解释夏季降雹

西学对中国士人的影响明显体现在夏季降雹的讨论之中。冰雹常发生在夏季，而很少发生在冬季，由此引发的疑问是冰雹本身是寒冷之物，为何反而常发生在炎热的夏季。[⑤] 中国传统的冰雹论述似乎很少去专门解释这一现象，耶稣会士传入的西学则对夏季生雹原理有很多讨论，熊明遇等明

---

① 李日华，字君实，嘉兴人，万历二十年（1592）进士，官至太仆寺少卿，著有《紫桃轩杂缀》《六研斋笔记》等。

② （明）李日华：《时物典汇》，《四库全书存目丛书》子部第201册，第338页。

③ （明）李时珍：《本草纲目》，刘衡如校点，人民卫生出版社，1975，第394页。《二程遗书》有“雹是阴阳相搏之气，乃是沴气”之说。参见（宋）程颐、程颢《二程遗书》，上海古籍出版社，2000，第289页。

④ （明）宋应星：《论气》，载《野议 论气 谈天 思怜诗》，上海人民出版社，1976，第52页。

⑤ （明）游艺撰《天经或问》，《景印文渊阁四库全书》第793册，第629页。

清士人大量引用了这些论述。

《格致草》一段文本用大篇幅讨论了为何冬天往往都是降雨雪，而只有夏天才能形成冰雹。

> 曰：气有三际。中际为冷，即此冷际，下近地温，上近火热，极冷之处，乃在冷际之中，自下而上，渐冷渐极。二时之雨，三冬之雪，盖至冷之初际，即已变化下零矣，不必至于极冷之际也。所以然者，冬月气升，其力甚缓，非大地兴云，不能相扶，以成其势。故云足甚广，云生甚迟，必同云累日，徐徐而起，渐至冷际，渐亦凝冱，因而结体，甚微细也。自余二时，凡云足广阔，云生迟缓，即雨势舒徐，雨滴微细，亦皆变于冷之初际矣。独是夏月，郁积浓厚，决起上腾，力专势锐，故云足促狭，隔塍分垄，而晴雨顿异。云起坌涌，肤寸暂合，沟浍旋盈，盖因其专锐，故能径至于冷之深际。若升气愈厚，即腾上愈速，入冷愈深，变合愈骤，结体愈大矣。若其浓厚专直之气，遽升遽入，抵于极冷极冷之处，比于冷之初际，殆有甚焉，以此骤凝为雹。①

和传统阴阳气论述相比，这段论述以三际说为框架，以四元素之气遽升入冷际深处来解释冰雹的形成，其解释要更有说服力一些。按西学三际说，气分成三际，近地为暖际，中间为冷际，最上为热际，最冷的地方在中间冷际深处。下雨和下雪都是由于气刚升到冷际边缘，就已经变成雨雪，没有凝结成冰雹。冬天的气力势迟缓，升不到冷际深处就已经凝结。只有在夏天，浓厚专锐的火气才能升到冷际深处，凝结成冰雹。其论述雹体大小与升入冷际的程度相关，与现代积雨云厚度影响冰雹大小的观念颇为相似。不同之处在于，现代观点认为，冰雹是在积雨云中经反复冻结包裹而成，这段论述则认为火气上升至冷际深处，一次性凝结成冰雹。

该说尽管对冰雹形成的描述比阴阳气论述具体，但其知识形态仍是老旧的。如火气的概念、冬夏季气的力势大小、在冷际气如何凝结的描述都很模糊，不能像现代科学那样准确地描述特定过程。《格致草》这段论述大

---

① （明）熊明遇：《函宇通校释：格致草（附则草）》，第209～210页。

部分内容引自《泰西水法》。[①] 不以现代知识去评价，《泰西水法》中气入冷际深处骤凝成雹的说法在明清士人中很有说服力。除《格致草》《物理小识》外，揭暄的《璇玑遗述》、游艺的《天经或问》、周于漆的《三才宝义天集》和方中履的《古今释疑》等著作都采用了这种说法。[②] 周于漆还以此质疑前贤未明夏季生雹的原理。

> 虽先儒亦未阐明此理。往往疑三夏气炎，不宜有雹。又疑冬反不雹，而夏热反有雹。总之未究冷际卒成之理耳。[③]

除《泰西水法》外，《空际格致》还有一套解释夏季生雹的论述：夏季天气炎热，地面热干气被吸到空中，在冷际冷凝成云，云化成雨，滴落时被水炎气围逼，致使冷气更冷，进而凝成冰雹。[④]《空际格致》使用了一种《泰西水法》未提及的逻辑：夏天的热干气在冷际中更容易凝冻成冰雹，这好比放一杯水在露天，热水要比不热的水更容易冻结。[⑤] 但这套论述似乎未被熊明遇等中国士人采用。

《泰西水法》和《空际格致》关于夏季降雹的论述都建立在三际说的基础上。尽管明清士人常受三际说的影响，但他们也并非对三际说完全接受。揭暄在《璇玑遗述·三际无定》一节批评了耶稣会士的三际分层说，认为三际并没有确定的边界。[⑥] 他提出了一套建立在传统阴阳气术语上的夏季生雹论述。

> 惟雹以六月至，盛阳出至盛阴，于理相反。盖山谷藏阴，深山藏

---

① 相似文本可见〔意〕熊三拔《泰西水法》，《景印文渊阁四库全书》第731册，第970页。

② （明）揭暄：《璇玑遗述》，《四库全书存目丛书》子部第55册，第447页；游艺撰《天经或问》，第629页；（明）周于漆：《三才宝义天集》，《续修四库全书》第1033册，第385～386页；（明）方中履：《古今释疑》，《四库全书存目丛书》子部第99册，第654页。这套论述也被中国天主教徒所接受，在朱宗元所著的《拯世略说》中，也以这套论述来解释为何夏季降雹，而冬季只有霜雪。参见（明）朱宗元《拯世略说》，载张西平、〔意〕马西尼（Federico Masini）等编《梵蒂冈图书馆藏明清中西文化交流史文献丛刊（第一辑）》（第14册），大象出版社，2014，第308页。

③ （明）周于漆：《三才宝义天集》，《续修四库全书》第1033册，第385～386页。

④ （意）高一志撰《空际格致》，《四库全书存目丛书》子部第93册，第721～722页。

⑤ 参见（意）高一志撰《空际格致》，第722页。

⑥ 孙承晟：《明清之际西方“三际说”在中国的流传和影响》，《自然科学史研究》2014年第3期。

> 至阴。故雨雹者，阳气升云，阴气结聚。夏月雹者，非至阳不透到至阴之山，非至盛阳不足升至阴之气。至盛之阳，飞湿乃猛。至盛之阴，结雹乃速。①

以阴阳气术语来描述，冰雹为至阴之物，六月为至阳之时，六月降雹于理不合。揭暄认为，冰雹是至阳和至阴之气在云中凝聚而成，深山有至阴，只有夏天的至盛之阳才能透过深山，至阳才能升至阴之气，至阴才能快速凝结生雹。揭暄的论述与《空际格致》和《泰西水法》都有相似之处，至阳、至阴都含有剧烈的意思，至阳才能升至阴之气，与《泰西水法》夏天热气“力专势锐”，在冷际深处骤然冻结相仿。另外，夏天有至阳方能结雹，与《空际格致》夏天水炎气更容易凝冻成雹亦有相似之处。

值得一提的是，17 世纪法国著名学者笛卡尔在其《气象学》（*Les Météores*）一书中也讨论过为什么冰雹是在夏季发生的。笛卡尔认为，冰雹是云层中雪花融化成雨滴后，在向下掉落过程中经冷空气重新冻结所形成的。在冬天的气温下，很难形成能降落到地面的冰雹。其原因是冬天没有足够的热量来融化云层中的雪花，或者雪花融化成雨滴时已经没有足够的高度，使得冷空气能及时将雨滴重新冻结成冰雹。② 笛卡尔是 17 世纪最有创造力的学者之一，他对夏季生雹的理解仍与现代知识相差甚远。后来者看，没有水的固液气三态相变理论，不可能知晓云层中水的复杂相变过程，也无法了解夏季强对流天气对冰雹形成起的关键作用。

三 雹体中空等性质

尽管不能准确解释冰雹为何在夏天发生，但夏季降雹作为明清士人的一种经验知识，符合现代认知。除了雹常发生的季节外，士人对冰雹的其他性质，包括形状大小、与霰的区别、雹体构成情况等，都有一定的讨论。

李时珍的《本草纲目》中讨论过冰雹的外形，冰雹的食用及药用价值。他引用前人对冰雹和雪花外形的比较，说雪花是片状，呈六角状，而冰雹

---

① （明）揭暄：《璇玑遗述》，第 450 页。

② 参见〔法〕笛卡尔《笛卡尔论气象》，陈正洪、叶梦姝、贾宁译，气象出版社，2016，第 74～78 页。

则是实心物体，呈三角状："雪六出而成花，雹三出而成实，阴阳之辨也。"① 李时珍这段冰雹三出的论述引自陆佃《埤雅》，《埤雅》中有相似的文本。② 和很多中国士人对自然现象的描述一样，这段论述注重文辞的工整对仗甚于对冰雹外形的客观描述。相比之下，西学对冰雹外形有更具体的观察。《空际格致》说冰雹其实没有固定的形态，随着形成条件的不同会有不同的外形：冰雹刚形成时，体积较大且有棱角，在掉落过程中棱角会被逐渐消磨掉，然后逐渐变圆变小。因此，在低处形成的冰雹，一般体大而有棱，在高处形成的冰雹，则体小而形圆。③

基于外形大小的不同，明清士人常将雹和霰作对比。按现代认知，和雪、霰相比，冰雹的形成需要强上升气流反复抬升，否则在结成雪花或较小的霰时就掉落下来，不能形成颗粒较大的雹。谢肇淛的《五杂组》和范守己的《肤语》中都提到相比于霰，雹的体积更大。《五杂组》中认为下霰和下雹时天气有所不同：下霰比下雹气温更寒冷，而下雹后天更容易放晴。④ 范守己的《肤语》中说雹和霰是同一类现象，但形成条件有区别：霰是阴气将凝而微阳搏之，雹则是伏阴为盛阳所搏。⑤ 屈大均的《广东新语》中说广东没有冰雹，只有白雨（实则为霰）。

> 粤在天南多白雨，白雨在北则为雹，雹在南则为白雨。白雨者，雹之所散；雹者，白雨之所凝也。白雨盛夏益多，谚曰："六月六，白雨足。"⑥

屈大均认为霰是由冰雹分裂而来，冰雹则是霰聚合形成。两者本是同一类现象，在北方是雹，在南方就是霰，只是大小有区别。屈大均以此来解释广东夏季多霰而无雹的问题。

士人还讨论了雹体的构成。按现代认知，冰雹是凝结核在云层中经反

---

① （明）李时珍：《本草纲目》，第 394 页。

② "雹形今似半珠，其粒皆三出，盖雪六出而成华，雹三出而成实，此阴阳之辨也。"（宋）陆佃：《埤雅》，中华书局，1985，第 500 页。

③ 〔意〕高一志撰《空际格致》，第 722 页。

④ （明）谢肇淛撰《五杂组》，上海书店出版社，2001，第 16 页。

⑤ 范守己，万历二年（1574）进士，有《肤语》四卷，卷四"造化"一节以传统阴阳气观念解释云、雨、雷、电、风、雹、霰、雪、霜、露、虹等现象。参见（明）范守己《御龙子集》，《四库全书存目丛书》集部第 162 册，第 556 页。

⑥ （清）屈大均：《广东新语》，第 27 页。

复冻结包裹而形成，内中往往有沙土和孔窍。与现代观点类似，《格致草》中说雹并非纯体，内含有沙土和气。

> 雹降夏月，火土之体，加雪数倍，雹因骤凝，土随在焉。故雹中沙土，更多于雪，因其骤结，并气包焉。故雹体中虚，虚者是气。①

这段论述还以四元素说为基础解释了为何雹中含有沙土和气。同样还有方以智的《物理小识》："今以三际质测，急切成就，抱气在中，故雹常具窍。"②《璇玑遗述》："夏月所结雹，必外圆中空。"③《天经或问》："雹中沙土，更多于雪。雹体中虚，以其激结之骤，包气于中也。"④ 士人解释雹中空含杂质的观念大都受西学影响。其中《天经或问》文本是从《格致草》改写而来，《格致草》的论述则是直接抄自《泰西水法》。《物理小识》的"三际质测"论述也与西学有关。

在西学阐释外，揭暄用传统阴阳气术语提出一套解释冰雹中空的论述。

> 雹以阳死于内，故外结而中空。凡温气皆以阳死，故霜雪内皆结有死阳，与雹同理。⑤

揭暄认为冰雹中空乃是因为阳死于雹内，并举例霜雪内也结有死阳，因为它们有温气，温气是阳死而成。在评注《物理小识·三际》一节时，揭暄阐发了阳死为至阴的转换观念："阳生则为至阳，阳死则为至阴。故六月之晨，煮水百沸，入瓶中锢闭之，急入井底，午取而出，则冰矣，阳死也。"⑥ 揭暄至阳转至阴的观念十分有趣，是受方以智《物理小识》的影响，方以智则是受董仲舒《雨雹对》一书中纯阴/纯阳转换思想的影响，《物理小识》有："敞曰：'四月无阴，十月无阳，何以明不孤立耶?'董曰：'所资一气也。犹一鼎水，未加火，纯阴也。加火极热，纯阳也。纯阳无阴，

---

① （明）熊明遇：《函宇通校释：格致草（附则草）》，第 209～210 页。
② （明）方以智：《物理小识》，第 782 页。
③ （明）揭暄：《璇玑遗述》，第 406 页。
④ （明）游艺撰《天经或问》，第 629 页。
⑤ （明）揭暄：《璇玑遗述》，第 450 页。
⑥ （明）方以智：《物理小识》，第 767 页。

息火水寒，则更阴矣。纯阴无阳加火，水热则更阳矣。’”[①] 这段论述为方以智在《雨雹对》中表述的基础上删减而来。[②]

值得对比的是，同时期笛卡尔也观察过冰雹的构成。他发现冰雹内部夹杂有雪，并提出了与三际说、四元素说和阴阳气论述不同的解释。笛卡尔认为冰雹是由雪花在云层中融化成水滴后再次冻结而成。雪花融化时，由于雪花空隙中含有细小的热量微粒，这些微粒更趋向于向外而非向内扩散。受这个因素影响，在冰雹冻结过程中，冰雹外部的雪容易被热量融化，并再冻结成冰雹，而冰雹内部则没有这么多热量微粒，会有来不及被融化并冻结的雪。[③]

以严格的科学知识看，笛卡尔热量微粒的观念及对雹形成的认知都不准确。他所指的热量（决定温度高低的要素，热量越多，温度越高，热量越少，温度越低）实际上不是某种独立的细小微粒，而是取决于物体分子热运动程度的一个附属物理量。内中含雪的冰雹也不是由于雪花融化后冻结而形成，而是直接由雪花和周围的水滴经反复冻结包裹形成，雪在能结成冰雹的气温下无法融化。在 17 世纪的欧洲，学者们还没有现代热学知识，笛卡尔无法准确地解释这类现象并不令人意外。但笛卡尔对冰雹内中含雪原理的解释采用了微观粒子概念，且逻辑十分清晰，比中国士人和耶稣会士的阐释更加细致深入。

四　对蜥蜴做雹传说的暧昧态度

蜥蜴做雹的观念在明清之际流传很广，不同类型的书中讲蜥蜴时往往都会提到蜥蜴能生雹。如谭贞默的《谭子雕虫》是一本专门研究虫的书，讲蜥蜴吸水后能吐冰雹。[④] 李时珍的《本草纲目》是一本医药书籍，其讲蜥蜴（石龙子）

---

① （明）方以智：《物理小识》，第 781 页。

② 参见（汉）董仲舒《雨雹对》，第 385 页。

③ “雪花空隙中的热量更趋向于向表面扩散而不是向中心位置，在这里细颗粒能更好地运动。在它们再次冻结之前，表面的热量会使它们不断融化，甚至几乎全部融化成液体的雪花，其他地方最活跃的雪花也是趋向于表面，然而那些来不及融化的将待在中心位置。这就是为什么当你打破一个这种冰雹颗粒，你能看到其外表通常会是一层透明的冰，而里面会有一些雪。”参见〔法〕笛卡尔《笛卡尔论气象》，陈正洪、叶梦姝、贾宁译，第 77 ~ 78 页。

④ “（蜥蜴）饮水，吐雹如弹丸。”参见（明）谭贞默《谭子雕虫》，《四库全书存目丛书》子部第 113 册，第 185 页。

时提到蜥蜴能吐雹，可以之来祈雨，这些能力与龙相近，也被称为龙子。[①] 范守己的《肤语》有一节论述风雨、雷电、雪、雹、虹等现象，其讲雹也提到蜥蜴能含水吐冰。[②] 方以智在《物理小识》一书讨论古代流传下来的蜥蜴祈雨法时，也提到蜥蜴可以用所制造的雹来为蛇疗伤，所以也被称为蛇医。[③] 可以看出，蜥蜴吐雹是一类可信度较高的异闻传说，在很多场合都能获得承认的，不少士人认为这是真实存在的观念。

按现代对冰雹具体形成条件的认知，蜥蜴吐冰雹的观念没有任何科学依据。有趣的是，经考证，这种荒诞观念的流行完全是源于宋代几位理学家之间的讨论。在宋代以前，几乎没有蜥蜴做雹的文本流传下来。笔者能找到的最早关于蜥蜴做雹的文本是《二程遗书·洛阳议论》中程颐和张载的对话，程颐说蜥蜴含冰，能做冰雹，张载回应说有的冰雹很大，冰雹不可能全都是蜥蜴做的。[④] 比张载和程颐稍晚的陆佃在《埤雅》中也提到蜥蜴能吐雹，并对蜥蜴做雹观念提出一种可能解释：是因为龙能生雹，而龙可以变成蜥蜴。[⑤]

这两处较早的蜥蜴做雹讨论都没有确切的事实证据。洪迈在所撰的《夷坚志》中记载："曾在嵩山隐居的刘居中道人讲述，在嵩山山腰有几百条三四尺长的大蜥蜴，人可以用食物投喂，也可以用手抚摸。一天，蜥蜴聚集在一起饮水，后吐出很多弹丸，在一阵震雷后这些弹丸消失不见。第二天山下来人告知昨天下了冰雹，刘才知道蜥蜴所吐弹丸就是冰雹。"[⑥]《夷坚志》这段记载后来被朱熹引为证据，成为蜥蜴做雹说的重要支撑。

真正使蜥蜴做雹观念大规模流行起来的也是朱熹，朱熹比洪迈小几岁，据徐光台考证，在《朱子语类》中，朱熹除引述《夷坚志》中的记载外，还提到另外三个蜥蜴做雹的传闻，而且这三个传闻都是他第一次提到。[⑦] 朱

---

① "时珍曰：'此物生山石间，能吐雹，可祈雨，故得龙子之名。'"参见（明）李时珍《本草纲目》，第 2387 页。

② （明）范守己：《肤语》，《御龙子集》，第 555～556 页。

③ "蛇背伤，蜥蜴辄衔草傅之，或以口所含雹疗之，故号蛇医。"参见（明）方以智《物理小识》，第 780 页。

④ "正叔（程颐）言：'蜥蜴含冰，随雨震起。'子厚（张载）言：'未必然，雹尽有大者，岂尽蜥蜴所致也？'"参见（宋）程颐、程颢《二程遗书·洛阳议论》，第 159 页。

⑤ "旧说蜥易呕雹，盖龙善变蜥蜴。"参见（宋）陆佃《埤雅》，第 289 页。

⑥ （宋）洪迈撰《夷坚志》，何卓点校，中华书局，1981，第 296 页。

⑦ 徐光台：《西学传入与明末自然知识考据学：以熊明遇论冰雹生成为例》，第 117～157 页。

熹收集这些传闻的实际效果是，这些传闻通过互为证据的方式合理化了，使得蜥蜴做雹的观念不再显得荒诞。《朱子语类》有段文本记载了朱熹对蜥蜴做雹说的态度变化：朱熹看到程颐说冰雹是蜥蜴做的时，第一反应并不相信，是后来才接受的蜥蜴能做雹，前提是雹不全是蜥蜴做的，也可以在天上凝结成。[①]

后来者看，《夷坚志》的记载和朱熹依据的传闻都有问题，但朱熹却用它们成功地将蜥蜴做雹观念合理化了，不仅朱熹自己相信了蜥蜴能做冰雹的传说，也使得后世很多士人都相信这一观念。

蜥蜴做雹的传说在明清之际流传很广，但也有质疑乃至批判的声音。游艺在《天经或问》一书说蜥蜴做雹和龙鳞藏雹传说只是樵夫牧民的闲话，不足为信："若夫蜥蜴龙鳞之说，则樵牧市语也。"[②] 还有一种批判逻辑认为蜥蜴做雹是源于误解：《徐氏笔精》中举例，蚂蚁迁徙会下雨，是由于蚂蚁感觉到雨气所以迁徙，实际上蚂蚁并不能做雨；同理，蜥蜴聚集在一起时降雹，是由于蜥蜴感受到雹气所以聚集，实际上蜥蜴也不能做雹。[③] 徐𤇾虽然不认同蜥蜴能做冰雹的说法，但仍然相信蜥蜴聚集是将要下冰雹的一种征兆。

对蜥蜴做雹传说最坚决的批判来自熊明遇。熊明遇在《格致草》中完全采用西学冷际生成说及传统的雹气生成说，严格来讲，这本身就是对蜥蜴做雹传说最有说服力的回击。熊明遇也有对蜥蜴做雹的直接批判：前面朱熹在为蜥蜴做雹做辩护时，提到小时候听十九伯说亲眼见过蜥蜴做雹。熊明遇认为乡里父老说神说鬼的故事不能作为证据，他还引曾子"阳之专气为雹"的说法作为自己的支撑，肯定雹气结成说，反对蜥蜴做雹说。

> 说理不去，伊川（程颐）遂亦骑墙，曰："曾见十九伯说是如此。"然则乡里父老说神说鬼，遂皆可信为经与？伊川贤者，恐后世借口，故径黜之为渺论，曾子岂欺我哉？[④]

---

① "伊川说：'世间人说雹是蜥蜴做'，初恐无是理，看来亦有之。只谓之全是蜥蜴做，则不可耳。自有是上面结做成底，也有是蜥蜴做底，某少见十九伯说亲见如此。"（宋）黎靖德：《朱子语类》，中华书局，1986，第24页。

② （明）游艺撰《天经或问》，第629页。

③ （明）徐𤇾：《徐氏笔精》，《景印文渊阁四库全书》第856册，第453页。

④ （明）熊明遇：《函宇通校释：格致草（附则草）》，第211页。需要说明的是，程颐并未说"曾见十九伯说是如此"，这句话是朱熹说的，熊明遇错把它当成程颐所说，熊明遇对程颐的批评实际上应是对朱熹的批评，其逻辑不变。

在另一处文本，熊明遇表达了对蜥蜴做雹说的明确批判，他讥讽蜥蜴做雹这样的传说毫无根据："雹理不明，儒者或谓蜥蜴所喷，或谓龙鳞所藏，此真妇人、儿子之谈也。"[1]

除熊明遇和游艺持较明确的批判态度外，一些士人对蜥蜴能否做雹持模棱两可的态度。如方以智在《物理小识》中讨论蜥蜴祈雨法时，提到蜥蜴可以吐雹为蛇疗伤，同时在讨论冰雹形成时采信曾子和董仲舒的雹气结成说，没有解释蜥蜴如何做冰雹。李时珍在《本草纲目》中介绍石龙子（蜥蜴）时曾明确说明蜥蜴能吐雹，但在介绍雹时又说蜥蜴做雹的传说还未经证实，其态度又不那么确定。[2] 这种模糊的知识模式也是古代时期士人关于自然知识的常见形态，大多数知识具有非确定性，即使是在严肃的论述中，也会受到文本语境的影响出现逻辑松散甚至自相矛盾的情况。

结　语

明清之际部分士人对冰雹形成原理及性质的讨论，证明了中国士人长期以来对冰雹形成原理都有一定的兴趣。中国士人常用阴阳气相互作用去解释冰雹如何在空中形成。明清之际，受西学影响的熊明遇等人开始采用三际说和四元素说来解释夏季降雹现象，但他们并未舍弃传统阴阳气解释，而是在此基础上阐发出新的基于阴阳气术语的解释，中学、西学常共存于他们的论述之中。未受西学影响的士人对冰雹原理的解释相比前人则没有太大变化。

客观来讲，相比传统的阴阳气概念，耶稣会士带来的三际说和四元素说在描述大气现象时要更加有说服力。但无论是阴阳气，还是三际说和四元素说，都还没有现代科学对应概念那样有确切的定义足以准确解释冰雹的形成。17 世纪法国的笛卡尔对冰雹也有研究，其解释方法相比中国士人和耶稣会士具有创新性，但缺乏必要的科学知识，笛卡尔仍不能准确地解释冰雹的形成原因。

---

① （明）熊明遇：《函宇通校释：格致草（附则草）》，第 208 页。

② "又蜥蜴含水，亦能做雹，未审果否？"参见（明）李时珍《本草纲目》，第 394 页。

总的来说，中国士人的冰雹论述具有典型的“前现代”知识特征，比如理性的冰雹形成思考常与荒诞的蜥蜴做雹传说暧昧共存。但在明清社会整体冰雹知识观念中，理性的冰雹论述可能只是其中较小的部分。此时期的博物类书收集有大量包括蜥蜴做雹在内的各种冰雹传说，以及传统的冰雹灾异故事等，这些文本并不关注冰雹的自然属性，而是将冰雹作为一种叙事载体赋予其特殊含义。

如清初陈耀文编撰的类书《天中记》收录一则唐代“宣麻降雹”的故事：唐僖宗六年五月，大殿上宣读两位宰相任命的诏令（宣麻）时，雾气四起。后在政事堂百官道贺期间，又下起鸡蛋般大的冰雹。有人认为这是不祥之兆。果然，第二年京师陷落，两位宰相都被黄巢杀害。[①] 这则宣麻降雹故事中，冰雹被视作不祥之兆，是上天对将要发生灾厄之事的预示，两相遇难则证明了预示的灵验性。

冰雹的灾异叙事也常被赋予政治意义。清代官修类书《古今图书集成》收录明代言官周宗文写给皇帝的一篇奏疏《大雨雹疏》，讲周宗文身为言官，适逢天降大雹，毁坏苗田，毙伤人畜，于是以《五行志》阳胁阴为雹的观念谏言：“天降冰雹为灾，是人间阳不胜阴之兆。皇帝龙躬为阳，周围宦官为阴，天降雹灾是上天警示皇帝为宦官所胁，希望皇帝独奋乾断，摆脱宦官的钳制。”[②] 这段文本将对冰雹灾害的解释是出于政治目的，也是非常流行的灾异观念。

正史也是冰雹知识的重要来源，从《汉书·五行志》开始，历朝正史“五行志”部分都收集有当朝冰雹灾害记录。《汉书》冰雹文本有灾异事应叙事[③]，后世《五行志》常只述冰雹灾害而略其事应，《新唐书》[④]、《宋史》[⑤]、

---

① 参见（明）陈耀文撰《天中记》，《景印文渊阁四库全书》第965册，第142页。

② “臣谨按《五行志》：盛阳雨水温暖，阴胁阳不相入为雹。……天道贵阳贱阴，故阳明为治为亨，阴浊为乱为否。天之谴告，夫亦为阳不胜阴之故耳。……又意皇躬龙德为阳，宫闱宦寺为阴……是宦寺之阴，或有以胁皇躬之阳。……请皇上独奋乾断，床帷凡席，凛若冰渊，庶不为宦寺之阴所胁乎。”参见（清）陈梦雷等编《古今图书集成·历象汇编·庶征典》，中华书局，1987，第5189页。

③ “昭公三年，‘大雨雹’。是时季氏专权，胁君之象见。昭公不寤，后季氏卒逐昭公。”参见（汉）班固《汉书》，第1428页。

④ （宋）欧阳修、（宋）宋祁等撰《新唐书》，中华书局，1975，第943~945页。

⑤ （元）脱脱等撰《宋史》，中华书局，1977，第1345~1349页。

《元史》[1] 和《明史》[2] 的《五行志》部分都有专门记录雹灾发生的具体年月和地点。从《五行志》文本形式看，正史编纂者更注重灾害记录，大都不阐发原因。

博物类书和正史都是社会精英所撰，读者一般是士人群体。明末还流行有包括蒙学教材在内的大量通俗日用类书籍，这类书籍是书商为谋利刊刻，选材通俗，其目标人群偏向下层百姓。日用类书中也有很多冰雹知识，这些知识虽然不够严谨[3]，但往往更有故事性，易于在大众中流传。相比面向精英所撰的博物类书，日用类书中的冰雹知识可能在明清社会有更大的流传度。

综上所述，或许可以认为明清士人对冰雹的理性思考并未在明清社会中获得较多关注，整个社会的冰雹知识十分多元。但部分士人通过传统阴阳气及西学三际说、四元素说去解释冰雹形成的原理和物理性质，在当时具有知识学上的进步意义，尽管他们没有似乎也不可能像欧洲人那样发展出近代科学方法。

---

① （明）宋濂等撰《元史》，中华书局，1976，第 1061～1063 页。

② （清）张廷玉等撰《明史》，中华书局，1974，第 428～433 页。

③ 如余象斗编《新刻天下四民便览三台万用正宗》引述《说文解字》的定义说雹是雨雪，“雹，雨雪也。从雨雹声。《说文》”但《说文解字》原文雹是雨冰，编者没有仔细比对。参见（明）余象斗编《新刻天下四民便览三台万用正宗》，载中国社会科学院历史研究所文化室编《明代通俗日用类书集刊》（第六册），西南师范大学出版社，2011，第 220 页。

气象人物史

邹竞蒙对中国气象事业的贡献

李生坤　孙　楠*

摘　要： 本文讲述了邹竞蒙从八路军总部延安气象台起步，到引领中国气象现代化建设的风云一生。文中详细讲述了邹竞蒙在中国气象现代化建设中，如何勾画蓝图、运作实施的艰难历程；讲述了他在世界气象组织中，维护发展中国家利益、开创国际气象合作交流新局面的事迹。

关键词： 邹竞蒙　气象事业　气象现代化

一　延河岸边

1944年7月，为适应联合抗日的新形势，美军观察组飞抵延安。在中共中央的安排下，观察组深入晋察冀抗日根据地进行考察，了解八路军作战能力以及中共的影响力，寻找适宜建立气象设施及小型电台的地点，以便为美军轰炸日本的军事设施提供可靠的气象情报。两个月后，美军观察组在延安凤凰山建立气象站。

1945年3月，我党我军历史上第一支气象训练队在延安清凉山组建。[①]经过几个月的集训后，这批学员部分被派往陕甘宁边区和晋冀鲁豫解放区，分别建立了6个气象观测站，直到抗战胜利后逐步撤离。[②]

1945年日本投降后，美军观察组即将撤离延安，党中央决定在他们撤离之前，接收美军观察组气象台，组建八路军总部延安气象台，归中央军委直接领导，清华大学气象专业毕业的张乃召被任命为台长。

---

*　李生坤，安徽省宣城市气象局；孙楠，《中国气象报》记者。

① 《延安时代的气象事业》编纂委员会编著《延安时代的气象事业》，科学出版社，1995，第10页。

② 《延安时代的气象事业》编纂委员会编著《延安时代的气象事业》，第31页。

1946 年 2 月，气象台首批选调了 5 位学员进台跟班实习。在这 5 个人当中，来自延安自然科学院的邹竞蒙是年龄最小的。

邹竞蒙，原名邹家骝，他的父亲就是著名的抗日爱国“七君子”之一——邹韬奋。在邹韬奋逝世后，周恩来将他的小儿子邹家骝安排到延安自然科学院学习。

在气象台实习期间，邹竞蒙等新学员听美国教员讲述了航空险情中周恩来将伞包让给叶挺女儿小杨梅的事，这个故事也就是小学课本里的《飞机遇险的时候》；之后不久，他们又亲身经历了“四·八”空难（也称黑茶山事件）的加密观测值班，紧张的氛围和血的教训使得邹竞蒙等人深切意识到气象工作的重要性。

1947 年春，国民党胡宗南部对延安疯狂进攻，延安气象台随军撤离，改名为军委气象队。

张乃召带领邹竞蒙等一行 7 人，用骡马驮着气象仪器，昼伏夜行，风餐露宿，跋山涉水，历尽艰难，辗转 2000 多千米，历时一年半，于 1948 年 8 月到达河北省获鹿县（现鹿泉区）李家庄华北电信工程专科学校（简称华北电专）。[①] 这段经历，使邹竞蒙在思想上、政治上更加成熟，他也正是在这个时期加入了中国共产党。

张乃召领导的军委气象队一共 7 个人，为华北电专陆空通信气象专业队培训出众多学员，他们当中的大部分人被分配到陆海空三军、民航和有关省市，从事气象工作，成为新中国初建时期气象工作的骨干力量和各级部门领导。

1949 年 1 月，北平和平解放。4 月 1 日，华北军区航空处在北平成立，航空处下设场站科，张乃召担任场站科科长，邹竞蒙担任场站科气象股股长。[②] 这是中央军委气象局成立前的第一个气象管理机构。

从延河岸边的凤凰山，到石家庄郊区的华北电专，邹竞蒙一路走来，历经磨砺，日渐成熟。新中国气象建设的星星之火，也是从这里走向全国各地。

随着全国各地陆续解放，邹竞蒙带人北上南下，接收各地气象台站。

---

① 温克刚主编《辉煌的 20 世纪新中国大记录·气象卷：1949～1999》，红旗出版社，1999，第 19 页。

② 《延安时代的气象事业》编纂委员会编著《延安时代的气象事业》，第 111 页。

他们历尽艰辛，斗智斗勇，接受了一次次考验，顺利地完成了任务。

不过，对于邹竞蒙而言，最严峻的一次考验莫过于开国大典的气象保障服务。

1949 年 10 月 1 日，当毛泽东主席在天安门城楼向全中国、全世界发出了那篇庄严的宣告后，一排排战机轰鸣而来、呼啸而过。这次受阅飞行是新中国成立的第一次，也是一次多机种、大机群编队活动，要求队形整齐、航线准确、按时通过天安门上空，这给飞行气象保障工作带来了很大的挑战性、艰巨性。它不仅要求气象保障队伍掌握起飞机场的天气状况，而且要掌握飞行航线、备降机场的天气状况。初次上阵的邹竞蒙，细心周到、准备充分，圆满地完成了任务，[①] 受到党中央和毛泽东主席的表扬。

二 气象现代化建设之路

新中国成立后，邹竞蒙在空军司令部气象处担任领导工作。这期间，他参与了首次空爆原子弹的航空气象保障等一系列重要任务，特别是 1965 年 6 月，周恩来总理首次乘坐空军飞机出访非洲，邹竞蒙不仅参加试航、了解航线天气、收集航线各国的气象资料，而且在专机飞行期间，随专机进行气象保障服务。[②] 或许，当年的“四・八”空难阴影对他太过深刻。

崇尚科技，尊重知识，是邹竞蒙在延安时养就的品格。1957 年，邹竞蒙进入哈尔滨军事工程学院空军工程系学习，后来又在北京大学气象学专业攻读研究生课程。

（一）勾画蓝图

1969 年，中央气象局与解放军总参谋部气象局短暂合并后再度分开，于 1973 年重新转为国务院建制，邹竞蒙被安排到中央气象局担任领导工作。

也就是在邹竞蒙被安排到中央气象局担任领导工作这一年，世界气象组织秘书处派出通信官员和技术人员访问中国，商谈中国加入世界天气监视网全球气象通信系统的有关事宜，以期建立北京气象通信枢纽，连接东

① 郑国光主编《气象赤子风雨人生——纪念邹竞蒙同志 80 周年诞辰》，气象出版社，2009，第 162 ~ 163 页。

② 郑国光主编《气象赤子风雨人生——纪念邹竞蒙同志 80 周年诞辰》，第 162 ~ 163 页。

京和奥芬巴赫，形成北半球气象通信主干环路。此前一年，联合国世界气象组织刚刚恢复中华人民共和国的合法席位。

中国建立北京亚洲气象通信枢纽（BQS），就必须要引进与西方国家技术标准一致的通信设备，这也是新中国成立以来中国气象第一次引进西方技术设备。

1974 年底，时任中央气象局副局长的邹竞蒙带着气象局和电子工业部等单位的通信专家，对德国、英国和日本等国进行考察。[①] 一路的考察，给邹竞蒙等人带来一路的震撼，他们知道中国气象与西方国家存在一定差距，但让他们不敢相信的是，存在的差距是如此巨大。从这一刻起，邹竞蒙坚定了建设中国气象现代化的决心。

1978 年，中共十一届三中全会做出战略决策，把全党工作重心转移到社会主义现代化建设上来。随着全党工作重心的转移，各行各业都在思考如何开创现代化建设的新局面。

面对中国近现代历史上的第三次巨变——改革开放，中国气象工作者期望在现代化建设上攀登新高峰。在前两次历史巨变中，气象事业也跟着发生了变化，第一次巨变是辛亥革命，近代中国气象事业建设大幕拉开一角，第二次巨变是新中国成立，中国气象事业建设大幕拉开，一路追赶，虽遭遇挫折却百折不挠、砥砺前行。

1978 年，中国气象学会年会在邯郸召开，这是“文革”结束后的第一次大会。邹竞蒙此时担任中央气象局副局长，会前，他为学会的恢复做了大量工作，会上，他作了长达 6 小时的报告，会后，他的这个报告在气象部门引起强烈反响，吹响了气象现代化建设的号角。

1980 年 3 月，邹竞蒙主持召开了一次加快气象现代化建设的座谈会。这次座谈会谈得比较具体，探讨了实现什么样的气象现代化，它的标志、含义、奋斗目标、现代化进程的阶段和主要任务等内容。同年 7 月，中央气象局成立气象事业长期规划领导小组和几个专业组，具体领导和推动这项工作，新中国气象现代化建设的大幕由此拉开。

1982 年 4 月，中央气象局改名为国家气象局，邹竞蒙担任国家气象局

---

① 刘泽：《北京气象通信自动化系统〈BQS〉诞生记》，载刘金英主编《风雨征程——新中国气象事业回忆录》（第二集），气象出版社，2007，第 176 页。

局长。邹竞蒙上任后的第一件事，就是主持召开全国灾害性天气预报服务工作会议，会上首次提出天气预报要综合运用多种方法并重点发展数值预报的技术路线。邹竞蒙在全国气象系统主导并推广应用微型计算机，他从根本上扭转了“文革”以来的以“土”法为主、以县站预报为主的技术体制和发展方向，也为下一步的气象现代化建设打下基础。

1984 年，在经过了长达三年的调查研究、七八次的反复修改和两次全国气象局长会议讨论之后，《气象现代化建设发展纲要》终于在这一年 1 月份召开的全国气象局长会议上审议通过，并在全国气象部门组织实施。从此翻开了气象现代化建设崭新的一页。

这份 2 万多字的《气象现代化建设发展纲要》，大意可以归纳如下。到 20 世纪末，力争建成适合中国特点、布局合理、协调发展、比较现代化的气象业务技术体系，组建由各种探测手段组成的大气综合探测系统、多层次结构、多种通信手段并存的综合气象电信系统；以计算机为主要手段的气象资料自动处理及信息检索系统；以数值预报为基础、综合运用各种预报方法而形成的天气预报业务系统以及对气候的诊断分析和预测系统；以综合运用各种气象服务手段及现代传播工具的气象服务系统。简而言之，就是将气象业务的各方面、各层级建成现代化。

在《气象现代化建设发展纲要》制定过程中，规划领导小组深入各省份调查现状，远赴欧美发达国家调研观摩。各专业小组针对通信、数值预报和气象卫星等气象科技的方方面面，先后翻译了大量的国外资料、进行了大量的调查研究。据不完全统计，参与这份《气象现代化建设发展纲要》形成过程的领导、专家以及管理人员有 300 多人，其间开过多次大大小小的会议。[①]

当然，在气象现代化建设的实施过程中，也出现了一些不同的声音。有人说这是照抄外国、崇洋媚外；也有人说预报员的经验、群众谚语也很重要，全靠现代化不一定行。面对这些争议，以 1985 年的全国气象局长会议为开端，通过会议宣传、现场示范、举办展览等一系列措施，逐步统一思想、提高认识，使得《气象现代化建设发展纲要》加速落实。

---

① 中国气象局：《锚定气象事业发展坐标——记〈气象现代化建设发展纲要〉的诞生与实施》，2018 年 11 月，http://www.cma.gov.cn/2011xwzx/2011xqxxw/2011xqxyw/201811/t20181116_483412.html。

从现代化建设大幕拉开的1980年起，国家气象中心陆续从国外引进先进设备，开启以自动填图和自动分析为主的自动化实时业务系统，经过改进后在全国各级气象台陆续推广，从而改变了传统的手工作业，不仅大大减轻了劳动强度，关键是提高了时效。随着气象传真广播的建立和发展，国家气象中心和区域气象中心对下一级台站逐步增播了形势分析图和预报指导产品，省市两级气象台开始用传真图代替部分自绘天气图。

20世纪80年代中后期，随着通信和计算机技术的发展以及微型机的普及，中央气象台和省级气象台相继开发出AFDOS、STYS等天气预报业务系统，经过“七五”和“八五”两个五年计划的努力，全国省级气象台的天气预报业务系统陆续建成并投入运行，并逐步向地市级气象台，甚至县气象站延伸。由此，基本上实现了从资料获取、加工处理、分析预报和产品输出的准自动化，大大增加了天气预报信息量，提高了信息处理与分析能力，进一步减少了手工作业和不必要的重复工作。就在《气象现代化建设发展纲要》几易其稿、尚未定型的1983年，国家气象局启动了中期数值预报业务系统建设工程。

（二）心系数值预报

“873工程”是中期数值预报业务系统建设工程的代号。在邹竞蒙的努力下，这个项目分别被列入了国家“七五”重点工程项目和科技攻关项目。对于项目急需的巨型计算机，他一方面立足国内，大力支持国防科技大学研制的国产“银河-Ⅱ”巨型计算机，另一方面积极争取从美国引进成熟机型。

然而，在引进美国的克雷（Cary）和赛博（Cyber）两种巨型机时，先是受到“巴统委员会”的限制，后又受到美国的各种刁难。为此，邹竞蒙多方奔走，四处求助。直到十年后的1992年10月，邹竞蒙以世界气象组织主席的名义给美国总统写信，阐明中国引进巨型计算机是为了监测灾害天气，减少中国和其他国家民众生命财产的损失，是人道主义行为。加上此时我国银河-Ⅱ计算机已基本研制成功，最终老布什总统在他离任的前一天，签署了相关批准文件。[1]

---

① 李泽椿：《20世纪后期国家气象中心数值预报业务的建立与发展》，载刘金英主编《风雨征程——新中国气象事业回忆录》（第二集），第124页。

“873 工程”项目建设从 1983 年酝酿启动，到 1993 年业务运行，历时十年，而等待时间最长的，就是巨型机的引进和研制。客观地说，对于巨型机的引进，如果没有邹竞蒙的锲而不舍、多方运作，是难以实现的。克雷巨型机的引进和银河-Ⅱ巨型机在数值预报中的成功应用，为我国中期数值预报业务系统的稳定运行，提升气象信息加工处理能力奠定了基础，中国从此成为世界上少数几个有能力制作中期数值预报的国家之一。

在走出了艰难的第一步后，中国气象一路追赶，从 1993 年的 T63L16 模式到 2009 年的 TL639L60 模式，国家气象中心开发出多款“T”系列模式。2016 年，拥有中国自主知识产权的 GRAPES 系统全球模式投入业务使用。中国气象完成了从引进吸收到创新创造的辉煌历程。

当地面的中期数值预报系统建设步入正常轨道时，邹竞蒙又将目光移向了太空的卫星。

（三）力推双星齐飞

气象卫星制造是另一个让邹竞蒙几十年如一日为之倾注心血的工程。

早在 1969 年，周恩来总理就提出了制造气象卫星的蓝图，但由于“文革”的影响，我国气象卫星的筹建工作一直停滞不前，处于“纸上谈兵”状态。直到 1978 年，在邹竞蒙等人的积极争取下，国务院才正式批准了第一颗极轨气象卫星的资料接收处理系统的工程建设，但是在 1980 年，国家又对一些重大建设项目进行调整，气象卫星被列入缓建项目。对此，邹竞蒙多方奔走，积极向国务院有关部门反映情况，陈述发展气象卫星的重要性和紧迫性，最后终于得到了有关部门的理解与支持，同意列入 1982 年基建计划，并于 1987 年建设完工。

在制定气象卫星发展规划的初期，有人认为不需要发射卫星，接收美国和日本的卫星云图就行了，没必要浪费资金，还有人认为在极轨卫星和静止卫星两个系列中选择一个就行了。邹竞蒙高瞻远瞩，从我国气象业务和服务的实际需要出发，力主两个系列同步发展并优先发展极轨系列，说服了主张“不需发射”和“部分发射”的两派人，并得到了有关部门和领导的支持。直到多年后，还有人感慨，如果没有邹竞蒙当时的力排众议、锲而不舍，就不可能有现在的极轨和静止气象卫星比翼太空。

在组织实施气象卫星系统工程中，邹竞蒙也倾注了大量的精力，特别是在争取国家专项资金、引进国外技术等方面都起到了关键性作用。

目前，我国是世界上少数几个同时拥有极轨和静止气象卫星的国家之一，同时也是世界上气象卫星在轨运行最多的国家。[①] 当气象卫星稳步运行、居高临下地监视着风云变幻之时，邹竞蒙又开始运作“9210”工程。

（四）架构“9210”

1992 年 10 月，国家计委正式批准建设“气象卫星综合应用业务系统”，所以将这项系统工程建设称为“9210 工程”。

“9210 工程”是以 VSAT 技术为基础建立的气象数据传输和话音通信网络，这项技术是卫星通信技术的转折性发展，20 世纪 80 年代最先在美国兴起。

在现代气象工作中，常规观测、气象卫星和天气雷达所带来的海量探测信息、数值天气预报产品的海量信息，都依赖于通信实现及时传输。此外，进入国际主干气象通信网并与成员国家建立气象信息交换关系，也必须有与之相适应的通信技术。因此，在国家气象局几个版本的《气象现代化建设发展纲要》中，通信现代化都被放在重要地位。

到了 20 世纪 80 年代后期，卫星云图、雷达资料和数值预报都得到了前所未有的发展，网络通信技术发展也是一日千里，短短几年，传输速度从 300bps 增至 2400bps，公共分组交换网的传输速度达到 64K，即便如此，通信的跃增也追赶不上气象现代化的脚步。当时国家气象局每天至少有 400M 的气象数据流，如果放在 64K 的公共网络上，就好像一辆大型货车行驶在乡间小路上。

一颗地球静止轨道通信卫星，大约能够覆盖 40% 的地球表面，使覆盖区内的任何地面、海上和空中的通信站能同时相互通信。在赤道上空等距离分布的 3 颗地球静止轨道通信卫星，就可以实现除了地球两极部分地区以外的全球通信。只要在卫星发射的电波所覆盖的范围内，任何两点之间都可进行通信，并且不易受陆地灾害的影响。简单来说，全国 2000 多个台站，如果使用地面通信，需要传输 2000 多次，但使用卫星广播技术，传输一次，2000 多个台站就能够同时接收到。并且卫星通信使用的是高频段微波，微

---

① 中国气象局：《中国气象现代化 60 年》，气象出版社，2009，第 203 页。

波在云层以外的自由空间传播，很少受昼夜、季节更替和气象条件变化的影响，所以通信质量高而且稳定可靠。

20世纪90年代初，我国开始尝试光通信，开启“八横八纵”计划，但是在世界范围内，光通信技术发展路径还不清晰，八横八纵能不能覆盖全国？气象业务发展能不能等得起？国家气象局经过多次讨论和论证，最终得出的结论是，等不及国家通信建设，需要自己建设，但在全国铺设铜线或者光纤也是不可行的，只能用无线手段、用卫星通信。

“9210工程”以卫星通信为主、卫星通信和地面通信相结合，通过卫星通信广域网，将各级气象台站的计算机局域网互联，实现信息高速传输和信息共享，使市级以上的气象台之间，有双向快速交换气象信息的能力。为此，国家气象局购买了美国休斯公司“亚卫二号”卫星的转发器，设立一个主站，在全国设立300多个小型地球站和安装计算机系统。卫星通信系统还以电信部门的陆地公共分组交换数据网为备份手段，保证各种条件下的通信畅通。

1996年，“9210工程”完成了省级系统的建设并正式投入运行，此后又相继完成了“天气预报人机交互处理系统”（MICAPS）的业务布点工作。这套MICAPS系统，将天气系统与卫星云图叠加在天气底图上，非常直观地反映出天气系统、降水云系与地理位置相互叠加的直观效果，对预报人员分析研究和预报天气起到很好的作用。此外，预报人员还可以方便快捷地对天气预报图的生成进行修改。

为了各级气象台站能正确地使用和维护VAST和MICAPS系统，国家气象中心开展了新中国成立以来规模最大的培训，其中包括VAST工程、通信工程、计算机网络和MICAPS系统等内容，培训范围之广、培训内容之新都是前所未有的。这个创举，从整体上提高了全国气象业务和服务水平，缩小了与发达国家的差距，为21世纪的大国气象腾飞打下良好基础。值得一提的是，“9210工程”还创造了气象系统多个“第一”：第一个全国大型工程、第一次由中央和地方匹配资金、第一次引进了公司机制等。

“9210工程”的顺利实施，使得中国气象通信现代化从此登上了一个新台阶。不过，早在“9210工程”稳步推进之时，邹竞蒙又将目光转向了新一代多普勒雷达，并出人意料地搞了个“桑塔纳模式”。

（五）多普勒雷达的“桑塔纳模式”

早在1982年邹竞蒙担任国象气象局局长之后，就把气象雷达作为气象现代化建设的重要内容，写进了那份著名的《气象现代化建设发展纲要》，列入规划，落实经费，使我国气象雷达得到了快速发展，到1991年底，基本建成了全国雷达监测网，全国共有天气雷达228部，并实现了雷达回波远程传输，为开展短时天气预报、人工影响天气发挥了重要作用。

在国内天气雷达监测网基本建成之后，邹竞蒙又看到了美国先进天气雷达技术，首先提出了在我国建设新一代多普勒天气雷达网的构想。1994年，在他的主持下，制定了《我国新一代天气雷达发展规划》，拟在全国布设126部新一代天气雷达，组成新一代天气雷达网。美国雷达不仅价格昂贵，而且不利于我国的自主雷达生产研发，于是邹竞蒙大胆地提出，引进美国先进技术，用中国的市场换美国的技术，组建中美合资公司，生产新一代多普勒天气雷达，这就是气象部门轰动一时的合资共建的“桑塔纳模式”。对今天的人们来说，这种用市场换技术的合资生产方式司空见惯，但是在20世纪90年代气象部门，这种合作方式可谓前所未有。

当时，邹竞蒙顶着多方阻力，坚持采取这种方式合资生产。在经过多项审批和多轮谈判之后，最终与美国洛克希德·马丁公司组建了中美合资的北京华云罗奥气象雷达系统有限公司（后改名为北京敏视达雷达有限公司），邹竞蒙担任名誉董事长。

新的合资公司引进美国最先进的雷达技术，根据我国的气象业务需要，完善和改进相关技术，联合国内多个厂家生产S波段全相干多普勒天气雷达，命名为CINRAD（中国新一代天气雷达）。这种技术引进方式较之进口整机雷达，不仅成本大大降低，更重要的是在最短时间内提升了我国的雷达制造技术，推动了我国从20世纪90年代中期开始全面布网新一代天气雷达。此后20年间，在引进美方技术的同时，我国国内雷达厂商也开展了技术攻关，极大地促进了天气雷达民族工业的发展。

1999年，我国第一部合资生产的新一代天气雷达在安徽合肥架设成功。这一成功不仅让雷达大楼成为合肥的地标建筑，安徽省气象局还以雷达建设为契机，迅速开发建立了“安徽省新一代气象综合业务系统”，使安徽气象现代化建设迈上新台阶，也使得全国气象部门建设新一代天气雷达有了参照。中国气象局依托国家发改委“新一代天气雷达信息共享平台”项目，建成了“全国综合气象信息共享平台”（CIMISS）。

除了这四大重点项目之外，邹竞蒙还在区域中心建设、大气监测自动化系统以及中小尺度基地建设等工程建设中，都显示出他卓越的开创精神和协调能力。崇尚科技，勇于担当，这些美誉用在他的身上再恰当不过。

2017 年，中国气象局被世界气象组织认定为“世界气象中心”，目前全球有 8 个这样的中心，中国是其中一个。中国的气象现代化，从那个春天起步，历经 40 年的上下求索，已逐步走向世界气象舞台中心，而带领着中国气象一路奔跑的，邹竞蒙是当之无愧的第一人。

三　牵动全局的“25 号”文

“25 号”文，是国务院专为气象部门下发的两份文件。

在当时中国改革开放的大背景下，一大批年轻、有才干、有学历的气象专业干部走上了各级领导岗位，一些有想法、有闯劲、敢吃“螃蟹”的人相继“下海”经商。此时，气象部门也积极顺应席卷全国的“下海”潮，在有偿服务和多种经营方面摸着石头过河，做了一些有益的尝试。

最初，对邹竞蒙而言，总觉得搞综合经营有点“不务正业”，他认为气象服务从来都是公益性的，收取费用简直就是邪门歪道，但邹竞蒙也是勇于解放思想、求实创新的人。他认真总结和调研了广东等基层气象台站的经验，顺势而为，一改初衷，果断决策在全国气象部门开展有偿专业服务和综合经营，并向国务院呈送了专题报告。出乎意料的是，国务院很快就以国办发〔1985〕25 号文件予以批准，这就是气象部门著名的第一个“25 号”文件，它是全国气象部门开展有偿专业服务和综合经营的“尚方宝剑”，使气象部门的创新活力和自我发展能力大大增强。

另一份“25 号”文件，是专为气象部门的双重财政体制而发的。

20 世纪 80 年代中后期，中央实行分税制财政体制改革，地方财政明显好转，但中央财政相对出现窘迫，被称为“条条”单位的气象部门，事业经费归属中央财政划拨，因此气象部门的经费也出现重大困难，气象现代化建设和维持受到很大影响。邹竞蒙四处奔走、多方解释，国务院终于在

1992 年 5 月 2 日下发了国办发〔1992〕25 号文件，批准建立健全与气象部门现行领导管理体制相适应的、双重计划体制和相应的财务渠道，大力发展地方气象事业，并在附件中明确六个方面的地方气象事业项目主要由地方投资建设。①

国务院的文件是下发了，但这在全国“条条”单位里是第一家、第一次，部分地方领导一时难以执行。邹竞蒙就挨个给省长书记们打电话，希望得到他们的理解和支持。由于书记省长们都很忙，有时他深夜一两点还守在办公室等通话。出乎意料的是，全国所有省一级政府都表态支持。究其原因，可能一来是他的崇高威望和个人感召力，二来是由于气象部门的积极工作为地方的防汛抗旱、减灾防灾做出了积极贡献，气象工作越来越受到各级政府的重视。

由此，以气象部门领导为主的、双重领导管理体制得到完善，并在以后的气象事业发展中一直发挥着重要作用。

四　为发展中国家代言

1987 年 5 月 19 日上午，瑞士日内瓦国际会议中心大厅座无虚席，当第十次世界气象大会选举世界气象组织主席结果产生的那一刻，全场掌声雷动，一片欢腾。时任中国国家气象局局长邹竞蒙以唯一候选人身份当选世界气象组织新一届主席。

134 名与会人员代表 66 个国家和 2 个国家组织，相继发表热情洋溢的发言，热烈祝贺他的当选，几个非洲国家代表甚至跳起了欢快的民族舞蹈。这一场景，在世界气象组织大会上史无前例。

从这一天起直到 8 年后的 1995 年，邹竞蒙连任至第十二次大会届满卸任，成为第一个在联合国专门机构中担任最高职务的中国人，成为发展中国家在世界气象组织的代言人。

早在 1983 年邹竞蒙担任世界气象组织第二副主席时，他为缩小发展中国家与发达国家在气象科学技术和气象业务能力方面的差距，做出过许多努力。他将南京气象学院（南京信息工程大学前身）作为世界气象组织区

---

① 中国气象局：《中国气象现代化 60 年》，第 146 页。

域培训中心，培训了一批又一批的第三世界学员。当非洲国家的气象部门遇到转型问题困扰时，中国又为他们举办专门的培训班，介绍中国的有偿服务经验。世界气象组织和外国友人对中国的无私帮助非常感激，对中国气象事业的发展和邹竞蒙所做的努力高度评价，所以在 1987 年许多外国朋友力劝邹竞蒙参加竞选世界气象组织主席。中国气象部门的对外工作表现，无疑对中国的外交事业有一定的促进作用，外交部也多次高度评价邹竞蒙的贡献，认为气象部门是中国对外开放的一面旗帜。

从 20 世纪 80 年代起，有关气候变暖的话题席卷全球。中国为了应对全球气候变化，参与其中并掌握一定话语权，在邹竞蒙的倡议和领导下，经国务院批准，1987 年分别成立了由十多个部委局组成的国家气候委员会和国家气候变化协调小组，制定了《国家气候蓝皮书》。[①]

1988 年，由世界气象组织和联合国环境规划署联合成立的政府间气候变化专门委员会（IPCC），就是在邹竞蒙的任期内通过决议发起的。在他的影响下，整个 IPCC 的秘书机构、会议进程基本上都是参照世界气象组织（WMO）制定的规则来运作的。即使今天参加 IPCC 的很多人已经不是 WMO 的人员，但是到目前为止，在对气候变化的问题进行评估时，WMO 仍然是气候问题上最具权威的科学机构。从那时候起，中国人开始更多地在世界气象事务中担当重任，逐渐深度参与到许多重大的、世界性的气象事务中。中国科学家长期担任 IPCC 第一工作组联合主席，对全球气候变化问题有着一定的话语权，对维护发展中国家利益起着举足轻重的作用。

1990 年 10 月，由邹竞蒙主持的第二次世界气候大会在日内瓦召开。这次大会的主题为“全球气候变化及相应对策”，呼吁国际社会采取紧急行动，以阻止大气中温室气体的迅速增加。本次大会促成了《联合国气候变化框架公约》（UNFCCC）的出台以及全球气候观测系统的建立。

在邹竞蒙的影响下，以我国为首的发展中国家，提出了让西方发达国家无可辩驳的观点：发达国家在实现工业化、现代化进程中，无约束地排放了大量的、以二氧化碳为主的温室气体。有资料显示，即便在今天，占世界人口 22% 的发达国家仍消耗着世界上 70% 以上的能源，排放着 50% 以上的

---

① 朱瑞兆：《中国第一本〈气候〉蓝皮书》，载刘金英主编《风雨征程——新中国气象事业回忆录》（第二集），第 236 页。

温室气体，多数发达国家人均温室气体排放量，仍远远高于世界和发展中国家的平均水平，发达国家是温室气体主要排放者，因此，发达国家对气候变化负有不可推卸的主要责任。按照《联合国气候变化框架公约》提出的共同但有区别责任的原则，发达国家应当承担主要义务。

邹竞蒙对世界气象组织的贡献还远不止于此。20 世纪 80 年代后期，随着气象服务商业化趋势的发展，一直以来的气象资料免费和无限制交换这一世界气象合作基石开始逐渐松动，20 世纪 90 年代初，这个问题已成为困扰世界气象组织的一大难题。为此，邹竞蒙在执行理事会和主席团会议等各种场合发声，支持原来的免费原则，最终在 1995 年召开的第十二次世界气象大会上，通过了著名的第 40 号决议，为消除气象资料与产品免费交换带来的损害，采取了具体的、切实可行的政策措施。

邹竞蒙无论是在两届主席任职期间，还是在卸任主席职务之后，他都以极大的热情，全身心地投入国际合作，致力于缩小发展中国家与发达国家在气象、水文领域的差距，维护发展中国家的利益，开创了国际气象合作交流新局面。

身为世界气象组织主席以及中国这个最大发展中国家的气象工作领导者，作为长期在世界气象组织任职的中国气象工作者，邹竞蒙以其独特的影响在国际气象事务中起着举足轻重的作用。在邹竞蒙卸任之时，按照世界气象组织的要求，中国驻联合国日内瓦办事处大使代表中国政府，向世界气象组织赠送了邹竞蒙油画肖像。肖像被悬挂在世界气象组织大楼的大厅里，以表彰他对世界气象事业的贡献。

而今，斯人已逝，风范永存。

从麻省理工学院气象系毕业的五位气象学家简传*

傅　刚**

摘　要：第二次世界大战后，在美国，旺盛的社会需求和多所大学良好的气象学教育体系推动了综观天气－动力气象学的快速发展。本文以麻省理工学院气象系为视角，介绍了推动综观天气－动力气象学在美国快速发展的几个关键人物，即弗里德里克·桑德斯教授（“气象炸弹”术语的首创者）以及他所培养的美国气象界“四位专家”，即霍华德·布鲁斯坦教授、兰斯·博萨特教授、布拉德·科尔曼博士、托德·格利克曼。本文还阐述了弗里德里克·桑德斯教授及其弟子把气象研究、气象教育和气象商业活动相结合，推动综观天气－动力气象学的快速发展的一些做法。

关键词：麻省理工学院　综观天气－动力气象学　气象炸弹　气象教育

引　言

众所周知，皮叶克尼斯（V. Bjerknes）和罗斯贝（C. G. Rossby）为推动现代大气科学的发展做出了杰出贡献。1928 年，在里克谢德弗（Reichelderfer）的帮助下，罗斯贝在麻省理工学院（Massachusetts Institute of Technology，简称 MIT）创办了美国第一个大学气象系，开始属于航空系，之后独立成为气象系。他在麻省理工学院工作了 11 年后又创建了芝加哥大学气

* 本文得到国家自然科学基金项目“北大西洋爆发性气旋的研究”（项目编号：41775042）的资助。感谢美国 NCAR 的李文兆博士和蔡华清博士提供素材。感谢兰斯·博萨特教授本人撰写的“A Biography and Career Retrospective，”感谢我的研究生倪晶和鄢珅帮助整理资料。

** 傅刚，中国海洋大学海洋与大气学院教授、博士研究生导师，长期从事海洋气象研究和教学工作，主要研究领域包括极地低压、海雾、海上爆发性气旋、台风等。

象系，自此之后，现代天气预报理念从麻省理工学院气象系向全美国传播①。

麻省理工学院的气象系推动了“综观天气－动力气象学”（Synoptic－Dynamic Meteorology）在美国的快速发展。在麻省理工学院气象教育的发展历程中有几个关键人物，即弗里德里克·桑德斯（Frederick Sanders）教授，他是“气象炸弹”（Meteorological Bomb）术语的首创者，以及他所培养的美国气象界四位专家。若以成员的姓氏字母顺序排序，分别是霍华德·布鲁斯坦（Howard Bluestein）教授、兰斯·博萨特（Lance Bosart）教授、布拉德·科尔曼（Brad Colman）博士、托德·格利克曼（Todd Glickman）。

“四人组”这一称呼最早提出的时间是2004年1月，在美国华盛顿州西雅图举行的第84届美国气象年会的桑德斯研讨会上，但最早以文字的形式出现是在2008年兰斯·博萨特和霍华德·布鲁斯坦联合编纂的纪念弗里德里克·桑德斯的专辑 *Synoptic－Dynamic Meteorology and Weather Analysis and Forecasting*：*A Tribute to Fred Sanders* 一书的致谢部分②。针对笔者提出的关于这一术语出台的背景以及人员排序的问题，2020年10月28日兰斯·博萨特教授给笔者回复的邮件提道：“霍华德·布鲁斯坦、布拉德·科尔曼、托德·格利克曼和我在2004年1月美国气象学会年会期间组织并主持了在华盛顿州西雅图举行的美国气象学会桑德斯研讨会。我们决定称自己为‘四人组’，因为我们都有一种玩世不恭的幽默感，如果没有弗里德里克·桑德斯（我是他的第一个博士研究生），我们谁也不会有今天的成就。关于您的第二个问题，我们只是按照姓氏的字母顺序列出了我们的名字，没有多想。”

他们四个成员为推动“综观天气－动力气象学”在美国的快速发展做

---

① 贾朋群：《大气科学教育讲座第二讲：二十世纪初以来气象研究和教育在欧洲和美国的发展》，《气象软科学》2005年第4期，第69～83页。

② The publication of this monograph was made possible by the collective efforts of many people. The idea to create a monograph to honor Fred Sanders' many scientific, educational, and operational contributions to the atmospheric sciences originated during the planning for the AMS Fred Sanders Symposiumby the "Gang of Four" (Howard Bluestein, Lance Bosart, Brad Colman, and Todd Glickman). The well－attended Sanders Symposium was held in Seattle, Washington, in January 2004 in conjunction with the 84th AMS Annual Meeting from Bosart L. F. and H. B. Bluestein, *Synoptic－Dynamic Meteorology and Weather Analysis and Forecasting*: *A Tribute to Fred Sanders*, p. 423.

出了巨大的贡献，本文拟简单介绍弗里德里克·桑德斯教授及“四人组”成员的生平、事业和学术成就，希望对我国的气象教育及发展“综观天气－动力气象学”有所帮助。

1. 先驱者弗里德里克·桑德斯教授

弗里德里克·桑德斯，也被他的学生们称作“老爸”，是美国气象界风暴预报的先驱者。弗里德里克·桑德斯在“综观气象学”（Synoptic Meteorology）领域的研究成就卓越，他试图通过仔细分析和解释观测到的天气现象来理解和认识天气系统，如锋面和气旋。他对锋面、热带气旋、飓风、飑线和其他暖季对流天气系统以及产生洪水的风暴的分析、理解和预测做出了重要贡献。他创造了“气象炸弹”一词来描述剧烈发展的冬季风暴。弗里德里克·桑德斯帮助开发了第一个成功预报飓风轨迹的计算机模型，以及预报雨雪量的新技术。他首创了评估人类和计算机天气预报技能的方法，强调量化天气预报的不确定性的必要性和重要性，这项工作促进了数值天气预报模式的改进。他与同事理查德·瑞德（Richard Reed）一起，提升了“综观气象学”的历史地位，使其成为一项令人尊重的科学，造福后代和学生。他获得了许多奖项，是美国气象学会和美国科学促进会的会士（Fellow）。2004 年，美国气象学会为纪念他，举办了一次以他的名字命名的科学讨论会。另外他还是“海洋中尺度气象学”（Oceanic Mesometeorology）缔造者之一。

1923 年 5 月 17 日，弗里德里克·桑德斯出生在美国底特律，他童年的大部分时间是在密歇根州的布卢姆菲尔德山区（Bloomfield Hills）度过的。他在长期患病后于 2006 年 10 月 6 日逝世，享年 83 岁。他在阿默斯特学院（Amherst College）学习数学、经济学、音乐。时值第二次世界大战，美国空军决定培训 10000 名天气预报员，他们到各个高校对学习数学和物理的大学生进行游说。弗里德里克·桑德斯在 1941 年圣诞节前后加入美国陆军航空队（Army Air Corps），后来被送往圣路易斯城外的杰斐逊兵营（Jefferson Barracks）接受步兵基础训练。离开那里后他到麻省理工学院学习了 6 个月的数学和物理强化课程，然后学习了 9 个月的气象学。盟军在诺曼底登陆（1944 年 6 月 6 日）后不久，弗里德里克·桑德斯以少尉的身份毕业，时年 21 岁。后来他被派往格陵兰岛，他在那里进行天气预报以协助机组人员。

第二次世界大战结束后，弗里德里克·桑德斯曾在新罕布什尔州格雷尼尔空军基地（Grenier Air Force Base）的总部八号气象组担任过一段时间的飞行督查官。1946年，他与南希·布朗（Nancy Brown）结婚后，决定成为一名专业的天气预报员，而不是加入他父亲的糖果制造企业。他成为美国气象局拉瓜迪亚·菲尔德（LaGuardia Field）分部的一名跨大西洋航空预报员。在《退伍军人权利法案》（*G. I. Bill*）的影响下，两年后他回到麻省理工学院攻读硕士研究生学位，并获得硕士学位。1954年，他在托马斯·马龙（Thomas Malone）的指导下获得了理学博士学位，时年31岁。之后他加入了麻省理工学院气象系，在那里他一直工作到1984年退休。他一生指导了14名博士研究生（见表1）、55名硕士研究生和11名本科生（见表2）。

表1　弗里德里克·桑德斯教授指导的14名博士研究生信息一览

序号	博士研究生	毕业年份	备注
1	L. F. Bosart*	1969	
2	D. G. Baker	1971	
3	R. W. Burpee	1971	
4	M S. Tracton	1972	
5	J. M. Brown	1975	
6	H. B. Bluestein*	1976	
7	N. D. Gordon	1978	
8	J. R. Gyakum	1981	
9	R. M. Dole	1982	
10	F. P. Colby Jr.	1983	
11	G. Huffman	1983	
12	F. Marks	1983	
13	B. R. Colman*	1984	
14	J. Du（杜均）	1996	与 Steve Mullen 合作

资料来源：笔者自行整理。

表 2　弗里德里克·桑德斯教授指导的 11 名本科生信息一览

序号	本科生	毕业年份	备注
1	P. R. Leavitt	1956	
2	M. T. Mulkern	1957	
3	C. W. C. Rogers	1958	
4	D. Kennard	1961	
5	G. Perry III	1961	
6	J. C. Dodge	1963	
7	C. Leary	1970	
8	T. J. Matejka	1972	
9	R. Edson	1975	
10	D. Katz	1975	
11	T. Glickman *	1977	

注：表 1、表 2 中姓名带有 * 者为本文重点介绍的“四人组”。
资料来源：笔者自行整理。

弗里德里克·桑德斯喜欢把他的大部分时间花在备课和师生互动上。他经常在他个人的“静水”（Stillwater）号帆船上给学生讲课，为学生学习天气学知识带来了乐趣。弗里德里克·桑德斯还是一个热情的水手，参加了许多海洋帆船比赛，包括纽波特—百慕大和马布尔黑德—哈利法克斯的比赛。他还喜欢和家人、朋友一起游览缅因州和加拿大的海岸。作为一名颇有成就的男高音，他曾在麻省理工学院合唱协会（MIT Choral Society）和马布尔黑德（Marblehead）合唱团中演唱。他的朋友兼同事艾德·泽普塞（Ed Zipser）说：“我认为我们再也见不到像他这样的人了——他不仅有科学的洞察力，还有外向的性格、乐于助人的品质、有时尖刻的风趣，以及始终如一的完美绅士风度。”

温带气旋是中纬度每日天气舞台上最重要的“演员”①。有一类快速发展的气旋在其发展过程中会带来不亚于热带气旋的破坏效果。1979 年 8 月 10 日至 12 日，在英国和爱尔兰举办法斯特耐特（Fastnet）帆船比赛遇到历史上最严重的风暴，在出发的 308 艘帆船中，只有 85 艘完成了全程比赛，

① Čampa J. and H. Wernli, “A PV Perspective on the Vertical Structure of Mature Midlatitude Cyclones in the Northern Hemisphere,” *J. Atmos. Sci.*, Vol. 69 (2012), p. 725.

其余的帆船中有194艘退出比赛、24艘被遗弃、5艘失联。几乎一半的帆船翻沉，大约20艘被翻转180度。51艘帆船上的多名船员被掀翻到海里，136人被直升机或船只救起，造成了至少15人死亡和财产的巨大损失，这类风暴对帆船运动的影响持续了几十年。从1979年莱斯（Rice）发表的一篇不起眼的小论文《追踪杀人气旋》（Tracking a Killer Storm）[①] 里，弗里德里克·桑德斯和他当时的博士研究生J. R. 杰卡姆（J. R. Gyakum）敏锐地认识到这种天气系统的危险性，把它命名为“气象炸弹”或者“爆发性气旋”（Explosive Cyclone）。1980年他们联合在美国气象学会的期刊*Monthly Weather Review*上发表了著名的论文《“气象炸弹”的综观天气－动力气候学》（Synoptic – Dynamic Climatology of the “Bomb”）[②]。自此之后，国际气象界对这种危险的气旋系统进行了广泛深入的研究，发表论文的数量呈“雪崩”式增长。通过这篇具有里程碑意义的论文，弗里德里克·桑德斯洞察海洋上危险天气现象的敏锐性和深厚的学术功力可“窥斑见豹”。

2. **霍华德·布鲁斯坦教授**

霍华德·布鲁斯坦是土生土长的马萨诸塞州波士顿人，目前是俄克拉荷马大学气象学院乔治·林恩·克罗斯（George Lynn Cross）的讲座教授。他于1971年和1972年分别获得了电气工程学学士和理学硕士学位，并在1972年和1976年分别获得麻省理工学院气象学硕士学位和博士学位。从1976年起，他一直在俄克拉荷马大学担任教授。他教授研究生和本科生天气学课程和中尺度气象学的研究生课程。

霍华德·布鲁斯坦对各种天气现象均感兴趣，特别是对那些带有“狂暴特性”（Violent Nature）的天气现象感到兴奋。他的研究兴趣包括对大气对流、中尺度和综观尺度天气现象的观察和物理解释。在对流尺度气象学方面，他感兴趣的是利用便携式多普勒雷达和目视观测来确定龙卷风的流型。他还对使用陆基和机载多普勒雷达和激光雷达探测强对流风暴中的风场感兴趣，以了解强对流风暴的结构和行为。他感兴趣的是通过移动无线电探空测风仪（Rawinsonde）观测数据、风廓线仪观测数据、雷达数据、卫星图像和数值模拟来确定是什么控制了对流风暴的类型。他对确定究竟是

① Rice R. B., “Tracking a Killer Storm,” *Sail*, Vol. 10 (1979), pp. 106 – 107.

② Sanders F. and J. R. Gyakum, “Synoptic – Dynamic Climatology of the ‘Bomb’,” *Mon. Wea. Rev.*, Vol. 108 (1980), pp. 1589 – 1606.

什么引发了对流风暴特别感兴趣。在中尺度气象学方面，他对“干线”（Dryline）及其在引发对流风暴中的作用感兴趣。他还对锋面、降水的中尺度组织和飓风眼壁的对流结构感兴趣，他曾6次飞入飓风眼。他想发展从单多普勒雷达数据确定水平风场的技术。在综观尺度气象学方面，他对副热带急流、副热带卷云、背风气旋（Lee Cyclones）、急流和大气长波模式的行为感兴趣。利用现代观测系统进行预测和临近预报也是他较大的兴趣之一。

他曾长期在科罗拉多州博尔德市大气研究中心（Mesoscale Microscale Meteorology Division at the National Center for Atmospheric Research，简称NCAR）工作，他还是位于佛罗里达州迈阿密的美国国家海洋和大气管理局大西洋海洋和气象实验室飓风研究部（Hurricane Research Division of the Atlantic Oceanographic and Meteorological Laboratory of National Oceanic and Atmospheric Administration）的访问学者，也是麻省理工学院的霍顿讲师（Houghton Lecturer）。霍华德·布鲁斯坦的研究内容包括天气学和中尺度气象学、强对流风暴和龙卷风、热带气旋。从1977年他参与了Severe－Storm Intercept Projects后，就开始使用移动W－波段和X－波段多普勒雷达研究龙卷风和强风暴。他获得美国国家科学基金会、美国国家海洋和大气管理局（NOAA）和美国宇航局（NASA）的研究资助。他是《中纬度综观天气－动力气象学》第I卷和第II卷（*Synoptic－Dynamic Meteorology in Midlatitudes*，Vol. I，1992，Vol. II，1993；Oxford University Press）的作者，也是《龙卷走廊》（*Tornado Alley*，Oxford University Press，1999）一书的作者。因此他荣获2001年美国气象学会颁发的路易斯·J. 巴顿作者奖（Louis J. Battan's Author's Award）。他还是78篇学术论文和15本图书的有关章节的作者或合著者。他的照片已经在世界范围内传播，被《时代》（*Time*）杂志、《科学美国人》（*Scientific American*）、《费加罗》（*Le Figaro MagazineLe*）杂志以及*Geo*（德国和法国）、*Focus*（意大利）和*Weatherwise*等出版物转载。他还在公共电视台NOVA、BBC、探索频道、天气频道、学习频道、历史频道、国家地理频道的电视节目以及IMAX电影《风暴追逐者》（*Stormchasers*）中亮相。他是美国气象学会的会士，曾担任大气研究高校联盟（University Corporation for Atmospheric Research，简称UCAR）科学项目评估委员会、美国国家自然科学基金会观测设施咨询小组和美国气象学会局地强风暴委员会的主席。他曾任职于美国国家研究委员会大气科学与气候委员会（BASC）和美国国家研究委员会下一代天气雷达（NEXRAD）技术委员会。他还担任了科学期刊 *Monthly Weather Review* 的副主编。霍华德·布鲁斯坦现任美国气象学会雷达气象委员会委员，他就 1999 年 5 月 3 日龙卷风爆发向国会专门委员会作证。他于 2000 年被俄克拉荷马大学授予塞缪尔·罗伯茨·诺贝尔校长首席教授（Samuel Roberts Noble Presidential Professorship）称号，并于 2004 年荣获美国气象学会杰出教学奖。

3. 兰斯·博萨特教授

兰斯·博萨特是美国纽约州立大学奥尔巴尼（Albany）分校的气象学教授，是一位杰出的气象学家和教育家。截至 2016 年，他指导了 143 名研究生和博士后，是一位杰出的教师和研究生导师。他的研究小组培养出来的人有 19 人在大学担任教职，其中 6 人是现任或过去的系主任，1 人（Frederick H. Carr）担任过美国气象学会的总裁。兰斯·博萨特不愧为一个杰出的综观天气 - 动力气象学家，他不但获得了美国气象学会的 Charney 奖，还获得美国气象学会第一届杰出教学奖。

兰斯·博萨特于 1942 年出生在美国纽约市，父亲叫弗兰克·博萨特（Frank Bosart），母亲叫梅·格拉齐雅诺·博萨特（Mae Graziano Bosart），兰斯·博萨特是家中的独子。他从小就非常喜欢观察天气，但他从来没有想到他长大后会从事与天气有关的工作。兰斯·博萨特在八九岁时不经意做了他人生中第一次天气预报。棒球、天气和气候伴随兰斯·博萨特的成长。兰斯·博萨特大约在 10 岁时就开始阅读《纽约时报》上的天气和气候统计报告。兰斯·博萨特非常关心《纽约时报》刊发的每日天气图以及世界各地的最高气温、最低气温以及降水量等，他经常津津有味地阅读天气报告中的各种表格。1956 年，兰斯·博萨特全家搬到马马罗内克学区（Mamaroneck School District），在那里他开始了初中和高中学习，他遇到了最好的老师。他经常回忆起初中和高中老师，如几何老师 Mrs. Annis、代数老师 Miss Triglia、历史老师 Mr. Markowitz 和物理老师 Mr. Warnecke。兰斯·博萨特是学校田径队和保龄球队的队员，他还时常为校报写文章。兰斯·博萨特还是马马罗内克高中气象俱乐部（Mamaroneck High School Meteorology Club）的创始人。

大学阶段，兰斯·博萨特在麻省理工学院学习航空学和航天学。作为高年级大学生，兰斯·博萨特选修了诺曼·菲利普斯（Norman Phillips）教授的研究生课程“理论气象学导论”。诺曼·菲利普斯教授把兰斯·博萨特带入麻省理工学院的研究生院学习气象学。

诺曼·菲利普斯是20世纪70年代麻省理工学院气象系的主任，于2019年3月15日逝世，享年95岁。他在大气科学领域多有建树，他首次证明数值模式可以预报天气，并发展了世界上首个地球气候的大气环流模式。

兰斯·博萨特开始研究生阶段学习后不久就遇到了他的恩师弗里德里克·桑德斯教授。兰斯·博萨特经常去翻阅当时的天气图和历史天气图。兰斯·博萨特还参加了麻省理工学院的每日天气预报比赛，这个比赛的目的是教会学生“预报天气背后的科学和动力学问题”。学生们参加天气预报比赛的另一个目的是战胜他们的老师弗里德里克·桑德斯。

弗里德里克·桑德斯曾经说过“硬科学”的发展将推动天气预报的发展，严格的预报检验将会推动未来预报的发展。通过动力学和热力学的透镜审视和思考天气是推动天气预报科学发展的最好途经。

在麻省理工学院，兰斯·博萨特从多位大师身上获得了基础广泛的气象教育，如波林·奥斯丁（Pauline Austin）、朱尔·查尼（Jule Charney）、埃德·洛伦兹（Ed Lorenz）、雷吉·纽维尔（Reggie Newell）、乔·彼得罗斯基（Joe Pedlosky）、诺曼·菲利普斯（Norman Phillips）、维克多·斯塔尔（Victor Starr）以及赫德·威雷特（Hurd Willett）。兰斯·博萨特也得益于经常来的访问者，如杰瑞·纳麦斯（Jerry Namias）、迪克·里德（Dick Reed），他们经常与弗里德里克·桑德斯谈论各种话题，在各种讨论中兰斯·博萨特非常忙碌。兰斯·博萨特也很幸运地被许多优秀的学生所包围，他们在学术和智慧方面互相促进。

兰斯·博萨特与人为善，与多人有着非常愉快、成果颇丰的合作。1969年9月，约翰·库森（John Cussen）和陈泰然（George Tai - Jen Chen）分别成为兰斯·博萨特的第一个硕士研究生和博士研究生，另一个研究生史蒂夫·科鲁奇（Steve Colucci）在反气旋研究方面非常用功。各种传真天气图、地面和高空观测电传图，以及世界各地的月气候观测图为他们最初的科研工作提供动力。1980年，约翰·莫伦纳理（John Molinari）来到麻省理工学院，从事热带气象学和飓风研究。1988年，丹尼尔·凯瑟（Daniel

Keyser）到麻省理工学院后两人就开始合作，在超过25年的时间里他们共同指导了几十名硕士研究生和博士研究生。1982年秋季，安东·塞蒙（Anton Seimon）还是大一学生时就给兰斯·博萨特看他在高中时代画的美国东北地区暴雪的天气图。两人从安东·塞蒙大学一年级学生时代就开始了彼此的科研合作了。美国气象学会主席弗雷德里克·H. 卡尔（Frederick H. Carr）在20世纪70年代就成为兰斯·博萨特的第一个博士后。

兰斯·博萨特的研究兴趣非常广泛，到2016年10月，他已经发表了179篇论文和参与撰写了6部著作，研究成果涵盖了热带气旋的形成与加强和变性、冬季风暴、反气旋、重力波、龙卷风、锋面、雷暴和闪电、洪水、天气预报和效果验证、日变化、污染物运输、日照预报、海岸带大气涡旋、山脉附近的冷空气筑坝（Cold－Air Damming）、背风坡气旋旋生、急流、寒潮、中纬度低气压的变性、中尺度雨带和下击暴流等诸多领域。表3是他及其合作者发表的具有代表性的学术论文。需要特别指出的是，他对一些重要的天气事件的研究是“穷追不舍”的，在事件发生过去很多年后仍在孜孜以求地不断探寻其中的奥妙，如2014年发表的《热带气旋Edisoana（1990）的副热带变性》一文，研究对象竟然是1990年的热带气旋Edisoana，他对科学研究的执着精神无法不令人敬佩。

兰斯·博萨特还是“气旋论坛”（Cyclone Workshop）的创始人之一。从1979年到2019年10月，气旋论坛已经成功举办了19届（第19届于2019年9月29日至10月4日在德国巴伐利亚州的Kloster Seeon举行），兰斯·博萨特是唯一参加了全部19届“气旋论坛”的科学家。

兰斯·博萨特在1967年春天在剑桥遇到海伦（Helen），他们在1969年6月结婚，并在8月搬家到纽约的奥尔巴尼。兰斯·博萨特在纽约州立大学奥尔巴尼分校教书，海伦在德尔玛（Delmar）的高中教数学，他们有两个儿子布莱恩（Brian）和埃里克（Eric）。2000年，大儿子布莱恩不幸在一次车祸中丧生，他们经历了对世上所有父母来说都是最悲伤的噩梦。他们非常感激Roger Wakimoto帮助整理了布莱恩已经写完的博士学位论文，让布莱恩在逝世后获得了加州大学洛杉矶分校的气象学博士学位。

4. 布拉德·科尔曼博士

布拉德·科尔曼于1977年在美国蒙大拿州立大学获得理学学士学位，主修地球科学，辅修数学，1984年在麻省理工学院获得理学博士学位。他在气候集团公司（The Climate Corporation）担任科学主任，在那里他领导一个统计学家和大气科学家组成的团队，为全球农业公司提供天气、气候和决策的信息。在此之前，他在微软的一个团队工作了近两年。该团队开发了一个新的消费者天气服务项目，允许他们在其生态系统中传递天气信息。在到私营企业工作之前，布拉德·科尔曼在美国 NOAA 工作了很长时间，工作内容也很多样。他于 2013 年退休。

从 1990 年至 2013 年，他在国家海洋和大气管理局工作，在华盛顿州西雅图的国家气象局预报办公室工作。2012 年至 2013 年的大部分时间里，布拉德·科尔曼在马里兰州的银泉（Silver Spring）气象发展实验室（Meteorological Development Laboratory）担任代理主任。1986 年至 1990 年，布拉德·科尔曼还在美国 NOAA 位于科罗拉多州博尔德的环境研究实验室工作过，他还担任过华盛顿大学大气科学系的副教授。他在美国气象学会的科学期刊上发表了大量文章，他与托马斯·D. 波特博士（Dr. Tomas D. Potter）合编了两卷本的《天气、气候和水手册》（*Handbook on Weather, Climate and Water*），由威利出版社（Wiley Press）出版。他是美国气象学会和国家天气协会（National Weather Association）的会员，于 1996 年被选为美国气象学会会士。

表 3　兰斯·博萨特发表的具有代表性的学术论文汇总

序	年份	论文中文题目	参考文献	备注
1	1972	海岸锋生	Bosart et al., 1972	
2	1973	对 1964 年 2 月对流层中上层异常偏暖的分析	Bosart, 1973	9 年以前的气象现象
3	1978	对 1972 年 6 月 20～21 日纽约 Wellsville 附近一次极端降水个例的分析	Bosart and Carr, 1978	6 年以前的天气事件
4	1981	1979 年 2 月 18～19 日（总统日）暴雪——次天气尺度个例分析	Bosart, 1981	2 年以前的天气事件
5	1982	纽约奥尔巴尼可能的光照预报试验的百分率	Cope and Bosart, 1982	
6	1983	加利福尼亚 Catalina 上空涡旋事件分析	Bosart, 1983	

续表

序	年份	论文中文题目	参考文献	备注
7	1994	北美内陆的倒槽和锋生：有限区域的气候学和个例研究	Keshishian et al. , 1994	
8	1994	对雷暴概率预报技术的评估	Bosart and Landin, 1994	
9	1996	教育和经验对预报能力的贡献	Roebber and Bosart, 1996	
10	1997	影响墨西哥城地区流动状态的研究	Bossert, 1997	
11	2001	南美寒潮：类型、构成和个例研究	Lupo et. al. , 2001	
12	2004	急流的诊断研究：动力学特征及与相关对流层扰动的关系	Pyle et. al. , 2004	
13	2006	复杂地形上的超级单体龙卷生成：1995 年 5 月 29 日的麻州大 Barrington 龙卷	Bosart, 2006	11 年以前的天气事件
14	2007	飓风 Katrina（2005）：一个强热带气旋复杂的生命周期	McTaggart - Cowan et. al. , 2007	2 年以前的天气事件
15	2010	基于分析资料的山区气旋气候学	Jeglum et al. , 2010	
16	2013	受斜压影响的全球热带气旋旋生气候学	McTaggart - Cowan et. al. , 2013	
17	2014	热带气旋 Edisoana（1990）的副热带变性	Griffin and Bosart, 2014	24 年以前的天气事件
18	2015	北大西洋上层条带状位涡附近区域热带扰动的发展	Galarneau et al. , 2015	
19	2015	副热带流动对弯曲型西北太平洋热带气旋响应的合成分析	Archambault et al. , 2015	
20	2016	前进型下击暴流的气候学及生成环境的分析	Guastini and Bosart, 2016	
21	2017	导致 2007 年 10 月北美地区相互关联的极端天气事件的北太平洋热带、中纬度和极地扰动的相互作用	Bosart, 2017	10 年以前的天气事件
22	2019	美国中东部极端降水事件与 Rossby 波破碎的联系	Moore et al. , 2019	

资料来源：笔者自行整理。

5. 托德·格利克曼先生

托德·格利克曼生于1956年6月13日，是一名产业气象学家。他的天气预报可以在纽约市的WCBS新闻广播880频道和国际广播电台radio. com上收听到。自1979年5月以来，他一直作为气象学家在那里工作。托德·格利克曼在纽约的霍华德海滩（Howard Beach）、昆斯德（Queensand）、长岛的罗斯林高地（Roslyn Heights，Long Island）长大。他在金沙角中学（Sands Point Academy）读到六年级，然后在东威利斯顿学区（East Williston School District）上公立学校，1973年从惠特利学校（Wheatley School）毕业。

他大学就读于麻省理工学院，主修地球和行星科学，并于1977年获得理学学士学位。他师从弗里德里克·桑德斯教授和诺曼·麦克唐纳（Norman MacDonald），1977年与他们共同撰写了一篇关于大气对流的论文。他从麻省理工学院毕业后在职业生涯的中期，就读于萨福克大学（Suffolk University），并于1988年获得工商管理硕士学位。

托德·格利克曼在麻省理工学院读本科时，曾于1975年至1977年在波士顿的WBZ电视台实习，师从气象学家诺曼·麦克唐纳、布鲁斯·施沃格勒（Bruce Schwoegler）和登·肯特（Don Kent）。由于托德·格利克曼具有在麻省理工学院学生电台（现WMBR）广播天气的经验，当诺曼·麦克唐纳离开WBZ电视台，在麻省的贝德福德（Bedford）开始创建天气广播服务公司（Radiodivision of Weather Services Corporation）时，他就让托德·格利克曼到该公司做兼职工作。毕业后，托德·格利克曼在纽约的罗斯林市（Roslyn）的皮尔斯驾驶教练线（Pierce Coach Line）做了一年的安全主管，这是一家与皮尔斯乡村假日野营公司（Pierce Country Day Camp）共同经营校车的公司。

1978年，托德·格利克曼在气象服务公司（WSC）接受了一份为全国广播电台轮班的兼职工作。他持续在WSC兼职到1993年，先后服务过几十个广播电台，包括WCBS（纽约）、WEEI（波士顿）、WRKO（波士顿）、WTOP（华盛顿特区）、KPRC（休斯敦）、WDGY（明尼阿波利斯）、KFWB（洛杉矶）和KCMO（堪萨斯）。

1979年，托德·格利克曼加入了国际天气服务公司（Weather Services International Corporation），负责公司的增值服务、实时天气信息业务。他担任过多个职位，包括媒体营销经理、新产品开发经理和政府项目办公室经理。1993 年，他加入美国气象学会，担任助理执行主任。2000 年，托德·格利克曼加入了麻省理工学院企业关系办公室的工业联络项目组。他最初担任工业联络官，2003 年晋升为高级工业联络官，2006 年晋升为企业关系副总监。2012 年他被晋升为公司关系高级副总监，2017 年晋升为高级总监。他做过许多咨询工作，包括为波士顿地区的视频制作公司担任画外音艺术指导，为哥伦比亚广播公司广播新闻担任每日新闻记者，以及为全美航空公司的飞机担任航空天气指导员。

在托德·格利克曼的职业生涯中他多次获奖，他于 1995 年当选为美国气象学会会士，并于 2000 年因担任《气象学词汇》第二版执行主编而荣获该学会颁发的“特别奖”。他在 1979 年获得了美国气象学会的无线电天气预报认证，并在 2005 年获得了广播气象学的认证证书。他曾担任美国气象学会多个委员会的主席，包括广播气象学委员会、航空气象学委员会、持续教育委员会及私营气象学委员会的主席。他还担任过美国气象学会广播气象学认证和上诉委员会董事会主席，以及天气和气候企业委员会督导委员会主席。

托德·格利克曼还参加了许多社区志愿者活动。自 1979 年以来，他一直担任 WGBH 电视台“第二频道拍卖”的直播节目主持人，该节目是波士顿地区公共广播服务（PBS）公共电视台的年度活动。自 1988 年以来，他一直在缅因州肯纳邦克波特（Kennebunkport）的海滨电车博物馆担任讲解员，还担任该博物馆运营的有轨电车、快速交通工具和历史公共汽车的指导员。他还担任技术广播公司（Technology Broadcasting Corporation，前身为 WTBS 基金会）的官员和受托人。自 1981 年起，他还是麻省理工学院无线电台 WMBR 的授权人。

鉴于托德·格利克曼在产业气象领域非常活跃，在美国气象学会长期担任档案和图书管理员的金妮·内森斯女士①，2019 年 1 月 8 日在亚利桑那州凤凰城召开的美国气象学会年会上对托德·格利克曼进行了采访，托德·格利克曼结合自己的亲身经历，介绍了私营气象学（Private sector Mete-

① 2020 年 7 月 5 日，金妮·内森斯（Jinny Nathans）女士不幸死于新冠肺炎，她长期担任美国气象学会的档案和图书管理员，在美国气象学会工作了 20 年，在第 100 届年会结束后退休。她不仅关注美国气象学会的图书馆和档案建设，也关注美国气象学会的历史，在美国气象学会工作的 20 年里，她用多种方式与上百位会员进行了交流。

orology）自第二次世界大战以来在美国的发展历程，以及公立机关（如NO-AA）与私营企业之间的互动。这次采访的录音以及文字记录稿可以从美国气象学会的网站[①]上下载。

结　语

第二次世界大战后，旺盛的社会需求和良好的教育体系推动综观天气-动力气象学在美国的快速发展。如何把气象研究、气象教育、产业气象结合起来，推动气象学为社会发展做出贡献是值得我们深思的课题。作为高校教师，怎样才能保有敏锐的学术洞察力和个人魅力，并引领大气科学学科的发展，也是一个值得深入探讨的课题。

综观天气-动力气象学的科学研究工作具有极大挑战性，研究者不但要具备非常丰富的气象学知识，而且还需要有深厚的大气动力学理论功底，更需要绝妙的逻辑思维和语言表达能力。要搞好综观天气-动力气象学的教学工作，不仅需要以上提到的各种能力，而且还需要高超的“循循善诱”教学技巧。弗里德里克·桑德斯教授以及他培养的“四人组”在学术研究、教育、家庭、同事、培养学生等多个方面都取得了令人敬佩的成就，对在高校从事气象研究和教育的学者有重要的启发作用。

---

① https://www.ametsoc.org/index.cfm/ams100/oral-histories/todd-glickman/.

气候与文明史

试论黄河汛期与文明起源*

武家璧**

摘　要： 文献中最早记载的黄河汛期是《庄子》"秋水时至"，发生在洛河汇入黄河的洛口地区，时间在立秋节气。战国至秦汉时期我国先民已确知黄河的春、秋二汛，完整的黄河汛期记录见于《宋史·河渠志》。洛口附近发现河洛古国都邑所在的仰韶文化双槐树遗址。《夏小正》记载立秋天象为"七月汉案户"即初昏时刻银河南北向。实地观测，在河洛地区夏至平旦看到的天象景观是银河东西向，天狼星偕日升，天上银河与地上黄河在西北地平线上互相连接，融为一体。河洛古国的先民可能利用天象、黄河水情与节气三者同步的周期，制定出观象授时的历法，从而催生了文明的起源。

关键词： 黄河汛期　河洛古国　天象　立秋　夏至

大河流域产生的农业文明，在某种程度上依赖河水周期性的泛滥。河水泛滥的周期往往与气象周期同步，因此人们把水情与气候变化相联系，作为制定观象授时历法的一个依据，建立起最早的历法，指导农业生产和祭祀活动等。可以说河水的汛期及其泛滥带来的肥沃土壤，催生了早期的农业文明。本文主要探讨黄河水情与气象的关系及其对中国古代文明起源的影响。

一　"秋水时至"的发生地

关于黄河汛期的记载，传世文献最早见于《庄子·秋水》。

---

*　本文受到郑州市政府资助项目"郑州地区仰韶时代的天文学遗存研究"（项目编号：SKHX2018385）的支持。

**　武家璧，博士，北京师范大学教授，从事科学史与天文考古研究。

> 秋水时至，百川灌河。泾流之大，两涘渚崖之间，不辩牛马。于是焉，河伯欣然自喜，以天下之美为尽在己。顺流而东行，至于北海，东面而视，不见水端。于是焉，河伯始旋其面目，望洋向若而叹曰："野语有之曰：'闻道百，以为莫己若者'。我之谓也……吾长见笑于大方之家。"

这里的"秋水"当指黄河中游地区发生在秋季的洪水。下面考证这一秋汛发生的地区。首先说明什么是"百川灌河"。现代黄河的主要支流，自上游至下游依次有白河－黑河、洮河、湟水、清水河、大黑河、窟野河、无定河、汾河、泾渭河、洛河、沁河、金堤河、大汶河十三条。自河口镇（因地处大黑河汇入黄河口附近而得名）有五大支流穿行于高山深谷以及山间盆地之中。黄河干流自河口镇急转南下，直至禹门口称晋陕峡谷，有窟野河、无定河、汾河三大支流汇入。黄河过潼关折向东流，有泾渭河汇入，三门峡以西为黄土峡谷；三门峡以东至孟津，河道穿行于中条山与崤山之间，是黄河最后一个峡谷，界于河南、山西之间，故称晋豫峡谷。在旧孟津这一带，黄河由峡谷型河道转向平原河道，河道逐渐转向开阔。孟津以下至郑州桃花峪之间，有洛河汇入。以上黄河干流及其支流主要穿行于峡谷和山间盆地之中，古今河道的变化不大，改道情况主要发生在下游。

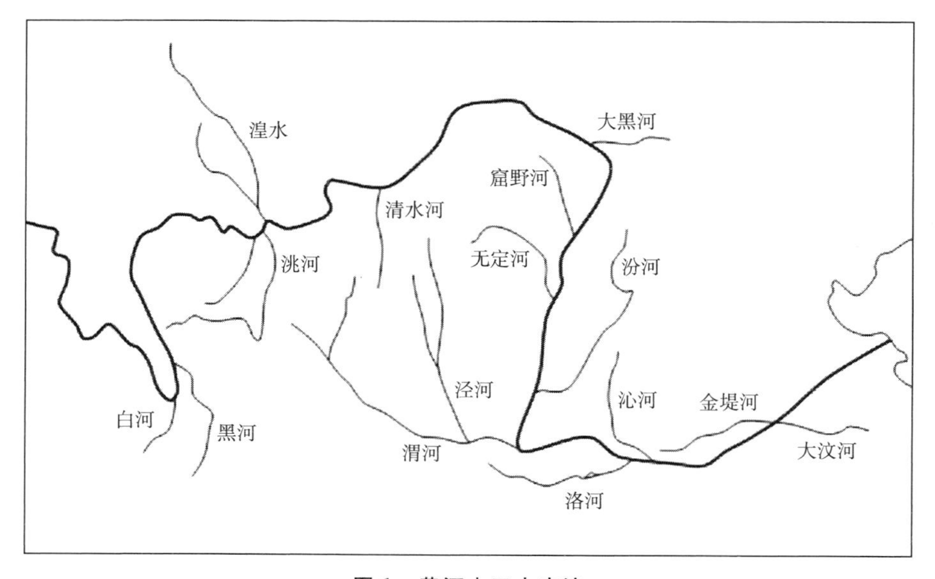

图1　黄河十三大支流

黄河下游的沁河、金堤河、大汶河三大支流，在历史上都与著名的古河流“济水”有关。《尚书·禹贡》记载：“导沇（兖）水，东流为济，入于河，溢为荥，东出于陶丘北，又东至于菏（菏泽），又东北，会于汶，又北，东入于海。”江、淮、河、济是著名的“古四渎”，都是“朝宗于海”的大河。其中济水与黄河互相交叉，前者因“济”（穿越）于河而称为济水，依据《禹贡》“济入于河，溢为荥”的说法，济水穿越黄河的地点当在荥泽（今郑州市西北）附近。济水沿途留下济源、济南、济宁等古地名，其上游汇入了沁河，下游汇入了大汶河，而金堤河则是黄河故道，这条故道连接了古济水与大汶河两大支流。由于古人历来把济水与黄河明显分开，故此“百川灌河”不包括黄河下游的古济水系统。

《庄子》描写“秋水时至”的盛况是：随着秋汛的到来，河面变得十分开阔，两岸之间“不辩牛马”，于是河伯沾沾自喜，自以为是天下水泊中的老大；及至看到“不见水端”的大海，才望洋兴叹，自觉“见笑于大方之家”。由此可以推断“秋水时至”的地点，肯定不在黄河的峡谷地带，一定是在孟津以下、荥泽以上的地段，在这段河道中只有一条大支流——洛河。故所谓“百川灌河”是指洛河以上以十大支流为主的大小河流灌注入黄河。

综上，则“秋水时至”的地点最有可能是洛河入黄河的洛口地区。相传这里是水神河伯与洛伯相会的地点，能够看到“河洛斗”的壮观景象。当洛河的洪峰与黄河的洪峰同时到达洛口的时候，两大洪峰互相冲击形成掀天巨浪，十分壮观，文献称为“河洛斗”。这种现象并不是每年都会发生，一般而言黄河与洛河有各自的洪峰期，可能会错开到达洛口，但同时到达的可能性也是存在的。《竹书纪年》卷上载：“（夏）帝芬十六年，洛伯用与河伯冯夷斗。”这可能就是两条河水同时发生洪峰的现象。

洛口地区，文献记载称为“河洛”，相传这里是“河图洛书”的发现地，也曾经是上古帝王祭祀河神的地点。据《水经·洛水注》记载：“黄帝东巡河，过洛，修坛沉璧，受龙图于河、龟书于洛……尧帝又修坛河洛，择良议沉。”第一次黄帝“修坛”大致相当于仰韶文化中晚期，在洛口附近发现有五千年前的仰韶文化双槐树遗址，学术界倾向认为可能就是黄帝时期“河洛古国”的都邑所在①。第二次尧帝“修坛”河洛，大致相当于龙山文化晚期到新砦文化早期，洛口附近发现的新砦期花地嘴遗址②，很可能与尧帝时期的活动有关。《竹书记年》卷下记载“周公旦摄政七年……乃与成王观于河洛，沉璧，礼毕王退”（《宋书·符瑞志上》引）。周朝建东都之后，按《周礼》规定“天子祭天下名山大川”，对河洛的祭祀归属于正常的国家祀典，常祀不衰。

二　黄河秋汛发生在立秋节气

上文从地形大势、水文特征以及祭祀传统等方面论述了《庄子》“秋水时至”的观察地点最有可能是洛河与黄河交汇的洛口地区。那么“秋水时至”的“时”是否可以具体到更准确的时间呢？换句话说，黄河的秋汛发生在什么时节呢？

从“河伯欣然自喜，以天下之美为尽在己”的描述来看，秋汛应是黄河最大洪峰到来的时节，根据现代科学观测的水文资料不难确定这个汛期的具体时间。黄河大汛期是由中国大陆的地形地势和季风气候引起的，而季风主要是由海陆位置决定的，从古代至今中国地势和季风环境并无大的改变，因此现代的黄河汛期与古代汛期应该是基本相同的。受季风气候影响，每年公历7～8月，雨带移动到华北地区，降水多，黄河出现主汛期。下面试以洛口附近的郑州地区的气象和水文资料来确定“秋水时至”的具体时间。

中国古代阴阳历中的阳历节气与阴历日期不固定，需要设置闰月来调节，而现行公历（格列高利历）中的节气与阳历日期是相对固定的，为研究方便先列出二十四节气与公历日期对照情况（见表1）。

明代张岱著《夜航船》“天文部·节气”条载曰：“立春正月节，雨水正月中；惊蛰二月节，春分二月中；清明三月节，谷雨三月中；立夏四月

① 河南省文物考古研究所：《河南巩义市滩小关遗址发掘报告》，《华夏考古》2002年第4期；顾万发：《河南巩义双槐树遗址仰韶文化牙雕蚕（HGSIT3544F14①：20）赏析》，《黄河·黄土·黄种人》2017年第2期；范毓周：《河南巩义双槐树“河洛古国”遗址浅论》，《中原文化研究》2020年第4期。

② 顾万发、张松林：《河南巩义市花地嘴遗址“新砦期”遗存》，《考古》2005年第6期。

表1　二十四节气与公历日期对照情况

春季		夏季		秋季		冬季	
立春	2月3~5日	立夏	5月5~7日	立秋	8月7~9日	立冬	11月7~8日
雨水	2月18~20日	小满	5月20~22日	处暑	8月22~24日	小雪	11月22~23日
惊蛰	3月5~7日	芒种	6月5~7日	白露	9月7~9日	大雪	12月6~8日
春分	3月20~22日	夏至	6月21~22日	秋分	9月22~24日	冬至	12月21~23日
清明	4月4~6日	小暑	7月6~8日	寒露	10月8~9日	小寒	1月5~7日
谷雨	4月19~21日	大暑	7月22~24日	霜降	10月23~24日	大寒	1月20~21日

节，小满四月中；芒种五月节，夏至五月中；小暑六月节，大暑六月中；立秋七月节，处暑七月中；白露八月节，秋分八月中；寒露九月节，霜降九月中；立冬十月节，小雪十月中；大雪十一月节，冬至十一月中；小寒十二月节，大寒十二月中。”以此知节气在阴历中的月序比在阳历中要小一个月，例如：正月立春在阳历2月，四月立夏在阳历5月，七月立秋在阳历8月，十月立冬在阳历11月等。从二十四节气表中可知一年最热的节气“小暑”和“大暑”是阳历7月（阴历六月）的节气和中气。

据研究，黄河流域属典型的季风气候，黄河是降水补给型河流，黄河的径流量与降雨量密切相关，[①] 这说明气候对黄河的径流量起着关键作用。黄河流域的降水季节性强，大部分地区连续最大4个月降水量出现在6~9月，可占年降水量的70%~80%，而且多以暴雨的形式出现。由于流域内河川径流量主要由降水形成，即以雨水补给为主，夹杂着上游带来的冰雪融水（矾山水），在降水季节性变化极大的情况下，径流的年内分配也十分集中，径流量主要集中在夏秋汛期即7~10月，可占年径流量的60%以上，个别支流可达到85%[②]。从郑州地区的逐月气温-降水量分布（见图2）可以看出，最高气温和最大降水量分布在公历7月。

新中国成立以后在黄河花园口设立了水文观测站，在2000年小浪底水利枢纽工程投入使用以前，这里观测积累的水文资料与古代的情况大致相当。依据郑州花园口黄河水文站统计1950~2000年（小浪底水库投入使用

① 张学成、王玲、高贵成、郭喜有：《黄河流域降雨径流关系动态分析》，《水利水电技术》2001年第8期。

② 张俊峰、张学成、张新海：《黄河流域水资源量调查评价》，《人民黄河》2011年第11期。

前）逐月平均流量的数据①，制作径流过程图（见图 3），可见在夏至（公历 6 月 21～22 日）前后，黄河的月平均流量达到每秒 1500 立方米，是枯水期的 3 倍，开始进入主汛期。

降水量（mm）
200
150
100
500
0
温度（℃）
30
20
10
0
−10
1
2
3
4
5
6
7
8
9
10
11
12（月）

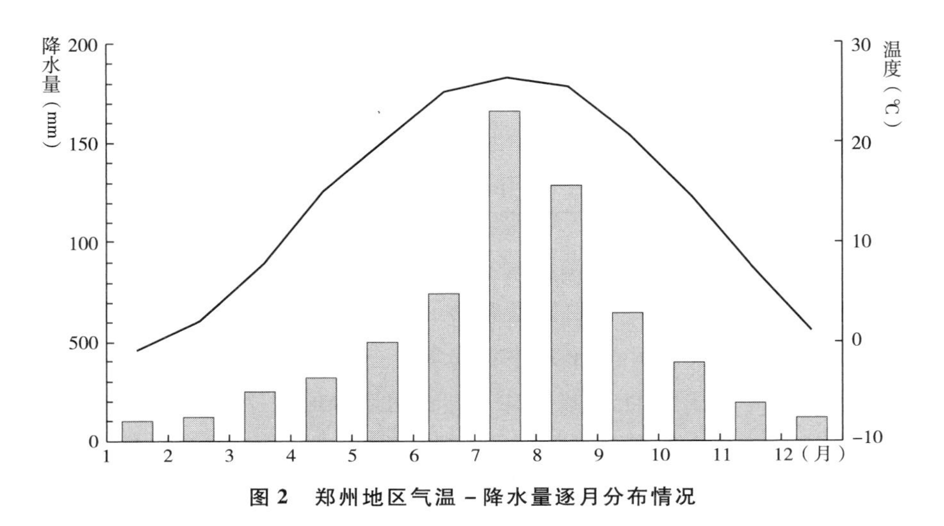

图 2　郑州地区气温－降水量逐月分布情况

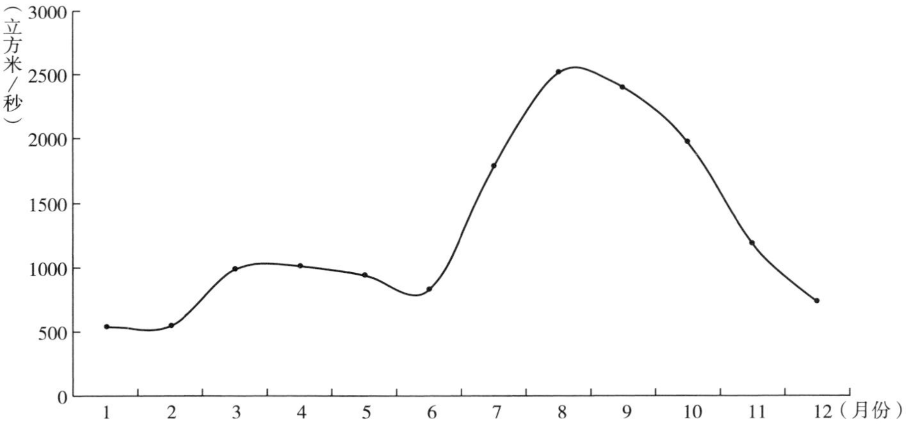

（立方米/秒）
3000
2500
2000
1500
1000
500
0
1
2
3
4
5
6
7
8
9
10
11
12（月份）

图 3　1950～2000 年黄河花园口逐月平均流量

洛河的最大流量不及黄河最小流量的 1/10，但其月均流量的变化趋势

① 黄强、李群、张泽中、王义民、李彦彬：《计算黄河干流生态环境需水 Tennant 法的改进及应用》，《水动力学研究与进展》（A 辑）2007 年第 6 期；陈南祥、张丹、蒋晓辉：《基于改进 Tennant 法的花园口生态径流量计算》，《华北水利水电学院学报》2011 年第 6 期。

与黄河的径流过程基本一致[1]，也是在夏至前后进入主汛期。当洛河的洪峰与黄河的洪峰同时到达洛口的时候，就是“河洛斗”。

黄河水文特征的季节性非常明显，非汛期径流量偏小，一年内有大小两次汛期：小汛期是农历二、三月的春汛，古称“桃华水”；大汛期是夏至前后发生的夏秋汛，汛期开始之时古称“矾山水”，整个汛期持续 4 个月（公历 7 ~ 10 月），集中了超过全年 50% 的水量。

中国古代很早就重视降雨量的观测，云梦睡虎地秦简《秦律十八种·田律》记载有报告降雨量的法律规定[2]。汉代“自立春至立夏尽立秋，郡国上雨泽”（《后汉书·礼仪志》），规定在立秋要最后一次测报雨量，这大约是对黄河秋汛的一次预警。从降水形成地表径流，再汇集到大河构成洪峰，需要一段时间。从 1950 ~ 2000 年黄河花园口逐月平均流量（见图 3）中，可以看出最大洪峰出现在公历 8 月（农历七月），也就是立秋节气前后，大约迟滞降水量高峰一个节气（约 15 天）。显然黄河最大洪峰是降水量高峰的一个响应。综上所述《庄子》“秋水时至”就是指农历七月节气“立秋”前后黄河的最大洪峰。

三　秋汛与观象授时历

上文已述黄河的最大洪峰——秋汛发生在立秋前后，下面论述这一水文周期现象很可能被古代先民利用来制定观象授时的历法。关于上古的历法，《国语·楚语下》载：

> 古者民神不杂……及少皞之衰也，九黎乱德，民神杂糅，不可方物……颛顼受之，乃命南正重司天以属神，命火正黎司地以属民，使复旧常，无相侵渎，是谓“绝地天通”。其后，三苗复九黎之德，尧复育重、黎之后，不忘旧者，使复典之，以至于夏、商。故重黎氏世叙天地，而别其分主者也。其在周，程伯休父其后也，当宣王时，失其官守，而为司马氏。

① 李捷、夏自强、马广慧、郭利丹：《河流生态径流计算的逐月频率计算法》，《生态学报》2007 年第 7 期。

② 睡虎地秦墓竹简整理小组编《睡虎地秦墓竹简》，文物出版社，1978，第 24 页。

周宣王时的司马氏当是西汉太史令司马迁的祖先。这里讲述了上古的天文历法世家“重黎氏—羲和氏—司马氏”的家族兴亡史，司马迁《史记·太史公自序》对此亦有载述。这个家族主要负责制定两种历法——神历与民历，都是上古的观象授时历。类似记述还见于《汉书·律历志》载“历数之起上矣。传述颛顼命南正重司天，火正黎司地，其后三苗乱德，二官咸废，而闰余乖次，孟陬殄灭，摄提失方。尧复育重、黎之后，使纂其业，故《书》曰‘乃命羲、和，钦若昊天，历象日月星辰，敬授民时’”。《史记·历书》载：“颛顼受之，乃命南正重司天以属神，命火正黎司地以属民。……尧复遂育重黎之后，不忘旧者，使复典之，而立羲和之官。”

颛顼时代的“南正”与“火正”各自制定了最早的神历与民历，后世分别称为“天正”与“人正”或者“大正”与“小正”。传世的《夏小正》属于后者。历法既用于指导农牧业生产，也用于指导祭祀神灵。神历主要祭祀天神，包括日月星辰与中外星官，以日君（太阳神）为首；民历主要祭祀地祇，包括山河湖海及万物神祇，以河伯最著。《礼记·月令》孔颖达《疏》曰：“贾逵等以为天宗三，谓日月星；地宗三，谓泰山、河、海。”天神中的日、月、星均可用于制定日历、月历、五星历等，而地祇中只有“河”才有明显的季节性“水信”可以用来授时。由于可以“举物候为水势之名”，《夏小正》直接采用“物候”取代了“水信”，致使黄河在历法起源中发挥的重要作用被湮没无闻。

“民神不杂”是指神历与民历分开，即所谓“绝地天通”；“民神杂糅”指神历与民历杂编混排在一起了。神历以《黄帝历》为代表，《史记·历书》载“太史公曰：‘神农以前尚矣。盖黄帝考定星历，建立五行，起消息，正闰馀，于是有天地神祇物类之官，是谓五官。各司其序，不相乱也。……盖闻昔者黄帝合而不死，名察度验，定清浊，起五部，建气物分数……以至子日当冬至，则阴阳离合之道行焉。十一月甲子朔旦冬至已詹。’”这一历法主要用来祭祀天神，其特点是以冬至（中气）为岁首。

民历以《颛顼历》为代表，《晋书·律历志》云：“颛顼以今孟春正月为元，其时正月朔旦立春，五星会于天庙，营室也……鸟兽万物莫不应和，故颛顼圣人为历宗也。……夏为得天，以承尧舜，从颛顼也。”《新唐书·历志》引僧一行《大衍历议·日度议》：“《颛顼历》上元甲寅岁正月甲晨初合朔立春，七曜皆值艮维之首。盖重黎受职于颛顼，九黎乱德，二官咸废，帝尧复其子孙，命掌天地四时，以及虞、夏。故本其所由生，命曰《颛顼》，其实《夏历》也。”故此民历的最大特点是以立春（节气）为岁首。

神历的岁首冬至以日出最南而易于观测确定；民历的立秋节气则是依据“秋水时至”而观察确定的。河伯以“秋水时至”最具威仪，两个秋汛之间是一年，将一年四等分就得到“四立”节气，再以立春为岁首制定出民历。由此可以解释“司天以属神”就是依据天象制定神历，“司地以属民”就是依据汛期制定民历。把天象和汛期联系起来就是所谓“民神杂糅”历了。早期的观象授时历并不具备后世推步历所具有的预先告知节气的功能，而是根据实际发生的天象来“敬授民时”，由于天象和汛期并不能严格地对应，杂糅在一起很容易引起观象授时的混乱，故此被正统历家视为“乱德”。

利用河水汛期制定历法并不是中国古代独有的，古代埃及也曾利用尼罗河的泛滥周期制定埃及历法。例如著名考古天文学家、洛杉矶的格里菲思天文台（Griffith Observatory）台长 E. C. 克鲁伯（E. C. Krupp）写道：“尼罗河洪水泛滥，才可能使埃及有了文明……（他们）认为天狼星偕日升很重要，以至于他们以此来标志新年的开始。甚至使人无话可说的事实是，偕日升的天狼星和尼罗河涨潮大概与夏至巧合。”另一位天文学家詹姆斯·科纳尔（James Keeler）持同样见解：“从人类第一次在尼罗河谷定居的那个时候起，他们生存的最重要的周期性事件就是每年的河水泛滥……这种循环事件，对于建立埃及文明至关重要……天狼星首次大约在夏至的早晨天空中出现，大约在尼罗河水泛滥的时候。”①

与埃及文明依赖尼罗河的恩赐一样，在黄河流域产生的河洛文明同样对黄河的泛滥周期具有某种程度的依赖关系。

四　黄河的完整汛期

《庄子·秋水》“秋水时至”仅仅记载了黄河的最大汛期，有关黄河的完整汛期，文献记载比较晚，《宋史·河渠志》有比较完整的记录，引述如下。

---

① 〔英〕罗伯特·包维尔、埃德里安·吉尔伯特：《猎户座之谜》，冯丁妮译，海南出版社，2000，第 154 ~ 155 页。

> 说者以黄河随时涨落，故举物候为水势之名：
>
> 自立春之后，东风解冻，河边入候水，初至凡一寸，则夏秋当至一尺，颇为信验，故谓之“信水”。
>
> 二月、三月桃华始开，冰泮雨积，川流猥集，波澜盛长，谓之“桃华水”。春末芜菁华开，谓之“菜华水”。
>
> 四月末垄麦结秀，擢芒变色，谓之“麦黄水”。
>
> 五月瓜实延蔓，谓之“瓜蔓水”。
>
> 朔野之地，深山穷谷，固阴冱寒，冰坚晚泮，逮乎盛夏，消释方尽，而沃荡山石，水带矾腥，并流于河，故六月中旬后，谓之“矾山水”。
>
> 七月菽豆方秀，谓之“豆华水”。
>
> 八月菼乱华，谓之“荻苗水”。
>
> 九月以重阳纪节，谓之“登高水”。
>
> 十月水落安流，复其故道，谓之“复槽水”。
>
> 十一月、十二月断冰杂流，乘寒复结，谓之“蹙凌水”。
>
> 水信有常，率以为准；非时暴涨，谓之“客水”。

这些水情大抵与节气相联系，谓之“节水”。明张岱的《夜航船》“天文部·节水”载：“正月解冻水，二月白苹水，三月桃花水，四月瓜蔓水，五月麦黄水，六月山矾水，七月豆花水，八月荻苗水，九月霜降水，十月复槽水，十一月走凌水，十二月凌水。”其所载水情之名及其月份节气，与《宋史·河渠志》记载基本相同。

战国至秦汉时期我国先民已确知黄河的春、秋二汛，早期观象授时历利用秋汛则可能早到传说中的颛顼时代。从 1950～2000 年黄河花园口逐月平均流量（见图 3）可以看出，黄河最明显的涨水期是春、秋二汛。关于春汛，《礼记·月令》载：“仲春之月，始雨水，桃始华。”《汉书·沟洫志》载：“来春桃华水盛，必羡溢，有填淤反壤之害。”颜师古注：“《月令》‘仲春之月，始雨水，桃始华’。盖桃方华时，既有雨水，川谷冰泮，众流猥集，波澜盛长，故谓之桃华水耳。而《韩诗传》云‘三月桃华水’。”《太平御览》卷五十九引《韩诗外传》云：“溱与洧，三月桃花水下之时，众士女执兰祓除。”元沙克什《河防通议》卷上“释十二月水名”条载：“黄河自仲春迄秋季有涨溢，春以桃花为候，盖冰泮水积（按《宋史·河渠志》作冰泮雨积)，川流猥集，波澜盛长，二月三月谓之桃花水。”

关于秋汛，其最大洪峰出现在立秋前后，即所谓七月“豆华水”。但从1950～2000年黄河花园口逐月平均流量（见图3）来看，这次汛期的涨水期始于农历五月（公历6月）的“瓜蔓水”，快速上涨于农历六月（公历7月）中旬之后的“矾山水”。宋陈元靓撰《岁时广记》卷二引唐韩偓《水衡记》载“黄河水六月名山矾水”。清汪灏《广群芳谱》卷四引宋刘跂《暇日记》“六月山矾水”，又引明袁宏道《瓶史·月表》载“六月花盟主莲花……山矾水”。宋陆游《西郊寻梅》诗云“山矾水仙晚角出”。明王志坚《表异录·邑里》载：“六月山矾水。”明张岱《夜航船·节水》载：“六月山矾水。”

《宋史·河渠志》对“矾山水”的解释是朔野之地的坚冰消释，水带矾腥而沃荡山石，故名。“矾山水”又简称“矾水”。由此可知“矾山水”或者“山矾水”是北方高山地带的冰雪融水。农历六月本是气温高和降水高峰期，加之冰雪融水，导致河水急剧上涨。《宋史·河渠志五》载：“今河流安顺三年矣，设复矾水暴涨，则河身乃在牐（闸）口之上。”可知“矾水”是导致黄河水“暴涨”的直接原因。

熟悉黄河水情的人是生活在黄河岸边的民众。明万恭《治水筌蹄》载：“凡黄水消长，必有先兆。如水先泡，则方盛，泡先水，则将衰；及占初候而知一年之长消，观始势而知全河之高下。旧日识水高手者，唯黄河之滨有之。”金代泰和二年（1202）颁布《泰和律令·河防令》将“六月一日至八月终”定为黄河的“涨水月”，沿河官员必须轮流“守涨”，不得有误。《治水筌蹄》还记述了报汛方法：“黄河盛发，照飞报边情，摆设塘马，上自潼关，下至宿迁，每三十里为一节，一日夜驰五百里，其行速于水汛。凡患害急缓，堤防善败，声息消长，总督者必先知之，而后血脉通贯，可从而理也。”所谓“塘马”即驿站快马，始设于明万历元年（1573），明政府规定从黄河上游潼关向下游传送水情用塘马报汛，以最快的速度通知下游加固堤防、疏散人口等，使水位观测直接为防洪服务。

五　天河与黄河

我们相信黄河“水信”在历法中的作用，理由不仅参照尼罗河流域的历法起源，更来自笔者实施的天文考古模拟观测的结果。在仰韶文化时代“河洛古国”都邑所在的双槐树遗址，夏至节气那一天，笔者实地考察发现：清晨天狼星出现在地平线附近偕日升，太阳升出地平面时的位置位于大地的东偏北方向，与黄河向东流去的方向高度吻合；银河在牛郎星和织女星之间分出一条支流，出现在西北地平线附近，这与大地上的黄河及其支流洛河在遗址西北方向分开的情形非常吻合。总之在观测过程中笔者惊奇地发现：夏至清晨太阳升出地平面以前，天上的银河及其支流与地上的黄河及其支流（洛河）非常吻合（见图 4）。

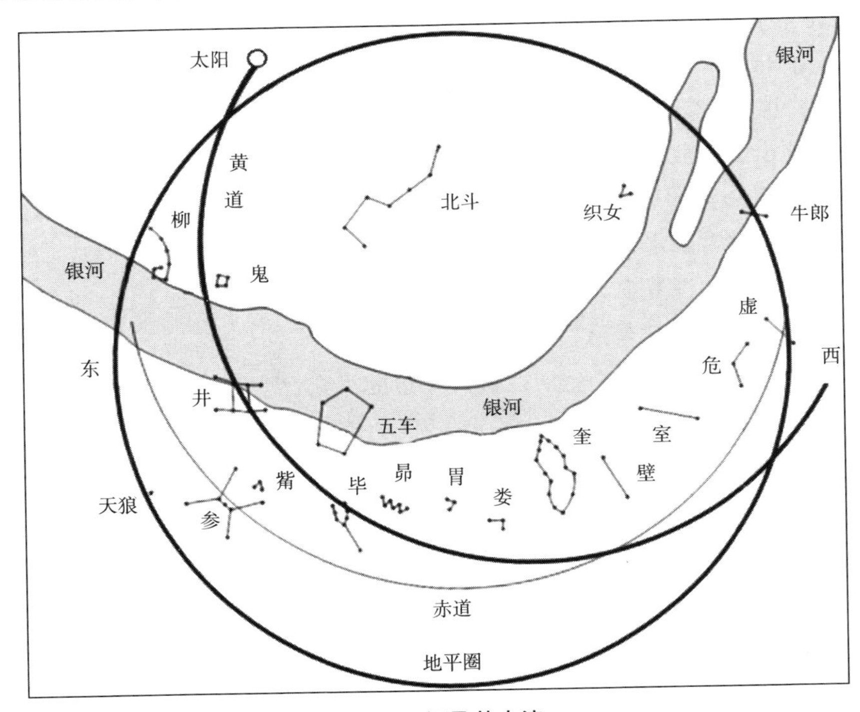

图 4　天河及其支流

《夏小正》曾经记载一条与天河有关的天象：“七月汉案户。初昏，织女正东乡（向），斗柄悬在下，则旦。”《传》曰：“汉也者，河也。案户也者，直户也，言正南北也。”这是把“天汉”解释为“河”的最早记载。有的文献把天河直接记为“河汉”，如《文选·古诗十九首》云：“迢迢牵牛星，皎皎河汉女……河汉清且浅，相去复几许？盈盈一水间，脉脉不得语。”这些记载说明古人认为天上的银河就是人间的黄河。

《夏小正》记载的“汉案户”是立秋时日“秋水时至”、初昏银河南北向的天象，而夏至看到的则是平旦银河东西向的天象。如图 4 所示：夏至平旦，银河与黄河在西北地平线上互相连接，完全融为一体；银河在东北方向没入地平面，与黄河向东流去的方向基本一致；与此同时发生的还有天狼星偕日升的著名天象。

距今五千年左右，古代埃及人观测到天狼星偕日升与尼罗河涨潮大致在夏至发生，天象、潮汛与节气三者机缘巧合，从而催生了埃及的太阳历和古文明。河洛古国与古埃及的地理纬度大致相当，两地的先民看到的是同一片天空，同样能看到在夏至前后天狼星偕日升的天象。黄河虽然没有像尼罗河那样同时出现明显的涨潮标志，但却呈现出天上银河与地上黄河融为一体的壮观景象，足以取代潮汛作为观象授时的标准，因此我们有理由相信河洛古国也像古埃及那样，利用了天狼星偕日升、天地河连通与夏至节气三者同步的周期，再参考立秋节气与黄河大汛同步的周期，制定出观象授时的历法。“司天”与“司地”两种观象方法的融合，催生了文明的起源。历法的诞生，同时也是人类进入文明时代的标志之一。

在河洛古国实地考察，夏至节气所见的天象景观是天地融合、朝霞满天，给人心灵以强烈的震撼，正如李白的诗句：“黄河之水天上来，奔流到海不复回。”唐代另一位著名诗人刘禹锡的诗《浪淘沙·九曲黄河万里沙》对这一奇妙景观有过生动的描述：“九曲黄河万里沙，浪淘风簸自天涯。如今直上银河去，同到牵牛织女家。”这些壮丽的诗篇与我们观测到的天象景观完全符合，曾经激起无数炎黄子孙对祖国大好河山无比热爱的高尚情怀。观测工作不仅确认了黄河流域天象在文明起源中的地位和作用，而且证实了关于黄河的文学作品所具有的真实内涵，从而也拓展和提升了考古遗址的文化价值和科学意义。

结 语

气候对黄河的径流量起着关键作用。依据历年来黄河花园口的水文观测资料，黄河每年汛期的最大洪峰发生在立秋节气前后（公历 8 月上旬），这与《庄子·秋水》“秋水时至，百川灌河”的记载相一致，说明文献记载符合气候和水文特征，具有一定的科学性和可靠性。这是由中国的海陆位置和季风气候所决定的，数千年内并无太大改变。如同尼罗河的涨潮催生了古埃及文明那样，黄河的汛期也与中国古代文明的起源密切相关，为黄河地区农业文明的起源提供了良好的条件。这些条件包括气温、降水、河水灌溉和冲积平原的肥沃土壤等。考古研究表明河洛古国的兴起正是基于郑洛地区得天独厚的环境条件。模拟观测证实河洛古国的先民可能利用天象、黄河水情与自然节气三者同步的周期，制定出观象授时的历法，揭开了中华文明起源的神秘面纱。

从王士性的游记看明代气象科技文化发展

张立峰*

摘　要：明代王士性的游记中，包含了很多基于实地考察对区域天气、气候的新认识，并站在人与自然的高度上分析气候环境对人类活动的影响与制约；王士性还就一些气象现象进行了理论探索，在重经验、轻理论的传统学术语境下有了一定程度的突破。从气象科技史的角度出发，上述的考察、研究与探索是很有价值的，所形成的独到见解有不少是超越时代的，因此需要将其纳入中国古代气象学史的研究范畴，予以认真审视。

关键词：王士性　《广志绎》　明代　气象　科技

近些年来，在我国著名历史地理学家谭其骧先生的倡导下，对明代王士性及其游记的研究已成为历史地理学研究的热门课题。尤其是对其游记中所涉及的地质、地貌、地形、考古、人文、民俗、物产、制度等各种学问，以及经济、军事、社会、文化等方面的多种见解，学界给予了很高的评价。值得注意的是，王士性的游记中有不少天气、气候等方面的记载，蕴含着可贵的气象学思考和研究成果。

遗憾的是，目前学界对于王士性在气象学方面的贡献却鲜有关注。查阅文献资料发现，还没有对王士性及其游记在气象科技史方面的专题研究，仅有杨文衡在论及王士性的地理学成就时，提及黄河流域、长江流域的气候和农业气候问题；[①] 张陈呈在研究《广志绎》的科技贡献时，论及王士性对海市蜃楼等大气光学方面的记载；[②] 范宜如从游记文学的角度对《广志

* 张立峰，浙江省气象局高级工程师，主要研究方向为气象科技文化史。

① 杨文衡：《论王士性的地理学成就》，《自然科学史研究》1990年第1期，第91~98页。

② 张陈呈：《王士性〈广志绎〉对明代科技事象的考究》，《边疆经济与文化》2008年第2期，第97~98页。

绎》中关于西南四省气候方面的记载有所述及；[①] 龚剑锋等提及了王士性对贵州多阴雨的气候特点的总结和记载。[②]

目前，在气象科技史研究领域，王士性在气象学方面的贡献还没有受到学界的重视。笔者查阅了近四十年来主要的气象科技史或气象史文献，尚未发现有提及王士性及其游记《广志绎》等的专著[③]。笔者不揣谫陋，从气象科技史视角出发，对王士性的气象学思想及研究情况进行探讨，希望借此引起学界的关注。

一 王士性其人、其游、其书

王士性（1547～1598），字恒叔，号太初，为明代临海城关（今浙江台州）人。他少年时好学喜游，在万历五年（1577）进士及第，从此步入仕途，曾在河南、北京、四川、广西、云南、山东、南京等地为官，官至南鸿胪寺正卿，于万历二十六年（1598）辞世，年五十二岁。

明代是我国旅行家辈出的时代。王士性是其中代表性的人物之一，是“与徐霞客比肩的”旅行家。[④] 王士性以好游与善游著称。据《临海县志》记载：“公盖无时不游，无地不游，无官不游……一官为寄，天下九州履其八，所未到者闽耳……凡一岩一洞、一草一木之微，无不精订。”[⑤] 王士性为官与游历两不误，为官宦之事东奔西走，所到之处广泛游历，一生的足迹除了福建之外，遍及当时明王朝各地。

除了官员、旅行家的身份，王士性还是一位颇有造诣的学者。在游历

---

① 范宜如：《华夏边缘的观察视域：王士性〈广志绎〉的异文化叙述与地理想像》，《国文学报》2007 年第 42 期，第 121～151 页。

② 龚剑锋、温正灿：《从王士性〈广志绎〉看明代贵州人文自然风貌》，《贵州文史丛刊》2016 年第 1 期，第 91～95 页。

③ 这些专著包括刘昭民编著《中华气象学史》，台湾商务印书馆股份有限公司，1980；洪世年、陈文言编著《中国气象史》，农业出版社，1983；谢世俊：《中国古代气象史稿》，重庆出版社，1992；〔英〕李约瑟：《中国科学技术史》第四卷，科学出版社，2003；温克刚主编《中国气象史》，气象出版社，2004；洪世年、刘昭民编著《中国气象史：近代前》，中国科学技术出版社，2006；张静编著《气象科技史》，科学出版社，2015。

④ 单之蔷：《浙江有个王士性》，《中国国家地理》（浙江专辑上）2012 年第 1 期，第 16～23 页。

⑤ （清）洪若皋等修《临海县志》（康熙二十年刊本）卷九《人物志三・王士性传》，（台湾）成文出版社，1983，第 799～800 页。

的过程中，他对全国各地进行了大量详细的考察与记述，经过总结归纳和理论思考后，著成游记《五岳游草》十二卷、地志《广游志》二卷和《广志绎》五卷。其中，《广志绎》完成于明万历二十五年（1597）即王士性辞世前一年，是其在地理学等多方面学术成就的代表著作。

《广志绎》目录有六卷：卷一，方舆崖略；卷二，两都（南北两直隶）；卷三，江北四省（河南、陕西、山东、山西）；卷四，江南四省（浙江、江西、湖广、广东）；卷五，西南四省（四川、广西、云南、贵州）；卷六，四夷辑。卷六仅见目录，没有正文，所以全书实有五卷。“绎”者，归纳推理也。《广志绎》是一部将自然地理、经济地理和人文地理融于一体的综合性著作，对我国各地的地理、气候环境、经济、文化、物产等方面都有着精辟的概括与分析，是一部描述性兼有理论性的著作。笔者以《广志绎》为主，兼及《五岳游草》《广游志》二书，对王士性在气象学上的杰出贡献进行探讨。

二　基于实地考察的区域天气气候记载及认知

（一）奇特的大气光学现象

1. 山东登州海市蜃楼

王士性在《广志绎》中记载，在山东登州及与之相连的沙门、龟机、牵牛、大竹、小竹五岛等地，“春夏间，蛟蜃吐气幻为海市，常在五岛之上现，则皆楼台城郭，亦有人马往来，近看则无，止是霞光，远看乃有，真成市肆，此宇宙最幻境界”①。王士性生动形象地描述出了海市蜃楼这种奇特的大气光象。虽然他也未能在对这种现象的解释方面有所突破，但“近看则无，止是霞光，远看乃有，真成市肆”的观点，已经将海市蜃楼的形成与光的作用相联系。他还指出海市蜃楼的出现概率具有季节差异，即春夏季常有，至“秋霜冬雪肃杀时不现”，这些都是对海市蜃楼现象认识上的进步。

2. 四川峨眉山佛光

王士性还亲眼看见了峨眉山的佛光。“复诣通天观，观大藏宝幢报午

① （明）王士性：《广志绎》卷三《江北四省・山东》，吕景琳点校，中华书局，1981，第57页。

矣。一僧奔称佛光现，余亟就之。前山云如平地，一大圆相光起平云之上，如白虹锦跨山足。已而中现作宝镜空湛状，红、黄、紫、绿，五色晕其周。见己身相俨然一水墨影。时驺吏随立者百余人，余视无影也。彼百余人者，亦各自见其影，摇首动指，自相呼应，而不见余影……已又复现复灭，至十现”①。王士性详细记载了佛光出现的全过程，并谈及能看到佛光的三个主要条件：午后阳光、山前云海和观者自身。

现代研究表明，“宝光呈现所需的客观条件并不苛刻，只有两个：光源与云雾，但却要有人或摄影器材以特定的视角介入其间，满足‘光源－观者－云雾’三者位于一条直线上的要求，观者就可看到宝光环在云雾上显现”②。从王士性的记载看，当时的他和百余从人均满足了“光源－观者－云雾”三者位于一条直线上的要求，故人人皆得见佛光，“五色晕其周”“己身相俨然一水墨影”。他还发现，每个人看不到其他人周围的“五色晕”和“水墨影”，这进一步印证了“光源－观者－云雾”位于一条直线上，光线由此产生的“衍射－反射”的佛光成像原理。

（二）山地（局地）小气候

王士性在旅行过程中曾经亲眼看见、亲身经历了不少奇特的天气、气候变化，尤其是对山地（局地）小气候印象深刻。在广西西北部的山区，他发现这里“顷时晴雨叠更”，即晴雨天气的转换很快，气温也变化无常，以至于当地百姓要“裘、扇两用”。王士性还将瞬息万变的山地天气归因于当地特殊的地形地貌，“广右石山分气，地脉疏理，土薄水浅，阳气尽泄”③。借用现代气象学术语来说，就是“广右石山”由于特殊的下垫面性质，对太阳辐射较为敏感，地面长波辐射作用较强，易导致大气层结不稳定。这是王士性客观唯物思想的体现。

与“广右”山区相类似，在云南大理苍山也是“一亩之隔，即倏雨倏晴”④。王士性还提供了这种天气变化成因的线索：一是发生时间为农历

---

① （明）王士性：《王士性地理书三种》，周振鹤编校，上海古籍出版社，1993，第118～119页。

② 赖比星：《对乐僔“忽见金光，状有千佛”的考证》，《敦煌研究》2004年第4期，第80～84页。

③ （明）王士性：《广志绎》卷五《西南诸省·广西》，吕景琳点校，第116页。

④ （明）王士性：《广志绎》卷五《西南诸省·云南》，吕景琳点校，第123页。

“四五月间”，正是夏季强对流天气多发期；二是苍山“峰峰积雪，至五月不消”，大理苍山有7座山峰海拔超过4000米，最高峰海拔达4122米，即使是盛夏山顶积雪也不消融。高大的山体造成明显的垂直气候变化，加之夏季下垫面热力差异导致局地天气的巨大差异。王士性还提及当地人“雨以插禾，晴以刈麦”，说明当时人们已懂得充分利用山地垂直气候条件，同时开展旱作和稻作农业生产。

在云南，王士性还注意到一种特殊的地形——“川”，它与局地气候的关系很密切。他解释说：“两山夹邱垅行，俗谓之川。滇中长川有至百十余里者。”[①] 两座高山中间夹杂着自然形成的土丘，就像农田的土垄一样，就是所谓的“川”，有的长达百余里。王士性在旅行到云南“漾濞以西”，即今天云南大理州中部、横断山区滇西高山峡谷地区时发现，“行东西大路上，不热不寒，四时有花，俱是春秋景象”。此地虽然海拔不低，但是四季如春，显然与特殊的地形有关，东西向的大山阻挡了南下的冷空气，故而“不热不寒，四时有花”。通过对比发现，若“川”的走向发生变化，气候寒暑也有不同。“及岐路走南北土府州县，风光日色寒热又与内地差殊。”这是说从岔路走到土司所在州县，“川”的走向变为南北向，“风光日色寒热”与昆明平原温暖的气候又不相同了。这主要是由于山脉的走向发生变化而引起局地气候的不同。

（三）关于区域气候的划分

王士性的区域气候观念很强，善于抓住并总结各地主要的气候特点和区域之间的差异，这方面的论述主要体现在《广游志》中的《风土》篇[②]。王士性所谓的“风土”，实际上就是指气候环境。在该篇中，王士性从宏观上对各地气候进行了区划，如“南北寒暑以大河为界”。他最突出的贡献是对我国西南地区的区域气候特点进行了总结和划分，如黔中地区“多阴多雨”、滇中地区“不寒不暖”、粤中地区“乍暖乍寒”等，并从地势的高低、纬度的高低、地貌的特征等地理环境因素来探求各地气候差异产生的原因。

1. 多阴雨天气的贵州

王士性对贵州自然环境的总结就是“多雾、雨”，并详细描述说，“十

① （明）王士性：《广志绎》卷五《西南诸省·云南》，吕景琳点校，第120页。

② （明）王士性：《王士性地理书三种》，周振鹤编校，第214~216页。

二时天地阴忽，间三五日中一晴霁耳，然方晴倏雨，又不可期……谚云‘天无三日晴，地无三尺平’”，以至于当地人每次出门都必“批毡衫，背箬笠”[①]。对此，他解释说：“以地在万山之中，山川出云，故晴霁时少。”[②]确实，贵州地处云贵高原东部，受山地气候特别是云贵准静止锋的影响很大，故全年多云雾、多阴雨、少日照。总之，王士性对贵州天气和气候的记载是恰当的，“天无三日晴”这一著名的俗谚最早就出自他的笔下。[③]

2. 四季如春的云南

王士性亲身体验到了云南四季如春的宜人气候。“云南风气与中国异，至其地者乃知其然。夏不甚暑，冬不甚寒，夏日不甚长，冬日不甚短，夜亦如之。”[④] 对于云南特殊气候的成因，他也有独到见解：“地势极高，高则寒；以近南故寒燠半之；以极高故日出日没常受光先而入夜迟也。镇日皆西南风，由昆明至永昌地渐高，由通海至临安地渐下，由临安至五邦、宁远地益下，下故热……地多海子，盖天造地设以润极高之地。”[⑤] 即云南地势高，地势高则气温低，而位于低纬度，纬度低则气温高，故中和而“寒燠半之”。再加上西南季风的盛行和众多湖泊的调节作用，才形成云南宜人的气候。此外，王士性还对云南冬、春多大风天气的气候特点也有记载：“镇日咸西南风，风别不起东北，冬春风刮地扬尘，与江北同。”[⑥]

（四）黄河与长江水情差异的气候因素

黄河与长江是奔腾在中华大地上的两条巨龙。王士性通过对比发现黄河与长江存在着较大的水情差异：黄河流量较小、入海口较窄；长江流量大、入海口较阔。他从气候差异方面出发，综合了流域内的地形、地下水位、支流的多少大小、雨季的长短、河流补给源等多方面，对上述水情差异进行了综合分析。

王士性认为黄河流域“高□燥涸，水脉入地数十丈，无所浸润，又大

---

① （明）王士性：《广志绎》卷五《西南诸省·贵州》，吕景琳点校，第133页。

② （明）王士性：《王士性地理书三种》周振鹤编校，第214~216页。

③ 常湘芸：《贵州“天无三日晴”的由来及原因》，《金田》2013年第7期，第90页。

④ （明）王士性：《广志绎》卷五《西南诸省·云南》，吕景琳点校，第129页。

⑤ （明）王士性：《广志绎》卷五《西南诸省·云南》，吕景琳点校，第129~130页。

⑥ （明）王士性：《王士性地理书三种》，周振鹤编校，第214~216页。

水入河，止汾、渭、洛三流耳，涑、淮、沂、泗皆不甚大，又止夏月则雨溢水涨，故其流迅驶，而他月则入漕，故河尾狭”[①]。黄河流域气候干燥寒冷，地下水源较深，补给匮乏，支流较大的仅有汾水、渭水和洛水三流，其他支流都较小，再加上降雨量小，且多集中在夏季，多暴雨，雨后水流量大增，而其他月份则水量很少甚至断流，因而黄河入海口较窄。王士性据此提出“复黄河故道”的治理黄河建议。

相对而言，长江流域“水泉斥卤，平于地面，时常涌泛不竭……江南四时有雨，霪潦不休”[②]。王士性发现，长江流域地下水源较浅，气候温暖湿润，一年四季降水不断，水量丰富，又有大渡河等河流，洞庭湖、鄱阳湖等湖泊补充水源，再加上多降雨，春季冰雪融化等因素，使长江水流量大，入海口宽阔呈喇叭状。王士性论述全面、论点正确，是一位卓越的区域气候水文调查研究者。

1921 年 7 月，竺可桢先生发表了《我国地学家之责任》，号召“以调查我国之地形、气候、人种及动植物、矿产为己任，设立调查之标准，定进行先后之次序”[③]，这一调查是我国现代气候普查区划的开始。而早在四百多年前，王士性仅凭一己之力，开展长江与黄河流域的水情调查研究，更为不易。王士性针对我国黄河与长江流域的水资源格局，以及南方洪涝灾害与北方水资源短缺等重大水问题进行了实地考察和总结思考，可以帮助人们正确地处理人与水的关系，具有重要的科学意义和实用价值。

三　从人与自然的关系看气候环境对人类活动的影响与制约

人与气候环境的关系是人与自然关系的一种典型形态。在一定程度上，人类社会的发展，就是不断地认识、适应和利用气候环境的历史；或者说是在气候环境的影响和制约下，不断地建设、完善人类文明和社会生态的过程。在王士性的游记著作中，也饱含着上述思想和洞见。

---

① （明）王士性：《广志绎》卷一《方舆崖略》，吕景琳点校，第 6 页。
② （明）王士性：《广志绎》卷一《方舆崖略》，吕景琳点校，第 6 页。
③ 竺可桢：《竺可桢全集》（第 1 卷），上海科技教育出版社，2004，第 338 ~ 341 页。

（一）气候环境与农业生产格局

王士性把人地关系——即人与自然的关系，看成一种相互依存的关系，并把其上升到理论的高度。在这方面的研究，王士性甚至已超过徐霞客。[①] 他说："江南泥土，江北沙土，南土湿，北土燥，南宜稻，北宜黍、粟、麦、菽，天造地设，开辟已然，不可强也。"[②] 他指出南方和北方因为土壤性质、气候条件等自然因素的差异，形成南稻北麦的粮食生产格局。对于自然规律，王士性认为要持尊重顺应的态度。他举隆庆、万历年间徐贞明在京畿改旱地为水田的失败案例论述说："无水之处，强民浚为塘堰，民一亩费数十亩之工矣，及塘成而沙土不潴水，雨过则溢，止则涸……天下事不可懦而无为，尤不可好于有为。"[③] 这是告诫人们要积极地改造自然，却不可随心所欲地违背自然规律强行改造，否则就会落得劳民伤财且徒劳无功的下场。尊重自然规律、和谐地处理好人地关系，是王士性具有的超前性思想。

（二）气候环境与军事经济活动

在经世致用思想的影响下，王士性还产生了后来被称为"郡国利病"的思想。用今天的话说，就是注意观察与分析各地自然环境与人文环境的长处（利）和短处（病），以确定环境对某种社会需要的适应或者有利的程度，[④] 进而确定处理、应对之法，这无疑具有重要价值。

例如，王士性认识到炎热气候对军事活动具有很大的制约性。他任云南澜沧兵备副使时发现，云南西南部尤其是滇缅交界处的气候"最毒热……即土人，遇热甚亦翦发藏入水避之"[⑤]。而缅甸的盗贼常在夏热之时进犯，从内地调遣的兵卒，常因不适应这里的酷热天气在人员方面损失极大，也给财政上带来极大的压力。"缅之犯又每于夏热之时，内地兵一万，至其地者常热死其半，故调一兵，得调者先与七八金安其家，谓之买金钱，盘费、刍

---

① 徐建春：《明代伟大的地理学家王士性》，《复印报刊资料·中国地理》1991 年第 4 期，第 127～128 页。

② （明）王士性：《广志绎》卷一《方舆崖略》，吕景琳点校，第 19 页。

③ （明）王士性：《广志绎》卷一《方舆崖略》，吕景琳点校，第 19 页。

④ 周振鹤：《王士性的地理学思想及其影响》，《地理学报》1993 年第 1 期，第 19～25 页。

⑤ （明）王士性：《广志绎》卷五《西南诸省·云南》，吕景琳点校，第 125 页。

菽不与焉。故调兵一千，其邑费银一万，而此土兵不甚谙于战陈，不调则流兵少，不足以当，数年间内地民缘此以糜烂穷极。”[①] 显然，气候炎热且地又偏远，给云南用兵、转饷带来很大的困难，既劳民又伤财。

王士性在谈及事关明代经济命脉的海运时，首先想到的就是海运所面临的海洋气象风险：“二三丈之河，风水不无损失，况大海乎?”他还记载了从山东登州到天津直沽之间海上航运对风力的应用情况：“自元真岛始……前投刘公岛，二百余里。用南风为顺风，一日而到……自刘公岛西行，远望芝罘岛，约一百里，用东风、东北风，半日而到……远望长山岛，西投沙门岛，约一百八十里，用东南风，一日而到。”[②] 王士性对路线分割、里程长短、需要利用的风向和持续时间等，都有详细记述。

在渔业捕捞过程中，王士性认为渔师和舵师非常关键。渔师关系到鱼的收获丰歉问题，舵师则关系到船员的生命安全问题。《广志绎》记载：“柁师则夜看星斗，日直盘针，平视风涛，俯察礁岛，以避冲就泊，是渔师司鱼命，柁师司人命。”[③] 舵师主要通过观察天气和风涛来判断当前及未来的海面状况，这些都需要一定的海洋气象知识和经验。如果没有这些方面的知识和经验而随意出海，遇到恶劣的天气状况则可能船毁人亡，所以舵师的存在对船员的生命安全至关重要。《广志绎》还记载：“长年则为舟主造舟，募工每舟二十余人。惟渔师、柁师与长年同坐食，余则颐使之。”由于舵师拥有关键的知识和技能，船主对他们的依赖很大，因此地位也相对比较高。

（三）气候环境与人们生活方式

王士性还是一名“环境决定论”者，认为包括气候在内的自然环境长期影响着各地百姓并形成了各自不同的生活方式，对人们的行为方式也有着决定性的影响。例如，陕西会宁和四川峨眉山顶，由于缺少地表径流，地下水也不堪饮用，当地人只能开掘蓄水池（窖）蓄留降水，供日常饮用。“会宁鲜流水源泉，土厚脉沉，泥淖斥卤，即凿井极深亦不能寒冽，居民夏惟储雨水，冬惟窖雪水而饮。峨眉大岳顶上无水亦然。”[④]

---

① （明）王士性：《广志绎》卷五《西南诸省·云南》，吕景琳点校，第126页。
② （明）王士性：《广志绎》卷三《江北四省·山东》，吕景琳点校，第58~59页。
③ （明）王士性：《广志绎》卷四《江南四省·浙江》，吕景琳点校，第75页。
④ （明）王士性：《广志绎》卷三《江北四省·陕西》，吕景琳点校，第50页。

“晋中俗俭朴……其朔风高厉，故其色多黯黑，而少红颜白皙之徒……惟五六月歊暑炎烁之时，日则捉扇而摇，夜乃烧炕而睡，此不可以理诘也”。“山西地高燥，人家盖藏多以土窖，谷粟入窖，经年如新，盖土厚水深，不若江南过夕即浥烂。惟隔岁开窖，避其窖头气一时刻。卒然遇之，多杀人。”[①] 这是以对照的方法，对比山西和江南由于湿度差异而产生的不同的生活方式。

北方尤其是黄土高原地区，土壤深厚、气候干燥，加之黄土的直立性较强，所以多住窑洞。“洛阳住窑，非必皆贫也，亦非皆范砖合瓦之处。遇败冢穴，其隧道门洞而居，亦称窑道，傍穴土而居，亦称窑。山麓穴山而栖，致挖土为重楼，亦称窑。谓冬燠夏凉，亦藏粟麦不坏，无南方霉湿故也。”[②] 北方之民利用当地自然环境特征，不施砖木，掘土为屋，不仅居住舒适，冬暖夏凉，而且可以长时间地存储粮食。

南方则因为湿气太重，至明时仍有不少地区还有瘴气。南都南京“大江入地丈余。南中之湿，非地卑也，乃境内水脉高，常浮地面，平地略洼一二尺，辄积水成池，故五六月霪潦得暑气搏之，湿热中人。四方至者，非疥则瘇，即土著者不免，惟楼居稍却一二”[③]。为了适应这种环境，南方的建筑，尤其是民居多为楼房。

（四）气候环境与社会文化

王士性的著述中不仅记载了大量地名，而且还对一些地名进行解释，述其渊源，甚至以此研究自然环境和人文环境的变迁。[④] 其中，就有以当地独特的天气、气候来解释其地名的。“凉州称凉者，以西北风气最寒而名也，五六月，白日中如雪皑皑而下者，谓之明霜。”[⑤]“雷州以雷名……其初因雷震而得源者也。或又以为地濒南海，雷声近在檐宇之间……雷州春夏多雷，秋日则伏地中。”[⑥]

---

① （明）王士性：《广志绎》卷三《江北四省·山西》，吕景琳点校，第61页。
② （明）王士性：《广志绎》卷三《江北四省·河南》，吕景琳点校，第38页。
③ （明）王士性：《广志绎》卷二《两都》，吕景琳点校，第23页。
④ 徐建春：《王士性研究三题》，《浙江学刊》1994年第4期，第113～119页。
⑤ （明）王士性：《广志绎》卷三《江北四省·陕西》，吕景琳点校，第52页。
⑥ （明）王士性：《广志绎》卷四《江南诸省·广东》，吕景琳点校，第103页。

自汉代至明代，人们一直认为长沙地势低洼而导致气候潮湿。“长沙卑湿，贾生赋鹏以死，古今一词。”这个论断最早出自西汉贾谊的《鹏鸟赋》序言：“（贾）谊即以谪居长沙，长沙卑湿，谊自伤悼，以为寿不得长。”对此，王士性持不同看法，“余过其地，见长沙虽湿，非卑而湿也，盖犹在洞庭上流，岳渚、汉阳尚在其下，安言卑也？惟诸郡土皆黑壤，而长沙独黄土，其性黏密不渗，故湿气凝聚之深”[①]。王士性在总结了长沙周边的地理条件、土壤分布情况后，认为是长沙当地土壤“不透水”的特殊性质导致了潮湿气候，而非低洼所致。他还指出：“卑湿之地当以闽、广为最，漳、泉葬者，若全棺入地则为水所宿。番禺，江一日两潮汐至苍梧，其地下可知。”

四 余论

中国的传统科技历来重视对天气和气候现象的记载、经验的描述，偏重于解决实际问题，而忽视理论研究或者这些理论寓于实际之中没有形成独立的、系统的理论。

王士性的学术思想虽未能完全避免这样的影响，但他的著作已经在理论探索上有了一定程度的突破。例如，王士性认识到“寒暑之故，半出于天，半出于地”[②]。如果用现代气象学的术语来说，王士性认为气温高低等天气、气候变化既与太阳辐射等“天”的因素有关，也与下垫面性质等“地”的因素有关。

王士性注意到“河、汝在江北，而暑月之热反过吴、越”，这一记载与盛夏时节我国华北地区气温超过江浙一带的高温天气是相吻合的。对此，他用太阳高度角来解释其中的原因，“盖夏至日行天顶，嵩高之上，正对河、汝，而吴、越稍偏也”，上述说法虽不完全正确，但这种说法却具有超前性。云南是王士性宦游所达的最西端，他听人说云南的“夏日不甚长”，便“以漏准之，果短二刻。今以月食验之，良然”[③]。他还将云南“夏日不甚长”与“夏不甚暑”相联系，以此作为解释云南四季如春的原因之一。当然，王士性更加强调“地”的因素，即“风光日色之寒暑，出于地者

① （明）王士性：《广志绎》卷四《江南诸省·湖广》，吕景琳点校，第94页。

② （明）王士性：《王士性地理书三种》，周振鹤编校，第214～216页。

③ （明）王士性：《广志绎》卷五《西南诸省·云南》，吕景琳点校，第120页。

也”。在对贵州、广西和云南等地的天气、气候差异的成因分析中，他就多从“地”的角度出发，来解释论证气候的寒暑变化。

王士性这种“天地并重”的思想，与现代气候学的观点已经较为接近。这也是他的《广志绎》被称作描述性兼具理论性著作的原因之一。但是，重经验、轻理论的学术传统使得后来之人没能继承和发展王士性可贵的学术思想，甚至将之冷落长达数百年。

此外，王士性的治学思想也具有创新性。例如，他反对缺乏实地考察、偏重文献考证的治学方法，对“借耳为口，假笔于书”的作风持批评态度。他自言：“吾视天地间一切造化之变，人情物理、悲喜顺逆之遭，无不于吾游寄焉。”[①]“造化之变”指的是自然环境及其变迁，“人情物理、悲喜顺逆之遭”则意味着社会、人文现象的变化。在这种思想指引下，王士性通过范围极广的旅行和考察，对很多天气、气候现象进行观察和记录，应用理论思维不断地进行归纳和思考，因而他的著述就比较系统、全面和有深度。特别是王士性十分注重观察各地的气候环境与民情风俗之间的联系，并比较地区间的差异，注重分析人与自然的关系，这些都是他躬身从实践中得来的创新思想。

王士性著作中的气象学记载、研究和学术思想大体如上所述，本文论及的仅是其中较为突出的部分。由此可见，王士性的游记中蕴藏着明代气象科学文化的丰富内容，值得学界高度重视与深入研究。目前学界对王士性在气象学方面的贡献缺乏研究，这一情况势必影响了我们对明代气象科技史乃至中国古代气象学史的认识。

① （明）王士性：《王士性地理书三种》，周振鹤编校，第29页。

辽金时期气候再探

赵文生[*]

摘　要： 辽金时期，是我国历史上第三个较强烈的低温期，气候干燥严寒，自然灾害频发，年平均气温比平常低1～2℃。东北地区结冰期比现在长，天山的雪线要比现在低200～300米，丝绸之路中段湮没。辽朝前期，处于中国气候史上的第三个温暖期，后期开始进入低温期，仅在东辽时期，发生的自然灾害就有13种133频次。辽金时期中国北方日趋干冷的自然环境变化是属于全球周期性的。寒冷的气候，影响了中国历史进程和自然环境的变迁。寒冷干燥的气候环境是当时契丹、女真、蒙古、党项等民族频繁南下的原因之一，我国的农业区由北向南推移，由天文现象造成的以气候为主的自然环境变化也是促使人类不合理开发的最初原因。

关键词： 辽金时期　气候史　气候环境

在中国古代史上存在四个较强烈的低温期，即：商纣王时期的公元前1100年至周厉王二十九年（公元前850年）的低温期（欧洲历史上称冰后期的新冰期），汉和帝永元十二年（100）至隋文帝开皇二十年（600）的低温期，辽兴宗重熙十九年（1050）至元顺帝至正十年（1350）的低温期，明神宗万历二十八年（1600）至清宣宗道光三十年（1850）的低温期（欧洲历史上的现代小冰期）。[①] 这些低温期往往是自然灾害的频发期，在这些低温期间隔的高温期里还有一些相对短的低温期。

辽太祖元年（907）至辽兴宗重熙十九年，竺可桢认为的中国气候进入

---

* 赵文生，黑龙江省克山县社科联客座研究员，中国民族史学会辽金暨契丹女真史分会会员，中华陈述辽金史研究中心兼职研究员，研究方向为辽宋金史、东北史。

① 蓝勇：《从天地生综合研究角度看中华文明东移南迁的原因》，《学术研究》1995年第6期。

五千年来的第三个温暖期。[①] 此后至元顺帝至正十年，是中国古代史上第三个较强烈的低温期，辽金时期（907～1234）大部分时间处于其间，是中国气候史上的重要转变期和较为寒冷期。有人把这个低温期的最低温度，具体到大体在金章宗承安五年（1200）。[②]

一 辽代气候

辽朝大部分疆域位于北方草原地带和西伯利亚冻土带，属于典型的干旱、半干旱的温带大陆气候。最为显著的气候特征是，地域之间气候差异较大、降水稀少、夏季短暂、冬季漫长而寒冷，且其土壤和水文条件不利于开展大面积的农耕活动。正如《辽史》中记载的那样寒暑相间。“周宫土圭之法：日东，景夕多风；日北，景长多寒。天地之间，风气异宜，人生其间，各适其便。王者因三才而节制之。长城以南，多雨多暑，其人耕稼以食，桑麻以衣，宫室以居，城郭以治。大漠之间，多寒多风，畜牧畋渔以食，皮毛以衣，转徙随时，车马为家。此天时地利所以限南北也。”[③] 冷暖干湿的气候，已经严重地限制了人类本能和自我创造的能力。

辽兴宗重熙十九年之前的辽代气候比较温暖，这一时期的平均气温约高于现今温度1～2℃，即所谓“隋唐暖期”。[④]

尽管辽太宗会同二年（939）“六月丁丑（笔者注：公历6月26日），雨雪”。但“冬十月辛未（笔者注：公历11月23日），上（笔者注：辽太宗）以乌古部水草肥美，诏北、南院徙三石烈户居之”[⑤]。会同三年八月丙辰（笔者注：940年9月27日），“诏以于谐里河（笔者注：孙进己《东北亚民族史论研究》第182页作“今加集木儿河”）、胪朐河（笔者注：今克鲁伦河及额尔古纳河）之近地，给赐南院欧堇突吕、乙斯勃、北院温纳何剌三石烈人为农田”[⑥]。虽然会同二年六月雨雪，天气仍然寒冷。但

① 竺可桢：《中国近五千年来气候变迁的初步研究》，《考古学报》1972年第1期，第23页。
② 程洪：《新史学：来自自然科学的“挑战”》，《晋阳学刊》1982年第6期。
③（元）脱脱等撰《辽史·志第二·营卫志中·行营》卷三十二，中华书局，1974，第373页。
④ 竺可桢：《中国近五千年来气候变迁的初步研究》，《考古学报》1972年第1期，第22页。
⑤（元）脱脱等撰《辽史·本纪第四·太宗下》卷四，第46页。
⑥（元）脱脱等撰《辽史·本纪第四·太宗下》卷四，第48页。

次年即把屯垦大幅北移，可以看出这时候的辽代气候总体上还是比较温暖的。至少在辽兴宗重熙十九年前，越来越变得温暖的气候环境，[①] 推动了东辽农牧业、手工业和城市交通的发展，往日一向荒凉的蒙古高原和西伯利亚地区，大范围地出现了田野宜辟、道路纵横、城郭相望的盛景。

《契丹国志·胡峤陷北记》记载，“同州郃阳县令胡峤，居契丹七年，周广顺三年，亡归中国，略能道其所见。云：自幽州西北入居庸关。明日，又西北入石门关，关路崖狭，一夫可以当百，此中国控扼契丹之险也。又三日，至可汗州，南望五台山，其一峰最高者，东台也。又三日，至新武州，西北行五十里有鸡鸣山，云唐太宗北伐闻鸡鸣于此，因以名山。明日，入永定关北，此唐故关也。又四日，至归化州。又三日，登天岭，岭东西连亘，有路北下，四顾冥然，黄云白草，不可穷极。四日，至黑榆林。时七月，寒如深冬。又明日，入斜谷，谷长五十里，高崖峻谷，仰不见日而寒尤甚。已出谷，得平地，气稍温。又行二日，渡湟水。又明日，渡黑水。又二日，至汤城淀，地气最温，契丹若大寒，则就温于此”[②]。下文中又记载，位于今日西伯利亚北部的牛蹄突厥，“其地尤寒，水曰瓠䫉河，夏秋冰厚二尺，春冬冰彻底，常烧器销冰乃得饮”[③]。在其东北的袜劫子，“地尤寒，马溺至地成冰堆”[④]。“其人自黑车子，历牛蹄国以北，行一年，经四十三城，居人多以木皮为屋……其地气遇平地则温和，山林则寒冽。”[⑤]

辽圣宗统和八年四月庚午（990 年 6 月 28 日），“以岁旱，诸部艰食，振之”[⑥]。据此推测，这场旱灾中心区域即在当时的辽代北方地区，且波及面广、持续时间长、破坏程度严重。蓝勇认为，10 世纪，蒙古草原出现了一次特大旱灾，我国的气候开始逐渐转为寒冷。[⑦]

---

① 周向永：《关城揽树色，松漠念辽时——辽代辽北山川形势与州城设立的环境依据概述》，载冯永谦、孙文政主编《辽金史论集》（第十一辑），吉林文史出版社，2008，第 130 页。

② （南宋）叶隆礼：《契丹国志·胡峤陷北记》第二十五卷，上海古籍出版社，1985，第 237 页。

③ （南宋）叶隆礼：《契丹国志·胡峤陷北记》第二十五卷，第 239 页。

④ （南宋）叶隆礼：《契丹国志·胡峤陷北记》第二十五卷，第 239 页。

⑤ （南宋）叶隆礼：《契丹国志·胡峤陷北记》第二十五卷，第 240 页。

⑥ （元）脱脱等撰《辽史·本纪第十三·圣宗四》卷十三，第 139 页。

⑦ 蓝勇：《从天地生综合研究角度看中华文明东移南迁的原因》，《学术研究》1995 年第 6 期。

《辽史》中关于辽帝春捺钵的记载，向我们透露了当时的时令变化信息。“春捺钵：曰鸭子河泺（笔者注：鸭子河，多数学者认为是今日嫩江自绰尔河口至其流入松花江段。鸭子河泺，主要有今日吉林省大安市的月亮泡和黑龙江省肇源县的茂兴泡两种说法）。皇帝正月上旬起牙帐，约六十日方至。天鹅未至，卓帐冰上，凿冰取鱼。冰泮，乃纵鹰鹘捕鹅雁。晨出暮归，从事弋猎。鸭子河泺东西二十里，南北三十里，在长春州（笔者注：今吉林省松原市他虎城遗址）东北三十五里，四面皆沙涡，多榆柳杏林。”[①] 据此记载，辽帝正月上旬从上京临潢府（今内蒙古自治区巴林左旗林东镇南波罗城遗址）出发，大约60天左右的时间到达今日吉黑两省交界处附近的鸭子河泺。此时已是三月上旬，天鹅尚未迁徙至这一带，皇帝一行搭帐篷于冰上，然后凿冰取鱼，开泡后才开始放纵鹰、鹘捕猎鹅、雁。今日哈尔滨一带阴历三月初才开江，而松花江上游开江的日期要早一些，湖泊又比大江开化早。今日月亮泡或茂兴泡开化的日期在阴历二月末或三月初。而辽代，这里三月上旬尚未开化，还可以搭帐住人，估计至少半个月后的三月下旬或四月初鸭子河泺才能开化，比现在开化时间要晚一个月左右。[②] 由此可见，当时的黑龙江省西南部地区和吉林省西北部地区要比现在寒冷一些。

在辽代，黑龙江地区冰冻的时间比现在要早一些，已为有关东辽后期的两则史料所证实。“辽咸雍八年（1072），五国没捻部谢野勃堇叛辽，鹰路不通。景祖伐之，谢野来御。景祖被重铠，率众力战。谢野兵败，走拔里迈泺（笔者注：张泰湘认为从黑龙江省宾县至依兰县之间松花江两岸的湖泊中以方正泡为大，比定其为辽代拔里迈泺）。时方十月，冰忽解，谢野不能军，众皆溃去。”[③] 辽代五国部分布在今日黑龙江省依兰县以东的松花江下游及其以东一带，景祖完颜乌古乃所控地域应在阿什河流域。景祖讨伐五国没捻部，必顺松花江（今名）下行，谢野抵御景祖也必逆松花江（今名）而上。最终，谢野败走拔里迈泺。此时，刚刚进入阴历十月，湖水忽然开化，谢野所部进退失据，从而导致溃败。由此可见，这里十月以前已经结冰，比现在结冰时间要早一个月，可见当时松花江中游一带的气候

---

① （元）脱脱等撰《辽史志第二·营卫志中·行营》卷三十二，第373～374页。

② 张泰湘：《黑龙江古代简志》，黑龙江人民出版社，1989，第260页。

③ （元）脱脱等撰《金史·本纪第一·世纪》卷一，中华书局，1975，第6页。

比现在要寒冷。[①]“世祖，辽咸雍十年（1074），袭节度使……间数年，乌春来攻，世祖拒之。时十月已半，大雨累昼夜，冰澌覆地，乌春不能进。”[②]乌春盘踞地点大约是今日黑龙江省五常市一带，乌春和世祖作战的地点可定在五常。[③]当时这里十月中旬已结冰。由此可见，东辽末年，黑龙江地区比较寒冷。其中辽道宗咸雍十年以后的某年十月中旬天还下雨，地下刚刚结冰。而咸雍八年（1072），刚刚十月，湖已结冰。可见，咸雍八年比咸雍十年后几年要稍冷。

北方草原地带冬季漫长且寒冷多雪，有学者统计，东辽时期发生的自然灾害共有13种133频次，[④]其中圣宗、道宗时期的自然灾害发生最为频繁，而在这13种自然灾害中对牧业经济危害最深的主要是干旱、暴雪等。辽道宗时期有关大雪的记载尤多，如咸雍八年十一月丙辰（12月23日）大雪；[⑤]大康八年（1082）九月，大风雪，致牛马多死；[⑥]大康九年四月丙午（1083年4月20日），有大雪，平地丈余，马死者十之六七；[⑦]大安三年正月己卯（1087年3月3日），大雪。[⑧]

“到12世纪，我国的气温比现在低1.8℃，丝绸之路中路湮灭，北部地区气候转干，居民南迁。据《长春真人西游记》载，13世纪天山的雪线要比现在低200米至300米。”[⑨]13世纪初叶前的天山（今名）处于西辽辖境之内，可见西辽时期的气候仍旧干燥寒冷。

西夏作为辽金藩属，在其所处的11～13世纪是辽金时期气候的重要转变期和较为寒冷期，正如《圣立义海》中所描述的：“夏国三大山，冬夏降雨，日照不化，水积，有贺兰山、积雪山、焉支山。”贺兰山“冬夏

---

① 张泰湘：《黑龙江古代简志》，第261页。

② （元）脱脱等撰《金史·本纪第一·世纪》卷一，第6页。

③ 张泰湘：《黑龙江古代简志》，第260页。

④ 蒋金玲：《辽代自然灾害的时空分布特征与基本规律》，《东北师范大学学报》2012年第3期，第75页。

⑤ （元）脱脱等撰《辽史·本纪第二十三·道宗三》卷二十三，第274页。

⑥ （元）脱脱等撰《辽史·本纪第二十四·道宗四》卷二十四，第287页。

⑦ （元）脱脱等撰《辽史·本纪第二十四·道宗四》卷二十四，第288页。

⑧ （元）脱脱等撰《辽史·本纪第二十五·道宗五》卷二十五，第295页。

⑨ 蓝勇：《从天地生综合研究角度看中华文明东移南迁的原因》，《学术研究》1995年第6期，第71页；竺可桢：《中国近五千年来气候变迁的初步研究》，《考古学报》1972年第1期，第26页。

降雨，有种种林丛、树、果、芜荑及药草，藏有虎、豹、鹿麋，挡风蔽众”①。

与东辽同期的北宋境内，也是旱情不断。笔者据《宋史・五行志四》统计，在北宋立国167年中，计87年有旱灾记录（其中大旱年份达27年），80年没有旱灾记录，超过半数年份有旱灾，从一个侧面证实了辽代时气候的干旱严寒。②

二 金代气候

金代时气候较之辽代，其严寒程度有过之无不及。女真族生活的地域，“冬极寒，多衣皮，虽得一鼠，亦褫皮藏之。皆以厚毛为衣，非入室不撤，薄则堕指裂肤。盛夏如中国十月。西北自云中至燕山数百里，皆石坡，地极高，去天甚近。东有苏扶等州，与中国青州隔海相直。多大风，风顺，隐隐闻鸡犬声”③。“冬极寒，屋才高数尺，独开东南一扉。扉既掩，复以草绸缪塞之。穿土为床，煴火其下，而寝食起居其上。厚毛为衣，非入室不撤，衣履稍薄则堕指裂肤。唯盛暑如中华内地。”④ 从上述记载中可以看出，金代女真族生活的东北地区，冬季极为寒冷，达到衣履稍薄则堕指裂肤的程度。可以想象，衣服和鞋稍微薄些，就会冻掉手指和冻裂皮肤，其严寒程度可想而知。即使盛夏季节，其气温也仅仅相当于中原地区的深秋十月，只有在盛暑之时才与中原地区气温相当。金代这里多大风天气，即便到今天亦是如此。

金太祖收国二年（1116），“是年，北方寒甚，裂肤堕指，多有死者”⑤。收国二年冬季最冷时节，冻裂皮肤、冻掉手指，甚至还冻死了许多人。可见金朝立国初年的北方大地，冬季气温很低，寒冷异常。

---

① 〔俄〕克恰诺夫等：《圣立义海研究》，宁夏人民出版社，1995，第58页。

② 参见（元）脱脱等撰《宋史・志第十九・五行四》卷六十六，中华书局，1985，第1435～1460页。

③ （宋・金）宇文懋昭撰《大金国志校证・附录一・女真传》，崔文印校证，中华书局，1986，第584页。

④ （宋・金）宇文懋昭撰《大金国志校证・初兴风土》第三十九卷，崔文印校证，第551页。

⑤ （宋・金）宇文懋昭撰《大金国志校证・纪年一・太祖武元皇帝上》第一卷，崔文印校证，第14页。

金太宗天会二年（1124），北宋著作郎许亢宗为贺金主登位使，从北宋都城汴京（今河南省开封市）至混同江（今松花江及黑龙江下游），“界八十里直至来流河（笔者注：今拉林河）。行终日，山无寸木，地不产泉，人携水以行，岂天以此限两国也？来流河阔三十余丈，以船渡之。又五里，至句孤寨（笔者注：今黑龙江省双城市花园古城址）”[①]。

据此，张泰湘认为，今日拉林河河道与金代相比，整整向北滚动了五里多。这段旅程记录和今日景观有些不同。今日拉林河两岸草木仍比金代繁茂，结合拉林河水变窄的记载，可以推测金初黑龙江地区整个气候似比现在干燥。[②]

金太宗天会五年，洪皓以徽猷阁待制、假礼部尚书、大金通问使的身份使金，天会七年洪皓被金廷流放到冷山（目前学术界主要有今日吉林省舒兰市小城子和黑龙江省五常市苇河镇境内两种看法）。至金熙宗皇统二年（1142）被赦还南宋为止的13年间，洪皓大部分时间是在冷山度过的。因此，洪皓所著的《松漠纪闻》还原吉林省北部和黑龙江省南部地区当时真实的风土民情，同时也涉猎了广大东北地区的历史、风俗物产等方面的史实。对于冷山一带的季节变化，洪皓作了如下记述：“冷山距金主所都仅百里。地苦寒，四月草生，八月已雪，穴居百家。”[③] 金代尤其是洪皓在其所居的13年间，今日吉林省北部和黑龙江省南部地区，四月草生，八月下雪。时至今日，黑龙江省五常市苇河镇境内，却是三月草已发芽，九月才能降雪，显然金代气候要比当今冷得多。[④]

海陵王天德二年（1150）七月，“一日宫中宴闲，因问汉臣曰：‘朕栽莲二百本而俱死，何也？’汉臣曰：‘自古江南为橘，江北为枳，非种者不能，盖地势然也。上都地寒，惟燕京地暖，可栽莲。’主曰：‘依卿所请，择日而迁。’萧玉谏曰：‘不可，上都之地，我国旺气，况是根本，何可弃之？’兵部侍郎何卜年亦请曰：‘燕京地广土坚，人物蕃息，乃礼仪之所，

---

① （宋·金）宇文懋昭撰《大金国志校证·许奉使行程录》第四十卷，崔文印校证，第568～569页。

② 张泰湘：《黑龙江地区古代山河变迁几则——从历史学、考古学上的观察》，《黑龙江文物丛刊》1984年第1期，第75页。

③ （元）脱脱等撰《宋史·列传第一百三十二·洪皓》卷三百七十三。

④ 张泰湘：《黑龙江古代简志》，第263页。

郎主可迁都。北番上都，黄沙之地，非帝居也。'"[①] 当时，上京会宁府（今黑龙江省哈尔滨市阿城区南部的白城遗址）一带不能栽种莲花。今日阿城四周莲花也可开放，前面提到的方正泡就开过莲花，兰西县的沼泽中也开过荷花。[②] 就连位于阿城北部六七百里的克山县，也是连年荷花盛开。可见，当今这一带的气候比金代中期时要暖和。

海陵王贞元二年（1154）"六月，宁江州（笔者注：今吉林省扶余市伯都讷古城址）献瑞桃，其大异常，一本而连实者三，群臣称贺。宁江州去冷山一百七十里，地苦寒，多草木，如桃李之类，皆成园。至八月，则倒置地中，封土数尺，覆其枝干，季春出之，厚培其根，否则冻死。瑞桃之献，岂其偶然符兆也？"[③] 金代这里可以栽培桃李树，但八月就必须"倒置地中"，似乎是一种压枝法。今日黑龙江省及吉林省北部地区仅仅能生长李树，桃子极少，而且这种"一本而连实者三"的奇异大瑞桃更不多见。也可能这种"倒置地中，覆其枝干，厚培其根"的栽培桃树法已经失传，不能作为衡量当时气候的依据。[④]

必须看到，在这个寒冷干燥的时期，也有雨量充沛的时候，譬如：金太宗天会二年冬季，泰州（今黑龙江省泰来县塔子城镇塔子城辽金古城址）一带遭受涝灾；天会十年五月十六日，混同江（今松花江及黑龙江下游）暴涨。这两个事例说明，在寒冷干燥的时期内，也有间歇性的湿润时节。

在这个寒冷期内，我国东北地区结冰期比现在长。[⑤]

在辽金这个300年的寒冷期内，内蒙古自治区（今名）有13次特大的冻灾，有13年奇寒。宋代以前，鄂尔多斯地区（今名）及邻近地区百年一遇的旱灾10～15次，宋代为30次。[⑥] 地处蒙古草原东部的乌古里石垒部，多次受到金廷的赈济，也间接地证明了这一点。据不完全统计，金廷曾于金世宗大定十一年（1171）四月、大定十七年、大定十八年三次赈济乌古里石垒部。其中，大定十一年和大定十八年明确记载该部民户饥荒，从当

---

① （宋·金）宇文懋昭撰《大金国志校证·纪三十三·海陵炀王上》第十三卷，崔文印校证，第186～187页。

② 张泰湘：《黑龙江古代简志》，第262页。

③ （宋·金）宇文懋昭撰《大金国志校证·海陵炀王上》第十三卷，崔文印校证，第188页。

④ 张泰湘：《黑龙江古代简志》，第262页

⑤ 蓝勇：《从天地生综合研究角度看中华文明东移南迁的原因》，《学术研究》1995年第6期。

⑥ 蓝勇：《从天地生综合研究角度看中华文明东移南迁的原因》，《学术研究》1995年第6期。

时的情形分析，由冻灾造成饥荒的概率较大。这种寒冷和异常的气候在蒙古大草原上一直延续到13世纪。有关研究表明，里海水位在13世纪升高了15米，因为里海水位的升高与周围高原的干缩是同时发生的，说明当时蒙古大草原的气候非常寒冷干燥。这种寒冷干燥的气候也被当时的文献资料所证实。当时的蒙古大草原，“那里也常有寒冷刺骨的飓风”，形成漫天飞沙，冬季不下雪，夏季的雨“连尘土和草根都没有湿润”[①]。同样，生活在13世纪中叶的鲁不鲁乞在《东游记》中也谈到蒙古地区五月冰雪才能融化及复活节前后的大风严寒、冻死牲畜的情况。[②]

对于金代中原地区的气候资料，目前笔者掌握的非常有限且很零碎。金代，桑树和蚕虫的种植和养殖重心由黄河流域移至东南地区，从一个侧面反映了其传统分布区——黄河流域的气候变冷。金熙宗皇统五年（1145）七月，因大旱金廷决定减免民租。海陵王贞元二年（1154）六月，“京兆府凤翔同华大旱，民饥，诏开仓赈恤”[③]。这里反映了贞元二年关中大旱的旱情。金世宗大定十二年“五月……丁丑（公历6月2日），次阻居。欠旱而雨”[④]。金章宗泰和四年（1204）“夏四月……甲寅（公历5月22日），以久旱，下诏责躬……庚申（公历5月7日），祈雨于太庙”[⑤]。这些史料均反映了金代中后期中原地区的旱情，时间跨度达50余年。当然，在这个时期内是不会一直持续干旱的。在出现干旱的情形下，冬季则是寒冷干燥，夏季则是烈日炙炙。

同时，也必须指出的是，所谓寒冷时期，年平均气温也不过低于平常1～2℃。[⑥]

西夏在其存在的近200年间，不仅天气寒冷，还经常出现旱涝灾害，仅旱灾就高达30多次，平均6年就有1次，《西夏书事》多次描述了民族迁徙和饥民恐慌甚至到相食的惨状。[⑦]

笔者据《宋史·五行志四》统计，南宋（一度向金朝称臣）在其存在

---

① 〔瑞典〕多桑：《多桑蒙古史》，冯承均译，上海古籍出版社，2014。
② 蓝勇：《从天地生综合研究角度看中华文明东移南迁的原因》，《学术研究》1995年第6期。
③ （宋·金）宇文懋昭撰《大金国志校证·海陵炀王上》第十三卷，崔文印校证，第188页。
④ （元）脱脱等撰《金史·本纪第七·世宗中》卷七，第156页。
⑤ （元）脱脱等撰《金史·本纪第十二·章宗四》卷十二，第268页。
⑥ 程洪：《新史学：来自自然科学的“挑战”》，《晋阳学刊》1982年第6期。
⑦ 徐敏：《简析丝绸之路上的西夏》，《哈尔滨学院学报》2017年第3期，第108页。

的 152 年中，《宋史・五行志四》记录有旱情的年份为 67 年，没有旱情记录的年份为 85 年，情况好于北宋时期。但在有旱情的 67 年中，大旱年份达到了 49 年，远超北宋时期，反证了金代气候严寒程度的加剧。[①]

三　严寒气候对社会经济带来的影响

首先，寒冷干燥的气候环境是当时契丹、女真、蒙古、党项等民族频繁南下的原因之一。有关研究资料表明，我国历史时期气候变化幅度是 2～4℃，年均温度下降 1～2℃，即将纬度线往南推移 200～300 千米。这样一旦寒冷期降临，往往造成草荒及各种灾荒，简直难以想象。干旱可致牧草枯萎，暴雪严寒导致牧草被冰雪覆盖，群畜或因得不到食物而被饿死，或因严寒而被冻死，牲畜大量死亡，部民生活物资匮乏，导致部落人口的贫困饥馑。这对游牧民族来说，不仅意味着财富的丧失，也意味着基本生活的无法维系。在生存危机的情形下，游牧民族往往利用自己强悍善战、机动灵活的优势，或南下中原，或西迁中亚甚至欧洲。辽金两朝的统治民族分别是契丹族和女真族，他们就是利用五代和两宋时中原处于内乱贫弱之际，大举南下，进而占据中原。中国大地上的宜农区与宜牧区的分界线由长城被推移到黄河，这正与辽金时期的契丹族和女真族的南下幅度相吻合。12 世纪初的气候急剧变冷，使生活在东北地区的女真族聚居区生存条件开始恶化，于是在生女真节度使完颜阿骨打率领下起兵反抗辽朝的暴政，建立金朝，向南大举猛攻，先后灭掉东辽和北宋，夺取了更加适合生存的区域。惨烈的战火遍及宋朝各地除四川、广南和福建以外的各路，对先进的经济和文化造成了严重的破坏，以致到 13 世纪中期，自黄河以南到长江以北的广阔领域，大多人口稀少，经济凋敝，没有恢复到北宋末年的水平，这是以前历次少数民族政权南进过程中没有出现过的现象。南宋政府推行妥协投降政策，偏安一方，使金朝稳固地占据中原地区。金朝统治者在中原地区强制推行猛安谋克制，大规模地掠夺农业耕地，严重地破坏了中原地区的租佃制，使这一地区的社会经济发生严重的倒退。金世宗时期，蒙古大草原生态恶化，蒙古部落在孛儿只斤・铁木真（成吉思汗）的率领下东征西讨，

---

① （元）脱脱等撰《宋史・志第十九・五行四》卷六十六，第 1435～1460 页。

起兵反金，南下占据黄河流域。而在金哀宗正大七年（1230）到元世祖中统元年（1260）的气候又一次突然转冷过程中，蒙古地区生态环境再度急剧恶化，蒙古军队遂放弃了远征西欧的计划，大举灭金攻宋，争取更好的生存空间，结果迅速地灭亡了金朝。从上述辽金时期的气候变迁与朝代更迭的演变关系可以看出，自然气候是社会变化的原因之一。

其次，寒冷干燥气候使我国的农业区由北向南退缩。有研究表明，在中国历史上，温暖期常常是降水较多的时期，寒冷期则降水相对减少，表现出暖湿联姻、干冷相配的气候特色。温暖湿润的气候在总体上是有利于农业生产的，而寒冷的气候则会引起农业的萧条，从而直接导致整个经济的衰退。尽管其中的气温变动幅度仅在 -3 ~ 3℃之间，变化幅度不算大，但对人类生活及人类文明的积极或消极影响，其间的反差却是难以想象的。一般来说，温暖湿润的气候对文明的发展具有积极的推动作用，而干冷的气候正好相反。在我国，气温变化 1℃，其影响农业产量的 10% 左右。在农业区，某地年均气温下降 1℃，就等于将这个地区向更高纬度推移了 200 ~ 300 千米。同样，如果减少 100 毫米降雨，则将我国北方有些地方农业区向南退缩近 500 千米。辽金时期尤其是自东辽和北宋后期以来，我国北方气候的日趋干燥寒冷造成了我国北方湿润和半湿润区由北向南退缩，自然灾害频繁，导致农作物可生长周期的缩短和产量的降低，造成北方农业生态的恶化，水源的减少及北方水稻种植面积的萎缩，经济作物种植分布和经济动物分布的南迁，特别是农作物单产量的减少。百姓因生活困难而流离失所，主动向更加适宜农业生产的南方暖湿之地迁移。金代桑树的种植和蚕养殖的重心从黄河流域也被迫迁移至东南地区。这种变化既使我国北方地区农业生产基础土地丧失，也危害到社会经济的各个领域。①

同时这种影响又与战乱交相作用，致使金朝建立、东辽和北宋相继衰亡，也使北方各族以各种原因、各种方式不断南迁。相对温暖湿润的南方，其经济发展水平自然是越来越高于北方，人口数量越来越多于北方，这就逐渐使我国北方地区失去了经济重心的地位。西夏干燥少雨、温差较大、风沙频繁，形成了河套灌溉农业、农牧相兼半农半牧、荒漠

① 蓝勇：《从天地生综合研究角度看中华文明东移南迁的原因》，《学术研究》1995 年第 6 期。

与半荒漠农业三大生态区和山林、坡谷、沙窝、平原、河泽五种自然地理类型。① 这样的生态和地理环境决定了西夏主要是以畜牧业为主、畜牧业和农业相结合的生产方式，百姓的生活所需大多需要取自外部世界，尤其是当时与之相邻且物质丰富的北宋。

由此看出，气候变迁引发的人类生存环境变迁，是无法重新恢复或逆转的。因此，我们在研究金代中原经济时，就不能仅看金宋战争对其的破坏力，还应该注意当时的气候环境等因素的作用。然而，《金史》记载上京路粮食充足，遇灾足以自救，反映的是金廷对其勃兴之地的相关倾斜政策，在中原汉人带动下社会经济的发展和当地百姓应对自然灾害的能力，不足以证明上京路地区气候条件良好和没有自然灾害。

再次，由天文现象造成的以气候为主的自然环境变化也是促使人类不合理开发的原因之一。正因为恶劣的生态环境才使人们进一步伐木辟地，竭泽而渔。因此，原始森林面积锐减带来了水土流失等生态问题，形成气候干旱的恶性循环。从文物考古资料上看，今日的黑龙江省、吉林省及俄罗斯联邦阿穆尔州等地在金代都得到了全面开发，原有的物种急剧消失。当时的人们可能没有意识到，这种建立在破坏环境基础上的开发所带来的干旱、水灾等自然灾害，给他们及后世子孙带来了无尽的灾难。因此，人类在大部分情况下，只能在气候因素的自然作用下，正确而充分地认识人与自然的关系，主动适应自然，发挥自己的主观能动性，从而在一定程度上改变自然环境。

最后，应当看到，这种以气候为主的自然环境变化，是由全球周期性变化所造成的，全球周期性变化又受更大的天文周期性现象所制约。② 这样看来，辽金时期中国北方日趋干冷的自然环境变化也是这个周期的一环。

研究辽金时期的气候，不仅对了解古代人类社会和自然界具有深远的历史价值，帮助人们进一步认识古代人类社会的发展规律，而且对于当前正在进行的社会主义现代化建设有知古鉴今的作用，因此具有重大的现实价值。

---

① 杜建录：《西夏经济史》，中国社会科学出版社，2012，第40页。

② 蓝勇：《从天地生综合研究角度看中华文明东移南迁的原因》，《学术研究》1995年第6期。

气象科技文化遗产

二十四节气形成过程

——基于文献分析*

盛立芳　赵传湖**

摘　要：二十四节气是中国古代天文和气象科学的辉煌成果之一，对人类农业社会的物质文明的发展做出了很大贡献。二十四节气不是一蹴而就的，而是经历了漫长的发展和完善的过程。至少在万年之前，人们就努力地掌握季节变化，逐渐认识了春秋二分，有了“四仲”，分出了四时、四方，进而又分出了八节。先秦时期，由于农业发展、帝王进行奴隶统治和人们祭祀等需要，以及观测技术的进步等因素，历法、节气等知识系统臻于完善，至秦汉时形成高度严密的二十四节气。本文通过梳理相关书籍和文献，从自然、政治和技术三个方面说明二十四节气形成的复杂因素，以期促进人们对二十四节气概念形成的全面理解。

关键词：二十四节气　天象　气象

二十四节气是中国古代劳动人民在与自然斗争过程中积累的观天象和气象的结果（自然因素），是先秦时期帝王进行奴隶统治和人们祭祀等需要而不断提升的自然观测结果（政治因素），是几千年间那些否定天命论、探索科学和真理的人促使气象科学从萌芽到不断成熟和发展，对天文、气象和地理知识综合系统化的结果（科学因素）。虽然二十四节气已经家喻户晓，人们对二十四节气形成的朝代也有大概了解，① 但是对其形成原因的了

*　本文系气象科技史委员会2018年度气象科技史研究课题“二十四节气形成过程的气象学实证研究”（项目编号：QXKJS201803）的成果。

**　盛立芳，博士，中国海洋大学教授，主要研究方向为大气环境与天气和气候相互作用、海气边界层过程；赵传湖，博士，中国海洋大学副教授，主要研究方向为海气相互作用与短期气候预测、东亚气候环境多尺度变化。

①　付娟：《二十四节气研究综述》，《古今农业》2018年第1期。

解可能是孤立的、局部的。本文基于一定数量的文献分析，从自然、政治和技术三个方面梳理了二十四节气的形成过程，以期明辨影响二十四节气形成的复杂因素，客观理解古人思想与科学技术发展对二十四节气概念形成的作用。

一　二十四节气形成过程概述

在古代，人类最初接触到、感受到和需要认真应对的主要是自然界。观察鸟兽活动、草木萌发，是人类自觉地、有意识地认识自然的开始。当人从本能地应付自然界的风雨雷电、旱涝寒暑的关系发展到自觉地认识这些现象，从粗浅的零散知识提高到深入系统的科学知识，就产生了古代气象学。

古人对天文和气象的认识水平与当时的生产力发展水平相适应。距今2500万年至距今300万年的第三纪中新世和上新世时期，气候变化促使古猿向人类发展，距今300万年至距今30万年的第四纪，猿人学会适应气象环境。[①] 从距今30万年前早期智人出现到我国尧舜时代的氏族社会，古人通过观察天象、物候，掌握气候和季节变化，安排农事活动。在人类历史进化的长河中，到了仰韶文化阶段，我国先民就已经能将自己与周围的自然界分开，并用“堆石”“结绳”“符号”的抽象形式反映主观意念或客观事物。[②] 黄河中游处于温带季风气候区，四季分明，非常适于开展农业生产活动，我们的祖先在这里男耕女织，创造了光辉的农业文明。两处仰韶文化（公元前5000年至公元前3000年）遗址是氏族公社两个村落的典型代表。到了氏族社会晚期，随着农牧业的发展，气象知识更加丰富，并逐渐系统化，气象科学开始萌芽。从燧人氏（弇兹氏）、伏羲氏、神农氏、轩辕氏到少昊金天氏，古人在发明节气方面取得了很大的进展。《周髀算经》称“伏羲作历度”，《通历》也有“太昊始有甲历”的记载，《古微书》亦言“昔伏羲始造八卦，作三画，以象二十四气”。甲历、历度都是历法。伏羲发明八卦，并以八卦符号对应八个方位和二十四节气中最主要的四时八节。

---

① 谢世俊：《中国古代气象史稿》，武汉大学出版社，2016，第3～6页。

② 李清凌：《论龙祖伏羲生活的时代——伏羲研究之一》，《宁夏社会科学》2008年第1期，第123～127页。

神农氏以火来掌握气候和季节变化。句芒、朱明（祝融）、蓐收、玄冥以规、矩、准、绳、权、衡等测量工具，通过观测日月掌握时间和确定季节。少昊金天氏以鸟来定一年四时、八节的气候。颛顼立“齐天建木”（八尺之竿，日晷雏形）为表测天。到了舜的时代，通过探索日月五星运行轨迹来掌握气候变化。

最早出现的节气是冬、夏二至。万年之前原始人类已掌握了靠观测太阳定季节的方法。在这之前，古人观察几度青草发芽、几度花开花落，用物候把握岁月变化，已积累了一定经验。白昼最短称为日短至（后来节气名叫冬至）、白昼最长称日长至（后来确定节气名称为夏至），掌握了这两个节气就知道了年的长短，寒暑从冬至、夏至算起各九九八十一天，华夏文明的表述中因此而有了“寒来暑往”。掌握了冬夏二至之后的几千年，人们沿着物候和天象两个方向继续探索季节变化规律。逐渐认识了春秋二分，知道一年有两个时候昼夜等长，那就是燕子归来和飞去的时候，即所谓“玄鸟司分”。这二分二至，最初仅知其事，没有确定名称，但古人却粗线条地划出了春夏秋冬四时。《尚书·尧典》最早记录了二分二至，分别称为日中、日永、宵中、日短，并与“四仲”：仲春、仲夏、仲秋、仲冬相联系，有了“四仲”之说。分出了四时、四方，进而又分出了八节。经过龙纪（蛟鳄习性）、火纪（大火星次）、云纪、鸟纪、水纪的各种物候测天时代（这是节气史上最漫长的时代），开辟了观星候气辨物候的新时代。

中国古代气象知识萌芽的时期非常漫长。虽然古人对气象变化的解释未必正确，但是初步具有了科学形态。直到夏代（公元前 2224 年至公元前 1766 年），对于物候、气候和节气的研究才形成了系统学问，并从羲和、常羲等擅长于观天候的氏族集团中产生了专职、世袭的天文、气象人员。虽然夏代的观测工作还是测量太阳和星星，但由于生产活动的发展，仅有的日夜月年的概念不能满足现实需要，夏代对时间的划分越来越细致，将全天分为十六段。其“正朝夕”、定节气的方法可以更全面、更深刻地反映季节知识，使用时也不再受具体地形限制，可以推广、普及。另外，夏代有了文字，可以总结历来的物候及天象经验，改进历法，制定夏历，形成《夏小正》。

到了商周时代，奴隶社会处于发展期，城市出现，礼制发展，文字渐趋完善。与氏族社会使用陶符、八卦符号不同的是，商代前期甲骨文对天气现象的记载已十分完整、细致，包括降水、风、云雾、闪电现象等方面的许多内容。降水现象有雨、雪、雹、霜等分类。对雨还有具体分析。“雷其雨”是下雷雨，“洌雨”“疾雨”是能带来灾害的雨。殷人基本上把握了星空全貌，在黄道（地球公转轨迹）确定四象、十二星次的基础上，又按照白道（月球公转轨迹）确定了二十八宿，完成了从四象到二十八宿的天空区划过程。从四象、十二星次到二十八宿，对天空区划一步步细致，都是为了更好地确定日、月、五星的运行，可以更好地把握季节变化和风雨等天气现象。十二星次用于划分季节、二十八宿用于占卜凶吉也就是天气，作用各有不同。虽然云是变幻的，然而殷人对云的观测不仅有专人进行，还有一定的标准，形成了一套制度载入《礼》中。当积累了较多经验后，古人不仅在一定程度上增进了气象知识，而且可以找出天气预报的经验指标。

从商代后期到西周早期（约公元前 13 世纪至公元前 10 世纪中叶）是中国奴隶制社会鼎盛的时期。这个时代人们的思想依然紧紧地被神学观念束缚着。各种气象变化和天气现象，依然被视为上天的安排。然而也有一些富于创造性思考的人把以往取得观天知识系统化起来。《幼官》为西周初期太公之法，继承神农氏五运六气思想，按五行将年划分了三十个气：暖热暑凉寒五运，每运七十二天；每运六气，每气十二天，通行范围大约是齐、薛等古东夷之国，至今仍残存在中医理论之中。

春秋时期（公元前 770 年至公元前 476 年），由于铁器农具的使用和耕牛在中原地区的推广，生产力有了前所未有的发展，促进了气象、天文、农业等科学技术的进步。一些人从巫师、阴阳家的队伍中脱离出来，否定天命观，努力探索天地四时、风雨寒暑变化的原因，用朴素的自然观解释世界。这个时期无论是节气的制定、谚语测天的总结或医疗气象、军事气象等方面都形成了系统的知识。管仲（？~公元前 645）指挥农业生产用的是二十四节气。《管子·轻重篇》里的节气系统与《幼官》不同，每个节气为十五天，是二十四节气早期的形态，东夷诸国的天文历法逐步与华夏历法相统一。但是《管子》没有对二十四节气做完整记录，只是在《轻重篇》讲到八大节气天子进行祭祀活动时，带出了这些节气概念。《诗经》大约在公元前 6 世纪中叶编定成集，是我国最早的一部诗歌总集，从西周到春秋社会生活的各个方面在《诗经》中都有所反映。《诗经》蕴含丰富的气象知识和测天经验，集前人经验和当时新的经验之大成，可以认为它是“三代”时期测天经验的总结。

春秋战国之际，古人已经精密地测定了十二次的“初”与“中”，即二十四节气的“节气”与“中气”，这是二十四节气天文定位的完成，但是二十四节气的名称还未定型。

战国时代（公元前475年至公元前221年），农业空前发展，中原各诸侯国对气象非常重视，天文气象思想继续保持发展势头，有了五天一候、三候一气的排列。《逸周书》多数篇章出于战国时代，所记周初之事当有所据，余则反映春秋战国时代史迹。《逸周书》中的《月令》和《时训解》两篇包含物候与节气的描述，其内容与《大戴礼记·夏小正》《吕氏春秋·十二纪》《淮南子·时则训》等皆有关系。[①]《逸周书·时训解》主要讲二十四节气与七十二物候，每节前半部分所记物候与《礼记·月令》等书相同。《逸周书·时训解》有完整的二十四节气的排列，说明至迟在西汉初期，古人就已掌握了关于二十四节气的完整知识。[②]

秦汉时期特别是西汉时期，物象测天有所发展。西汉是汉代最强盛的时代，实现了将近两百余年的统一和平，历法、节气等方面的知识系统臻于完善，奠定了今后长期理论与实践发展的基础。汉人在整理二十四节气表时，将启蛰改为惊蛰（避讳汉景帝刘启的名讳）并挪到了雨水之后，并将清明节气挪到了谷雨节气前面。

不难看出，从夏、商、周、秦、汉各代气象科学不断发展，到二十四节气定型，达到了古代气象科学的一个小高峰。其中，二十四节气的发展过程，贯穿了整个上古气象学史，它大致萌芽于夏商时期，在战国时期已基本形成，并于秦汉之时趋向完善并定型。[③] 明确记录二十四节气的史料是《淮南子·天文训》，它有一整套节气的名称，与现在看到的完全相同。关于二十四节气形成的确切时间有很多不同的观点。竺可桢曾宽泛表述为“战国秦汉之间”。再确切一点就是《吕氏春秋》成书以后到《淮南子》成书之前这一段时间。《淮南子》中把“二十四气”称作“二十四时”，而

---

① 周玉秀：《〈时令〉、〈时训〉与〈时训解〉——〈逸周书·时训解〉探微》，《兰州大学学报》2004年第4期，第48～53页。

② 丁建川：《〈王祯农书·授时图〉与二十四节气》，《中国农史》2018年第3期，第127～135页。

③ 沈志忠：《二十四节气形成年代考》，《东南文化》2001年第1期，第53～56页。

《吕氏春秋》中，用了日夜分（现在的“春分”），日长至（现在的“夏至”），日夜分（现在的“秋分”），日短至（现在的“冬至”）称谓。如何演变成了现在的称谓，很少有人研究。辛德勇认为，所谓“二十四节气”应该是在秦始皇（公元前221年）一统天下之后，作为“一法度”的措施之一而在“八节”基础上推衍确立的一种新的节气体系。[①]

二 二十四节气形成过程中的观测技术

梳理二十四节气形成的漫长历史不难发现，先民对节气最早的认识始于对太阳运行规律的认识和提炼总结，古天文学和古气象学是不分家的，都是观测科学。

最早形成的二分二至，以及后来形成的“四立”，都是基于对太阳回归运动的观察。“二分二至”表明太阳在公转轨道上所处的几个特殊而重要的位置：冬至，就是太阳运动移至南回归线的位置，夏至到了是北回归线位置，春分和秋分都是赤道位置，“二分二至”极具物候学的科学意义。“四立”则是从天文角度机械地断定四季开始的时间，现在看起来并不十分科学。其他节气都是由其相应的物候或气象而得名。[②] 太阳的位置决定了地球上的冷暖，所以通过观察太阳运行规律确定季节变化是很自然的，以此决定农事与生活。三国时代吴国数学家赵爽所注《周髀算经》中有“二至者，寒暑之极；二分者，阴阳之和；四立者，生长收藏之始”。《史记·太史公自序》中讲“四时、八位、十二度、二十四节，各有教令，顺之者昌，逆之者不死则亡”。其中八位，八卦位，与八节相当，十二度与十二月相当。[③] 古代以北斗星的斗柄在傍晚时所指的方向来定季节，即所谓的“斗建”，把天球黄道均匀地分为十二等分，称作“星次”，十二等分统称“十二次”。用十二地支表示这“十二次”所对应的方位，合称“十二辰”，“辰”被视作日月运行位置的坐标。在这十二等分的体系中，具体哪一个区段属于某星次或某辰，是依据斗柄旋转所指的方位确定，再以一年十二月与之

---

① 辛德勇：《话说二十四节气》，https：//chuansongme. com/n/2460383653721。

② 刘宗迪：《二十四节气制度的历史及其现代传承》，《文化遗产》2017年第2期，第12～14页。

③ 陈美东：《月令、阴阳家与天文历法》，《中国文化》1995年第2期，第185～195页。

匹配。[①]

观星候气是从原始时代就开始的。最初是观测日、月及少数明亮的星星，后来发展到对天空进行区划。早在夏商时期，十二辰的标志二十八星宿已经全部产生了。分别以二十八宿中的星、心、虚、昴四个星座在黄昏时见于南中天之日确定春分、夏至、秋分和冬至日，从而准确地划分了一年四季。[②] 到了春秋时期，男女老幼都会一些星空知识，用来判定方向、时辰和季节。除了观察和感知，人们对太阳和星辰的观测还要依靠技术。夏代的世室主要测量太阳和星星的类型，要用准、绳、规、矩、权、衡这些测量工具，其后圭表成为二十四节气观测确定的最主要方法。[③] 春秋中叶，土圭测量法使用十分普遍，可以准确测量一个回归年的日数。到了战国时期，测量方法更加精密，用了度数较精确的浑仪，能够精细测定四象，进而精细地测定十二次，每一次的“初”与“中”，即二十四节气的“节气”与“中气”。根据这些测量实现了对二十四节气精细的天文定位。

早期测天原理在《周髀算经》中有记载，其是我国最早的关于天文气象测量的著作。《周髀算经》载有测定天高、二十八宿度数、二十四节气日影长度、计算月球运行等的方法，冬至、夏至日测量的日影长度为晷长。“冬至日晷丈三尺五寸，夏至之日晷尺六寸。”髀为测量日影的八尺之表，髀的日中影子为晷。在夏至日中午太阳把表的影子投到地上，其影长为1.6尺，冬至日太阳的影长为13.5尺。根据《周髀算经》中的盖天模型，用天文学方法对其实测数据进行拟合，可以确定《周髀算经》的观测年代。从拟合结果来看，至少从夏初直到西汉末的两千年间《周髀算经》中的盖天模型是一脉相传的。[④] 盖天模型就是建立在圭表测量的基础之上的。考古也发现，2002年山西襄汾陶寺城址出土的漆杆为陶寺文化中期（公元前2100年至公元前2000年）圭表日影测量仪器系统中的圭尺。[⑤] 说

---

① 徐健：《斗建月建考释》，《历史教学》1999年第11期，第51~53页。

② 吴宇虹：《巴比伦天文学的黄道十二宫和中华天文学的十二辰之各自起源》，《世界历史》2009年第3期，第115~129页。

③ 刘晓峰：《二十四节气的形成过程》，《文化遗产》2017年第2期，第1~7页。

④ 赵永恒：《〈周髀算经〉与阳城》，《中国科技史杂志》2009年第1期，第102~109页。

⑤ 何驽：《山西襄汾陶寺城址中期王级大墓IIM22出土漆杆“圭尺”功能试探》，《自然科学史研究》2009年第3期，第261~276页。

明至少从夏代开始我国先民就开始了圭表测量，用其确定夏至和冬至，并确定年的长度。卜辞“立中”就是商代的立表测影活动。[①]《周髀算经》里还载有二十四节气晷影长度表，除了冬至和夏至是实测值，其余节气都为计算值。计算方法是用过去实测的冬至和夏至影长之差除以12，得到气的损益值九寸九分六分之一，然后从冬至后顺减，从夏至后顺加。

春秋战国以前有比较丰富的测天和自然物候知识，大多用于描述气候规律、掌握季节变化。汉代在物象测天方面有所发展，官方的气象观测是基于对阴阳之气和律吕的概念。“天子常以日冬夏至至御前殿，合八能之士，陈八音，听乐均，度晷景，候钟律，权土炭，效阴阳”（《续汉书·律历志上》）。在缇室、灵台观测节气，“校则和，否则占”。律有十二管，律管低的一端装入葭莩灰。冬至应该是长管里的灰出来，夏至是短管的灰出来。《史记》中记载了土炭测湿，旨在校正季节，“冬至短极，县土炭。炭动，鹿解角，兰根出，泉水跃，略以知日至，要决晷景”（《史记·天官书》）。汉代还开始了气象仪器的发明，包括测风仪；开始组建物候情报网。

三　二十四节气形成过程中的政治因素

气象变化关系到人们的生产、生活，所以民间素有测天的传统。古人说“三代以上，人人皆知天文”（三代即夏商周，天文指星辰与气象的关系），这句话可能有些夸大，但也反映了民间观星候气的事实。颛顼以前，民间、官方的气象工作还不能严格区分，以后则各自发展了，到夏代奴隶制国家定型。奴隶制国家关心气象，一是为了服天命，二是为了管理和统治社会，三是为了征收贡赋。

古代最大的氏族联盟酋长观天、议事、祭祀的场所有多种称呼，黄帝时期叫合宫、颛顼时期叫玄宫、尧舜时期叫总章、夏代叫世室。“王者而后有明堂，其制盖起于古远。夏曰世室，殷曰重屋，周曰明堂，三代相因，

① 萧良琼：《卜辞中的“立中”与商代的圭表测影》，《科学史文集》，上海科学技术出版社，1983，第27~44页。

异名同实。”世室的作用大约从历宗颛顼时就显得重要起来。玄宫里的观天活动代表官方的观测，专设官职、在专门地点进行天文气象观测，占云物氛祥，察日月五星行度，以便治历明时，掌握季节。

在夏代，除了专职人员在世室里从事有关气象的工作外，各个地方、各个氏族都会有人在观天。那时小国林立。大约一个氏族就是一个宗教、政治、经济、军事的实体。国以下还有许多社，社是最基层的行政单位。一个诸侯国立多少个社没有定数。为了从事生产活动，每个国必须有自己的观天人，每个社也需要有人会观天候气，以便从事祭祀和生产。商代建立后，承袭夏“礼”，但是殷人过于敬奉上帝鬼神，占卜术从龙山文化到商代得到极大发展。出于加强奴隶统治的需要，“帝孔甲立，好方鬼神”，殷人把祭祀看得高于一切。出于宗教祭祀的用途和大规模地驱使奴隶长年累月地开垦农田的需要，卜晴、卜雨、卜雹、卜风、卜雷、卜霜和占岁、卜旬、卜年等都有专人负责。商代基本把握了星空全貌，把人间社会搬上天去，对黄道星空的许多星辰，特别是把二十八宿都给定了名称，完成了从四象到二十八宿的天空区划过程。

周代从中央的周天子到诸侯国的国君都设有观台，并任命一大批官员观测气象、天文，以改善历法，掌握季节，进行祭祀、征伐和生产。《周礼》所载职官中，从事与天文、气象有关工作的官员很多。主要的司天官员归礼官春官宗伯所统辖，其他五大官属的观天人员也不少。六卿都要管有关天文、气象的事情。天官冢宰（冢宰就是首相）职司甚多，其中一条就是制作一旬（以天干纪日，10 天）的天气预报，这是从商代礼法中继承下来的。地官司徒必须了解土地旱涝植物生长的环境条件，都有具体标准。春官宗伯是礼官，处理天人关系、人人关系，常和日、月、星辰、风师、雨师打交道，观天、候气、卜日的工作也要做。夏官司马是政官，根据四季气象和气候变化管好火、农业气候区划、土宜和气候测量等。秋官司寇是刑官，用刑也得看季节和天时，王侯的各种重大祭祀要“奉其明水火”，只有掌握好气象条件才能得到。冬官司空是六卿之一，他管的手工业与气象关系也很大。《春秋》中的气象灾异记录是周代众多司天职官和大批观天人员工作的结果。根据这些记录可以推断当时的气候比现在暖。从春秋末年到战国时代，中国社会大变革，天道观成了百家争鸣的中心问题，而气象知识是阐述天道观的基本论据。《吕氏春秋》用“圆道”说明日月循环、阴阳循环、生命周期循环和云气循环，阐明“天地合和”的总规律。

与先秦时期围绕天道观而展开的唯物主义和唯心主义争论不同的是，两汉时期主要是“天人感应”，把自然和社会变迁看成上天有意志、有目的的活动。《淮南子》的基本观点是以阴阳精气为天地万物的根本，对各种自然现象的解释也是基于这种认识出发。汉代官方的气象观测也是基于阴阳之气和律吕的概念，按照“天效以景，地效以响”的想法来设计的。冬至日和夏至日，天子要亲御殿前进行“候气”工作。在天子审阅观测记录的前后5天，所有观测人员都要忙碌起来，把观测结果报告给太史。太史令司马迁曾发起并参与创制《太初历》，这是中国第一部有完整文字记录的历法。《太初历》以没有中气的月份为闰月，使月份、季节与实际气候情况贴合得更好，并沿用至今。

除自然、技术和政治因素以外，二十四节气的形成还得益于中国古代先民所居住的地理环境和当时的气候条件。节气是根据黄河中下游情况制定的。这些地方处于温带季风气候区，四季分明，下半年气温较高，雨量较多，非常适于发展农业。各朝代对气象问题的重视一方面是出于那时对天人关系的认识，事天乃人之大事；另一方面也是为了满足农业生产和政治生活的需要。关于二十四节气形成过程中的气候特点，需依据树木年轮、石笋和黄土等资料进一步研究。

结　论

本文基于一定数量的文献分析，从自然、技术和政治三个方面梳理了二十四节气的形成过程。现有的分析表明如下。

（1）二十四节气是中国古代劳动人民在与自然斗争过程中积累的观天象和气象的结果。万年以前人们就对季节有了清楚的认识，商代以后甲骨文和钟鼎文字出现，对于物候、气候和节气逐步形成了系统的学问，到战国时期二十四节气基本形成，并于秦汉之时趋向完善和定型。

（2）二十四节气的形成过程是中国古人对太阳周年运行规律认识不断深化的过程。观天象和气象是从原始时代就开始的，后来发展到对天空进行区划，对二十四节气精细的天文定位。从夏商以前的准、绳、规、矩、权、衡，到春秋的石圭，战国的浑仪，测量技术不断提高和精准。到了汉代，已经能从节气、音律、风和湿气等综合角度验证节气。

（3）二十四节气是先秦时期出于帝王进行统治和祭祀等需要而不断提升的自然观测结果，也是具有反叛精神的人否定天命观、努力探索天地、用朴素的自然观解释世界的结果，包含着古人的世界观和宇宙观。

礼乐易占确时节

——律吕调阳与传统时节划分

兰博文　张雪梅*

摘　要：本文从中国古代天文历法的角度出发，解析了古人定义寒暑、伏腊、春夏秋冬的过程与途径，夏商周确立“岁时三正”的依据，以及从孟仲季三分四时形成农历十二月的由来；阐述了古人依据十二星次观测天文、吹灰候气观测气候（地温）确定时节的方法，并试图以十二消息卦来从天文学角度解析成因，以十二地支来从物候学角度描述二十四节气，以十二律吕来发布四时政令，从而梳理出古人对年度气候细化与物候轮转的感性分析，为准确地掌握古代时节物候的历史渊源提供文献参考。

关键词：二十四节气　律吕调阳　十二消息卦　地支　寒暑

引　言

节气与物候是古代岁时文化留下来珍贵的历史遗存，古人以“三光日月星”为圭臬，通过日晷测影、北斗定位等天文观测，先后探测出“二分二至”来明确寒来暑往，划分出“四时八节”而有了春夏秋冬。以“三才天地人”为指针，以孟仲季三分四时而成二十四个节气（阳历十二个月），将节气均分三候而成七十二个物候，“气候”最初的定义就源于十五天一节气与五日一物候。

---

* 兰博文，哈尔滨市气象局三级调研员，中国科普作家学会会员，长期从事文字综合与科普创作；张雪梅，哈尔滨市气象台中长期决策服务科科长，高级工程师（专技五级），长期从事天气预报与决策气象服务把关工作。文章修改过程中，得益于中国海洋大学盛立芳教授、中国气象局气象干部培训学院陈正洪老师的悉心指导和认真批阅，尤其在结构逻辑上提出重要修改意见，谨致谢忱！

二十四节气申遗成功后，节气物候在天文方面的探测方法与理论依据已被广为熟知。但随着“吹灰候气”这种古代观测气候（地温）的手段趋于没落，古代礼乐已演化为民俗表演，《易经》占卜和律吕调阳逐步抽象为玄学，人们已很少关注古人如何用“葭管飞灰”来校验与测定天文历法中的节气，用律吕调阳来指导生产生活和中医保健，用礼乐来通报时节轮转以明时报晓，更容易忽视阴阳八卦是怎样分析天气现象、十二辟卦是如何归纳天文规律的。

礼乐为从商周起古代帝王与朝廷祭祀天地、日月、鬼神（宗亲）的律吕和韶乐。其乐器与乐曲源于古人“吹灰候气”而形成的十二律吕，“音成律吕”让律管从探测气候（地温）变化规律的仪器，转变为乐师手中的笙箫；“律吕调阳”逐步由校正天文历法的观测方法，转变为发布举办皇家祭祀、四时政令的信息手段。

易占是古代玄学探寻天地间万物盈满与虚欠、阴阳此消彼长变化规律的方法，有简易、变易、不易之分。在天文历法“不易”的罗盘上，“吹灰候气”就是“简易”校正与测定岁月轮转的手段，而八卦、十二消息卦、六十四卦就是分析各种“变易”的理论基础。十二消息卦遵循“三才天地人”规律，将四季三分为孟仲季，如：立春为孟春之节，仅为天文意义上的春天；春分在仲春之中，近乎气候学上的春天；谷雨在季春之中，花红柳绿方是春的物候尽显；从中可探寻出天文、气候、物候之间的关系。

本文试图还原吹灰候气、律管调音、律吕调阳的过程，阐述其背后的文化内涵，通过分析古人对寒暑、寒来暑往的定义，来把握十二消息卦分析岁月更迭的天文学依据，阐述易占在分析气候轮转、物候变化中的科学认识。这些内容与天文观测相互关联、相互验证就构成了古观象学的完整链条，对于全面、完整地继承中国古代天文历法和华夏岁时文化具有一定的史料价值。

一 天象（文）与气候相互关联

（一）以天象确定时间与时节

“三光日月星”，我国古代岁时遵循“日中则仄，月盈则食，天地盈虚，与时消息”的规律，通过对太阳、月亮、金木水火土五行以及星次、星宿的观测，从而有了寒来暑往、四时八节、春夏秋冬、二十四节气等说法，以及年岁、月份、时辰等时间概念，形成了世界上较为完备的天文历法。

1. 木星确岁

古人按木星的公转（11.86年）轨迹将天空穹顶分成十二个区域，以星纪、玄枵、娵訾、降娄、大梁、实沈、鹑首、鹑火、鹑尾、寿星、大火、析木“十二星次”来纪年，后来简化为子丑寅卯辰巳午未申酉戌亥十二地支，民间则用鼠牛虎兔龙蛇马羊猴鸡狗猪十二生肖来表示，西方的十二星座与华夏的十二星次一一对应。

2. 以日明时

古人用日晷观影，将年分为“二分二至”，日短至（冬至）、日长至（夏至）分别为寒来、暑往的起点，日中（春分）、宵中（秋分）分别为寒尽暖来、暑退凉来的终点，从而形成寒暑与寒来暑往的概念。

若以“二分二至”为中心点则形成了冬夏秋春四时（四季），机械均分四时就是“四时八节”，但四时无法均分，以天文衡量气候轮转略有延迟，这就出现了立春寒尚在、立夏天正暖、立秋暑未退、立冬正凉爽的现象。

孟仲季三分四时形成阳历十二个月，“中气确月”与“节气分月”便成了二十四个节气；节气再细化三分为候，七十二个物候便脱颖而出。

3. 朔望定月

古人发现月亮朔望两周为59天的规律，举头望月成为记日最为方便的方法，阴历月份因而30天大月与29天小月相互叠加。一年分12个月，阴历一年354天而回归年为365天，古人用十九年七闰来解决阴历年与回归年的时间差。

4. 星次明节

古人也用观测“四仲中星”的方式来确定四时，与日晷测影互为里表。如“日中（春分）星鸟（鹑火星次，柳宿），以殷仲春；日永（夏至）星火（大火星次，心宿），以正仲夏；宵中（秋分）星虚（虚宿），以殷仲秋；日短（冬至）星昴（昴宿），以正仲冬”。并按照黄道（地球绕太阳公转的轨道）十二星次来确定节气中的十二个“中气”，而“中气”就是确定阴历月份的关键，并以此设置闰月与闰年，这就是阴阳合历的精髓所在。

5. **星宿测天**

古人将月亮绕地球公转的轨迹称为白道，将夜空划分为四象二十八宿（月球公转 27.32 天），东西南北方向各七宿。古人有年分 13 月的星月历（黄历，1 星月 28 天），主要用于占卜灾祸。这可能源于月球引力对地球水循环和大气变化有着重要影响，如潮汐极其符合星月规律，“箕风毕雨”是说古人通过观察月亮在星宿的位置以及云气、天光变化来预测风雨。

6. **五星纬行**

金木水火土五大行星也为确定时节的关键，古人以五大行星出没的规律，将年分为木火土金水五行（即春夏暑秋寒五季，每行 72 天），阴阳两分而成阏逢、旃蒙、柔兆、强圉、著雍、屠维、上章、重光、玄黓、昭阳十个“之日”（即甲乙丙丁戊己庚辛壬癸十天干，每之日 36 天），三分而成春秋之时齐国三十节气（地气发、小卯、天气下、义气至、清明、始卯、中卯、下卯、小郢、绝气下、中郢、中绝、小暑至、中暑、大暑终、期风至、小卯、白露下、复理、始节、始卯、中卯、下卯、始寒、小榆、中寒、中榆、大寒、大寒之阴、大寒之终），如今十月历仅残存于西南彝族等少数民族中，已非历法之主流。日月经天、五行纬地，古人后来以天干记日，十日为一旬，并以天干地支相互配合形成甲子纪年。

7. **北斗定时**

如果说四象、十二星次、二十八星宿是悬挂在夜空中的表盘，木星、太阳、月亮是游弋在刻度上的点，那么北斗就是那颗表针，春夏秋冬四季、二十四节气、十二时辰等诸多时节时间都可以通过观测北斗的指向来确定。

为了探寻天文、气候与物候之间的关联，人们不满足于日晷测影、朔望晦弦、北斗指向这些天文观测，还试图以“气”的消（退去，消失殆尽）与息（生长，生生不息）来探寻“阴阳”（地壳与大气层的冷热转换与传导）。

（二）以律管确定气候与音律

中华文化讲究阴阳平衡，古人常将太阳辐射出的暖称为天阳、地壳发散的凉称为地阴，古人也用“吹灰候气”的方法来校验时节，“节管吹灰”在明代以前是观测气候（地温）轮转的主要仪器（利玛窦将西方气象观测仪器引入中国后逐渐消失），“律吕调阳”还经历了从数据探测到信息发布的过程。

1. **吹灰候气**

“葭管飞灰”，古人尝试以竹管吹灰的方法来测试地温与地下湿度的变化。据《吕氏春秋》记载，传说黄帝的乐师伶伦选昆仑山解谷中孔径与壁厚均等的竹子，将其打通做成十二段长短不一的管子（至长九寸、至短四寸六分），在管子中填充“葭莩”（芦苇薄膜）烧成的轻灰，将竹管顶端对齐、底端留斜茬插入泥土，待到冬至地气萌动，九寸之管首先冲破葭灰发出“黄钟”之声。每到二十四节气的一个“中气”都会有一个管子冲破葭灰发出长短、刚柔不一的声音，古人将其称为“十二律吕”。

到了汉代“黄钟定尺”“吹灰候气”越来越规范严谨，据考证“候气术”乃西汉末年京房所创。“候气之法，为室三重，户闭，涂衅必周，密布缇缦。室中以木为案，每律各一，内庳外高，从其方位，加律其上，以葭莩灰抑其内端，案历而候之。气至者灰动。其为气所动者其灰散，人及风所动者其灰聚。殿中候，用玉律十二。惟二至乃候灵台，用竹律六十。候日如其历。”① 古代冬至“吹灰候气”与“九九消寒”同为观察岁时变迁的文化传统。

2. **音成律吕**

古人以“黄钟”为度量衡，用“三分损益法”（根据黄钟的管长或弦长，按照一定长度比例，来推算其余音律的管长或弦长，也称五度相生律，加之纯律和平均律均为中国独创的生律法）得出其他十一个律吕。黄钟生林钟，林钟生太簇，太簇生南吕，南吕生姑洗，姑洗生应钟，应钟生蕤宾，蕤宾生大吕，大吕生夷则，夷则生夹钟，夹钟生无射，无射生仲吕，十二律吕从而成为古代礼乐的规制与标准。

古人以奇数为阳，六阳叫律，黄钟、太簇、姑洗、蕤宾、夷则、无射称为六律，意为阳气振动而生，似雄凤啼声，来对应“寒风火暑湿燥”这“六气”的起。偶数为阴，六阴为吕，大吕、夹钟、仲吕、林钟、南吕、应钟称为六吕，意为阴气孕育而起，如雌凰鸣叫，来对应“寒风火暑湿燥”这“六气”的落。阳律之首为“黄钟”、阴吕之首为“大吕”，故人们用“黄钟大吕”形容音乐庄严、正大、高妙、和谐。

① （南朝宋）范晔、（西晋）司马彪：《后汉书·下》，李润华校，岳麓书社，2009，第1043页。

十二律吕“上律天时、下袭水土”，老中医按十二律吕与“风寒暑湿燥火”的消长相对应，来调节人体六气的平衡，以达到无病保健、小病预防之目的。人们还会奏响寒暑、春秋相对相应的乐曲来调节心绪，以此疏解祁寒溽暑、化解春思秋怨。“协时月正日，同律度量衡”①，古代以十二律吕来分辨节气、月份、气候变化以及遵循“六气”中医保健的方法被称为“律吕调阳”。

3. **律吕调阳**

“十二月三管流转用事，当用事者为宫”（汉·卢植），吹灰候气测定出来的冬至、大寒、雨水、春分、谷雨、小满、夏至、大暑、处暑、秋分、霜降、小雪属二十四节气中的十二个“中气”，并以此定义时节、月份、消息卦和六气。

如黄钟之声在冬至破壁而出，而冬至恰逢仲冬时节（孟仲季三分四时），仲冬在农历十一月的建子，建子为十二消息卦中的复卦，复卦对应着六气中的寒阳（起），律吕调阳形成如下对应关系：

黄钟－冬至－仲冬－建子－复卦－寒起
大吕－大寒－季冬－建丑－临卦－寒落
太簇－雨水－孟春－建寅－泰卦－风起
夹钟－春分－仲春－建卯－大壮卦－风落
姑洗－谷雨－季春－建辰－夬卦－火起
仲吕－小满－孟夏－建巳－乾卦－火落
蕤宾－夏至－仲夏－建午－姤卦－暑起
林钟－大暑－季夏－建未－遁卦－暑落
夷则－处暑－孟秋－建申－否卦－湿起
南吕－秋分－仲秋－建酉－观卦－湿落
无射－霜降－季秋－建戌－剥卦－燥起
应钟－小雪－孟冬－建亥－坤卦－燥落

古人为了界定阳历月份的起始，又以小寒、立春、惊蛰、清明、立夏、芒种、小暑、立秋、白露、寒露、立冬、大雪来均分中气，称为“节气”，

① （清）金棨编撰《泰山志上》，赵鹏、陶莉点校，山东人民出版社，2019，第323页。

“节气”为阳历区分孟仲季的节点，而与阴历月份略有差异，“节气”在上月末与下月初飘忽不定。“中气定月”（定量）与“节气分月”（变量），就是孟仲季三分四时与阴历十二月的不同之处，二十四节气其实就是古人用阳历月份以物候学的方式来表达。古人还借助节气（阳历月份）与阴历月份之间的时间差编撰了很多谚语来分析年景，形成独具时节、气候、物候、农时等诸多元素的农历，为农耕文明不间断传承数千年创造了条件。

二 律吕调阳与四时政令相伴相生

“寒来暑往，秋收冬藏。闰余成岁，律吕调阳。”[①] 传说黄帝又令伶伦与荣将铸造十二口钟以和五音，商周之后编钟、笙箫、管弦等传统乐器以及宫廷韶（雅）乐均遵循十二律吕。

（一）仲冬萌月律中黄钟

黄钟为阳律之首，寒起之音。“黄钟为天统”，古代帝王冬至天坛祭天。“黄钟者，律之始也，九寸。仲冬知气至，则黄钟之律应”，为律吕确定的基础与标准。“冬至，阳气应，则乐均清，景长极，黄钟通，土灰轻而衡仰”[②]，声调最为宏大响亮。“当夏而叩羽弦以召黄钟，霜雪交下，川池暴沍”[③]，暑奏寒乐会让人心静自然凉。

（二）季冬腊月律中大吕

大吕为阴吕之首，寒落之音。“葭律肇启隆冬，苹藻攸陈飨祭”[④]，大吕为地统，世家腊祭先祖之俗始于神农。“歌大吕，舞云门，以祀天神”[⑤]，极寒之时以祈求苍天庇护。“将终，命宫而总四弦，则景风翔，庆云浮，甘露降，澧泉涌”[⑥]，阴吕之首的和弦奏响在年终岁尾之相得益彰。

---

① （南宋）王应麟等：《三字经・百家姓・千字文》，四川少年儿童出版社，2013，第149页。

② 李良松、郭洪涛主编《国学知要》，中国中医药出版社，2016，第176页。

③ 曹海东主编《诸文趣心 历代寓言小品》，崇文书局，2016，第122～123页。

④ 郭灿东：《黄巢（上）》，甘肃人民出版社，1985，第253页。

⑤ 罗丹青主编《中流艺库・中流篆刻十家 张钧》，湖北美术出版社，2018，第108页。

⑥ 曹海东主编《诸文趣心 历代寓言小品》，第122～123页。

（三）孟春正月律中太簇

太簇为阳律之二，风起之音。“太簇律长八寸，为人统”，行夏之时，过年恰逢人们告别“猫冬”来寻亲访友。“奏太簇，歌应钟，舞《咸池》，以祭地神”[①]，古人过年时要拜城隍以保一方平安。“条风开献节，灰律动初阳”（唐·李世民《正日临朝》），暖替代寒成了人们心中的期盼。

（四）仲春二月律中夹钟

夹钟为阴吕之二，风落之音。“夹钟纪月，初吉在辰”（《乾兴御楼二首》），春分时帝王东郊朝日、先农坛亲耕劝农。“及秋而叩角弦，以激夹钟，温风徐回，草木发荣”[②]，秋奏春曲“和风淑气夹钟初”的气息仍扑面而来。

（五）季春三月律中姑洗

姑洗为阳律之三，火起之音。“昔去景风涉，今来姑洗至”（唐·杜审言《南海乱石山作》），三月三恰逢洗濯祓禊、曲水流觞、上巳欢歌的女儿节。“奏姑洗、歌南吕、舞《大磬》，以祀四望”[③]，古代天子向四方遥祭山川，“寒食春风起”也含以水克火之意。

（六）孟夏四月律中仲吕

仲吕为阴吕之三，火落之音。“岁次娵訾，月惟中吕”[④]，秦历以孟冬（谷魂）为岁、孟夏（牛魂）为端，曾为岁时节点。“奏夷则，歌中吕”[⑤]，云南傣族以及中南半岛的泰国人仍残留着初冬纪岁而初夏为端（泼水节）的岁时传统。“中吕者，言万物尽旅而西行也”[⑥]，天文上已近阳盛至极。

---

① 顾明远主编《教育大辞典 9 中国古代教育史（下）》，上海教育出版社，1992，第 112 页。
② 曹海东主编《谐文趣心 历代寓言小品》，第 122～123 页。
③ 顾明远主编《教育大辞典 9 中国古代教育史（下）》，第 112 页。
④ （唐）姚思廉撰《梁书（下）》，中国华侨出版社，1999，第 63 页。
⑤ （晋）陈寿撰《白话三国志（上）》，岳麓书社，2019，第 79 页。
⑥ 杨金鼎主编《中国文化史词典》，浙江古籍出版社，1987，第 672 页。

（七）仲夏五月律中蕤宾

蕤宾为阳律之四，暑起之音。“龙集荒落，律纪蕤宾”（唐·卢照邻《对蜀父老问》），夏至古代帝王地坛祀地。“时逢端午，蕤宾节至”（明·施耐庵《水浒传》），端午古称天中，为暑之开端。“方今蕤宾纪时，景风扇物，天气和暖，众果具繁”（三国·曹丕《与朝歌令吴质书》），浮瓜沉李消暑恰在此时。“夏至，阴气应，则乐均浊，景极短，蕤宾通，土灰重而衡低”[①]，即将为热极生凉之时。“及冬而叩徵弦以激蕤宾，阳光炽烈，坚冰立散”[②]，冬奏夏乐可追忆热烈奔放的时光。

（八）季夏六月律中林钟

林钟为阴吕之四，暑落之音。“林钟为地统，律长六寸”[③]，商代伏腊为岁，伏为年端（地中）。“林钟之月，草木盛满，阴将始刑”[④]，百姓伏腊祭后不久气温便开始下降。“林钟受谢，节改时迁。日月不居，谁得久存”（魏晋·曹睿《步出夏门行》），万物由盛转枯、化果成实。

（九）孟秋七月律中夷则

夷则为阳律之五，湿起之音。“商声主西方之音，夷则为七月之律”（宋·欧阳修《秋声赋》），秋为商音于七月鸣响。“秋入西郊，律调夷则”（宋·方岳《满庭芳·寿刘参议七月二十日》），万物趋于成熟。“奏夷则、歌小吕、舞《大濩》，以享先妣”[⑤]，中元赦罪放河灯，为祭祀母亲和释惠游魂之时。

（十）仲秋八月律中南吕

南吕为阴吕之五，湿落之音。“南吕初开律，金风已戒凉”（唐·严巨川《仲秋太常寺观公卿辂车拜陵》），秋分已凉，古代帝王西郊拜月。“南吕之月，

---

① 李良松、郭洪涛主编《国学知要》，第176页。

② 曹海东主编《谐文趣心 历代寓言小品》，第122~123页。

③ （南宋）王应麟等：《三字经·百家姓·千字文》，第149页。

④ 林剑鸣、吴永琪主编《秦汉文化史大辞典》，汉语大词典出版社，2002，第439~531页。

⑤ 顾明远主编《教育大辞典9 中国古代教育史（下）》，第112页。

蛰虫入穴，趣农收聚”[①]，“年怕仲秋月怕半”此时为“人中”，是谷成收获一家人团聚之时。“当春而叩商弦以召南吕，凉风忽至，草木成实”（《列子·汤问》），春奏秋律，多为春社祈福秋收谷粮之俗。

（十一）季秋九月律中无射

无射为阳律之六，燥起之音。“重阳初启节，无射正飞灰”（唐·阴行先《和张燕公湘中九日登高》），恰逢登高望远的重阳佳节。“无射者，阴气盛用事，阳气无余也，故曰无射”[②]，露结霜凝天已冷。“奏无射，歌夹钟，舞《大武》，以享先祖”[③]，古有敬老之俗。

（十二）孟冬十月律中应钟

应钟为阴吕之六，燥落之音。“律穷方数寸，室暗在三重；伶管灰先动，秦正节已逢；商声辞玉笛，羽调入金钟”（唐·裴次元《律中应钟》），秦历岁首就在秋深冬浅处，而周历此时则为岁尾。“应钟，言阴气应亡射，该臧万物而杂阳阂种也”[④]，冬藏之时往往出现寒来而天暖的“小阳天”。

三　寒来暑往与阴阳消息密切相关

“刺绣五彩添弱线，吹葭六管动飞灰”（唐·杜甫《小至》），子午线可明寒暑，从冬至（子月）到端午（午月），子为阴盛阳长之初、午为阳盛蕴阴之始，古代律吕调阳一直遵循寒来暑往的规律。“是故天子常以冬夏至御前殿……陈八音，听乐均，度晷景，候钟律，权土灰，效阴阳”[⑤]，以冬夏至为起点的“岁分寒暑”，就是古代天文历法的最初原点。

（一）何为寒？

古人将冬至后九九八十一天称祁寒（公历 12 月 22 日左右到次年 3 月

---

① 林剑鸣、吴永琪主编《秦汉文化史大辞典》，第 439～531 页。
② 杨金鼎主编《中国文化史词典》，浙江古籍出版社，1987，第 672 页。
③ 顾明远主编《教育大辞典 9 中国古代教育史（下）》，第 112 页。
④ 范之麟主编《全宋词典故辞典（上）》，湖北辞书出版社，2001，第 134 页。
⑤ 任伟：《敦煌写本碑铭赞文用典考释（三）》，《河西学院学报》2013 年第 6 期。

12日左右，古代最初为冬至逢壬数九，“壬”天干第九位，寒因此往往有九九加一九的说法）。“天到祁寒先数九，一九二九不出手，三九四九冰上走，五九六九沿河看柳，七九河开，八九燕来，九九加一九，耕牛遍地走”，祁寒纵贯冬春，横跨冬至、小寒、大寒、立春、雨水、惊蛰六个节气，三九严寒是为寒、春寒料峭也为寒。

从科学的角度来讲，就是太阳从直射南回归线移向赤道的过程，是一年之中体感温度最低的时候，这源于初春之时冰雪消融后湿度加大并吸收空气中的大量热量，同等温度之下前春的寒冷感觉要比初冬强得多。

（二）寒来阳长为息卦

建子为复、建丑为临、建寅为泰、建卯大壮、建辰为夬、建巳为乾，从复到乾为阳气盈长的息（生长）卦。一阳始复、二阳来临、三阳开泰、四阳大壮、五阳夬泽（恰逢桃花汛）、六阳成乾，古人认为阳爻从初爻的位置自下而上逐次递升，是从无到有、阴极升阳、阳长阴消的过程。

从科学的角度解读，农历十一月到来年四月，就是冬至太阳从直射南回归线后逐渐向北越过赤道接近北回归线。阳光直射角度逐渐变大的过程，天文学理论上应为逐渐升温的过程，但由于大气层的阻挡与延迟以及低温聚集与缓慢释放的叠加，气温反复升降一段时间后方一直向上，但也不会上升到最高。

（三）何为暑？

古人将夏至后九九八十一天称溽暑（公历6月21日左右到9月9日左右），民间也有流传甚广的“夏九九”（消暑九九谣），“一九至二九，扇子不离手；三九二十七，出门汗欲滴；四九三十六，汗湿衣服透；五九四十五，树头清风舞；六九五十四，乘凉莫太迟；七九六十三，夜眠要盖单；八九七十二，当心莫受凉；九九八十一，家家找棉衣”，溽暑横跨夏秋，纵贯夏至、小暑、大暑、立秋、处暑、白露六个节气，蝉鸣上树的仲夏刚到暑、寒蝉凄切的初秋暑方消，从盛夏起临近仲秋方结束。

从科学的角度来讲，就是太阳从直射北回归线南移到赤道之前的过程，也是一年之中体感最热（雨热同季，温度较大）的时候，初秋之时地球积存了整个夏天的热能在不停地向外释放，所以同等温度下秋老虎比初夏感觉更为闷热，体感温度也会更高一些。

（四）暑往蕴阴为消卦

建午为姤、建未为遁、建申为否、建酉为观、建戌为剥、建亥为坤，从姤到坤为阴气萌发的消卦。一阴始姤、二阴逃遁、三阴塞否、四阴大观、五阴山剥（民间俗称“自老山”）、六阴就坤，古人认为初爻为阴爻所取代，阳爻依序递减，阴爻自下而上逐序上升，为阳极藏阴、阳消阴长，以至全无的过程。

从科学的角度解读，农历五月至十月，就是夏至太阳从直射北回归线开始南移越过赤道到南回归线。阳光直射角度逐渐变小的过程，从天文学理论上应为直线降温的过程，但由于地壳热能不断累积与逐渐释放，气温要继续升高到一定程度再发生断崖式的持续下跌，但也不会跌到最低。

四　地支辟卦中蕴含物候描述与科学规律

“震（雷）卦主春、离（火）卦主夏、兑卦（泽）主秋、坎（水）卦主冬”，古人以八卦定四时八节。“天地定位，山泽通气，雷风相薄，水火不相射。八卦相错，数往者顺，知来者逆，是故《易》逆数也”[①]，八卦最初仅以直观的天气现象来分辨时节轮转以调整生息。

“早先把阳和漏泄，又葭管灰飞地穴”（《荆钗记》），后来人们探寻以阴阳消长来把握寒来暑往的规律，形成独具东方哲学与天文学价值的十二消息卦，十二消息卦为六十四卦中最为核心的部分，并在占卜年景（年度气候预测）中起主导作用，故称十二辟卦。

十二消息卦最早见于《归藏》，史载十二消息卦始于轩辕，“盖黄帝考定星历，建立五行，起消息，正闰余”[②]。十二消息卦是以乾坤二卦为基础，阴爻、阳爻按阴阳长与消的次序排列、顺时推移，同性爻自下而上、异性爻不交错。西汉之时孟喜对息阴消阳卦变进行了系统整理，以阴阳变化来分析寒暑、春夏秋冬以及二十四节气的内在规律。

---

① 殷旵、珍泉：《易经的智慧·传部》，陕西师范大学出版社，2013，第299页。

② 刘尊明、朱崇才编著《休闲宋词鉴赏辞典》，商务印书馆，2015，第428页。

（一）寒来阳长的上半年

复、临、泰、大壮、夬、乾六个息卦，历冬经春到初夏，天地间的万物在严寒中孕育、于春寒料峭间破土而出，在天地暖阳间开花成长，栖息或冬眠的动物也日渐活跃起来，人们逐渐由居家“猫冬”转为野外踏青。以地支纪月更凸显古人敏锐观测物候变化的规律。

1. 建子为复，一元复始

子为孳，植物于寒时孳生地下，在酝酿中生根；子为鼠，老鼠动于地下，阳气始萌。息卦为复，上坤下震（坤为地、震为雷），“一阳息阴、一阳来复”，五阴一阳、阳气初生、阳气始升，阴气盛极而阳气于地底萌发。“冬至一阳生”，一年中白昼最短、黑夜最长的一天，此后白昼愈长、黑夜愈短，为天文学循环往复的节点。天寒而地动，天气过于严寒且在累积的作用下气温还要再下跌一段时间，但地壳下的能量已打破平衡点开始向上散发。

2. 建丑为临，水融为临

丑为纽，果实在寒气中屈曲，种子于地下萌芽；丑为牛，腊祭牺牲，牛为三牲之首。息卦为临，上坤下兑（坤为地、兑为泽），“二阳息阴、二阳渐盛”，四阴二阳，阳气乍升，地藏水动，阴气乍退而冰层之下水流泉动。天寒而水融，气温至小寒末跌至谷底，到大寒后触底反弹、缓慢回升，地气上升开始撼动深层冻土，温泉渗出、井水回暖。

3. 建寅为泰，天地交泰

寅为引（津），近水的草木破土而出；寅为虎，年兽（饿虎）下山觅食。息卦为泰，上坤下乾（坤为地、乾为天），“三阳息阴、三阳开泰”，天尊地卑、负阴抱阳，阴阳交感、水润万物。天寒而地生，冷暖交汇间地面开始冰雪消融，东风至而雨水出。

4. 建卯大壮，雷行苍穹

卯为冒（茂），日照东方，草木滋茂；卯为兔，野兔等动物开始踏青逐野。息卦大壮，上震下乾（震为雷、乾为天），“四阳息阴、四阳并进”，阳气初胜、乾刚震动。天雷而地通，惊蛰后温暖的气流自下而上不断升腾，冰消雪融后土壤更加蓬松透气，草木复苏、春呈晨雾、偶有雷鸣，冬眠的动物和蛰伏的昆虫蠢蠢欲动。

5. 建辰为夬，雨泽在天

辰为震，天有雷鸣、地有虫动、万物拔节伸展；辰为龙，水中蛟鳄、游鱼等鳞虫出水，青蛙始鸣。息卦为夬，上兑下乾（兑为泽、乾为天），“五阳息阴、五阳绝阴”，阳盛阴衰、天清景明。天雨而地长，三月桃花水决注成雨、滋润秧苗。“清明断雪、谷雨断霜”，天地间残存的阴寒之气将尽，阳光充足、春光乍现。

6. 建巳为乾，纯阳和合

巳为起，阳气毕布、万物蓬勃、开花结果；巳为蛇，游蛇于林茂之时出洞觅食。息卦为乾（六爻纯阳），“六阳息阴、六阳齐聚”，乾清地明、阳气至盛，地气由散发热量逐渐转为吸收热量。天晴而地朗，天气因阳生而转暖，气温开始直线升高，由温暖变得燥热起来，小满之时溪流纵横、麦穗长大。

（二）暑往蕴阴的下半年

姤、遁、否、观、剥、坤六个消卦，历夏经秋达初冬，天地间的万物在温热中长大，于溽暑间化果结实，在秋凉间成熟，到天冷前收获，人活动的范围也从山野逐步回归到庭院，所见动物由野外放牧逐渐归于圈养。古人在蕴藏理性规律的法则框架下，以物候感性认知的角度来观察时节变化与岁月变迁。

1. 建午为姤，南风溽暑

午为仵，万物枝高叶大、果实渐丰；午为马，在水草丰美之时骏马逐野狂奔。消卦为姤，上乾下巽（乾为天、巽为风），“一阴消阳、一阴始生”，五阳一阴、阳动阴藏，天朗风起、阴气初生。周代冬至建子为岁、夏至建午为端，故称端午、天中。天热而风凉，“冬至一阳生，夏至一阴生”，江南进入潮湿的梅雨季，毒月之说源于蛇虫袭扰、霉变菌多。

2. 建未为遁，山居伏暑

未为昧，日中则昃，向阳而居的人则潜伏幽室午睡；未为羊，白羊卧石也寻觅山溪来避暑遮阳。消卦为遁，上乾下艮（乾为天、艮为山），“二阴消阳、二阴渐盛”，四阳二阴、阳退阴进，天炎山荫，热极凉生。天暑而山凉，累积到大暑气温鼎盛达到极点，强降水增多江河湖泊会出现汛情，而地气则开始缓慢释放着阴凉。为热极生凉、昼热夜凉、晴热雨凉起点，

“夏至三庚便数伏”，避暑纳凉为伏日的精髓所在。

3. **建申为否，天地分野**

申为身，万物体成、谷穗成束、果实成熟；申为猴，梧桐叶落，林中觅食的猴子在啼鸣间结伴成群。消卦为否，上乾下坤（乾为天、坤为地），“三阴消阳、三阴占半”，阴阳各半、阳退阴显，阳气上升、阴气下降，冷热交替，天阳地阴相悖而行。天高而地成，处暑昼热夜凉、天热水凉，下河游泳易痉挛而引发意外，鬼月之说与中元施孤即源于此。

4. **建酉为观，风起望月**

酉为就，万物老熟、谷物收获、余粮酿酒；酉为鸡，野鸡与候鸟在田间地头觅食。消卦为观，上巽下坤（巽为风、坤为地），“四阴消阳、四阴紧逼”，二阳四阴、阳退阴溢，天气衰微、渐出凉意。天风而地熟，天高云淡、笼盖四野、月朗星稀、风起秋凉、马踏边关。在秋显白露之时，“岁未央”恰为庆祝丰收、欣赏大自然最美的时光。

5. **建戌为剥，山枯叶落**

戌为灭，风吹叶落、万物灭尽、消失归土；戌为狗，打谷为粮、颗粒归仓、狗犬护院。消卦为剥，上艮下坤（艮为山、坤为地），“五阴消阳、五阴剥阳”，一阳五阴、阳衰阴盛，秋风萧瑟、露寒霜凝，果实成熟、草木黄落。天老而地收，万物自老山，秋收万担谷，颗粒得归仓，好多植被生机即将走到尽头，万物走向被剥离与驱散的命运。

6. **建亥为坤，厚坤载物**

亥为核，万物收藏、果烂实留、坚核为种；亥为猪，家有余粮，圈养肥猪，以庆余年。消卦为坤，上下皆坤（坤为地），“六阴消阳、六阴弥漫”，六爻纯阴、阴气炽盛。天终而地藏，“地势坤，君子以厚德载物”，阙阴之时气温却往往会回升几天，乍现犹如乾清地明的“小阳春”。顺应天时、包容万物，天地闭塞成冬，冬即终也，周代为岁尾，从天文上来讲岁月就此终结（阳光直射南回归线，即将北返）。

“天开于子，地辟于丑，人生于寅”，故周代“建子为正”（以农历十一月为正月）、以冬至为岁首、以端午为天中，“岁在寒暑”为天文学的周而复始，故名“天正”，古代帝王祭祀天地就设在冬至和夏至。商代“建丑为正”（农历十二月为正月），“岁时伏腊”以头伏、蜡祭为年端和岁首，起点为一年中最热与最冷的月份，独具气候学的冷热循环，故称“地正”，三伏天与腊月为最知名的杂节气。夏代“建寅为正”（农历一月为正月），“春年秋节”以立春为岁首、仲秋为年端，春生夏长秋收冬藏为大自然物候规律，也符合人生老病死的节拍，故称“人正”，农历“行夏之时”就是以四时为主的物候历。“三正”各有侧重，体现了周人重天文、商人重冷暖、夏人重物候以及秦人重垦耕的传统。

结　论

“因时治乐”“以卦测事”是华夏礼仪之邦以礼乐来治理天下、以卦象来归纳真理的有益探索。礼乐中潜藏着古人气候（地温）观测与时节发布的内涵，易占中暗含着对太阳直射角度大小的变化规律的观察，既有古观象学的探索又有东方哲学的归纳总结。

从“吹灰候气”到“律吕调阳”，古人形成了以“律管吹灰”来探测天气（气温）与地气（地温）流转规律的观测手段，天文历法得以校验，从而岁月有了可测定的寒暑、寒来暑往、春夏秋冬以及阳历十二个月，为形成阳历节气物候与阴历月份合二为一的阴阳合历奠定了基础。同时，通过律管定音，形成了十二律吕，古人以此为规范来铸造编钟等宫廷乐器和谱写祭祀乐曲，天子或朝廷会在相应的时节演奏相关的乐曲以行四时政令，“律吕调阳”因而成了独具特色的气象信息发布手段，并应用在中医保健之中。礼乐是华夏礼仪之邦的重要体现，古人往往以“礼崩乐坏”来形容政令不通、时节错乱。

从“阴阳八卦”到“十二辟卦”，古人从主观的天气现象来分析四季更迭，升级为以客观的气候（地温）变化来分析天文轮转。十二消息卦的卦象变化符合太阳直射角度变化的规律，古人通过经验积累发现天文、气候、物候之间的关系以及略有月余的相互延迟，以“三才天地人”来定性分析，便形成古代“岁首三正”以及孟仲季三分春夏秋冬，四季逐渐细化为二十四节气和七十二物候，人们通过对物候与节气的观测而“知微见著”，逐步掌握了年度气候轮转的大致规律。

古人对这些自然法则的测定与分析，诠释了光照角度（强度）与地壳（水体）冷暖变化轨迹对岁月轮转与气候变化的影响。古人对天文、气候、物候的探索对于把握天体运行规律、地球公转周期、年度气候（温湿高低）

轮转以及分析物候变化都有重要作用，也分析出了大气层遮挡与地球热能累积释放造成的气温延迟效应。律吕调阳与十二消息卦堪称天文历法之瑰宝、统计气象学之典范，值得我们去伪存真、详细梳理、分析总结，并在传承中发扬光大。

国际气象史

古典气象学背景与构成及其发展*

陈正洪**

摘　要：古典气象学是气象发展历史中的第一阶段，是气象学史研究的重要领域。本文梳理了古代文明中的古典气象学萌芽，阐述了西方古典气象学形成的知识背景，着重讨论了亚里士多德的古典气象学思想。本文还勾勒出古典气象学在亚里士多德之后的发展与突破概况。

关键词：气象学史　古典气象学　《气象通典》　气象知识体系

自人类文明产生以来，气象与人们日常生产和生活就息息相关，这在一些遗迹和考古中得到体现。在苏格兰的岩壁上发现距今6000年至1.2万年表示太阳和雨或太阳和月亮被晕包围的绘画，显示当时人们对天气现象的关注。在有关国家考古中发现公元前1.2万年至公元前8000年关于天文与气象的记载。在河南贾湖遗址出土的龟甲残片出现“日”字。这可能表明大约公元前8000年远古先民已经观察到太阳升起和在云中出没的现象等。

按照气象学史分期，西方气象学发展历程分为：古典气象学—近代气象学—现代气象学—当代气象学。③ 中国传统气象学与西方古典气象学有着不一样的发展路径和哲学背景，本文主要论述西方的古典气象学及其相关内容。

---

* 本文系中国科协老科学家学术成长资料采集工程“章淹学术成长资料采集研究”（项目编号：CJGC2019－F－Z－CXY02）的成果。

** 陈正洪，大气科学博士后，中国气象局气象干部培训学院教授级高工，研究方向为气象科技史、历史气象灾害、气象科技文化遗产。

③ 陈正洪：《气象科学历史特质解析及学科意义》，《咸阳师范学院学报》2019年第6期，第76～81页。

一　古代文明中的古典气象学萌芽

气象在各个古代文明知识体系的发展中产生了萌芽。古埃及的气象知识来自天文学不断发展的积累，早期一些天文现象和气象现象许多可以通过人类感觉直接观察。古埃及人长期观察尼罗河泛滥，发现其规律性变化，可以根据太阳的方位确定一年中季节的变化。[①] 于是，尼罗河的定期泛滥促使古埃及人产生了“季节”这样和气象有直接关联的概念。

从影响人类文明的背景中可以找到古典气象学的端倪。当今世界很多文明受到《圣经》的影响，从气象学史角度看，《圣经》中很多内容从不同角度反映了人类对气象知识的认识和积累。《旧约全书》中，已有东风、西风、南风、北风的名称和多次阐述。《创世纪》写道：“我把虹放在云彩中……我使云彩盖地的时候，必有虹显现在云彩中。”这体现了三四千年前人们经常观察到虹等气象现象，并加以记录。在古巴比伦文明地的考古中发掘出的黏土片上有许多类似“气晕环绕月亮，将可能多雨多云”的天气谚语，体现了当时人们对气象情况的日常观察。古巴比伦人甚至可能已注意到某些动物行为与气象因素关系密切，可以预示将要下雨等天气变化。

西方的黄道十二宫与中国二十四节气存在一定逻辑的对应关系，比如太阳总是在相同的节气运行到对应的宫，黄道十二宫与二十四节气的两分两至的某种对应关系等，这也表现了复杂的古典天文学观念，逐渐形成严密的知识体系[②]，在此过程中，气象知识被吸收在内。

从世界其他区域文明中，也能发现古典气象学的早期形式。玛雅文明中用符号和图形等表示数字并可以进行初步的运算[③]，是美洲文明的杰出代表。玛雅人建造了许多天文观象台，其中的奇琴伊察天文观象台，被认为可能与节气有关，比如从圆顶建筑的不同方向可以看到春分、秋分、夏至、冬至的日出。玛雅文明为何最后消失，气象学家试图从气候变化角度加以

---

① 〔英〕斯蒂芬·F. 梅森：《自然科学史》，周煦良译，上海译文出版社，1980，第 9～10 页。

② 颜海英：《古埃及黄道十二宫图像探源》，《东北师大学报》（哲学社会科学版）2016 年第 3 期，第 179～187 页。

③ 李家宏：《玛雅数学初探》，《自然科学史研究》1997 年第 4 期，第 344～356 页。

解释，气候模拟重现了这种可能。[①]

二 古典气象学体系的知识背景

西方气象学史上，非常突出的成就就是古希腊文明中形成的气象学知识体系。古希腊有高度发达的哲学等学科，人们对自然界的理性认知自然就会应用到气象学知识中。当时许多哲学家在其研究和哲学思辨中都体现了对气象学的关注，特别是以亚里士多德（Aristotle，公元前 384 ~ 公元前 322）为核心的大哲学家，集古典气象学之大成，建立了一套完整的、包含理论色彩的气象学体系——古典气象学。当时一些著名哲学家对古典气象学的发展有重要贡献。

著名的自然哲学家泰勒斯，对宇宙起源有独特见解，他认为水是宇宙的本源，万物都有灵魂，这表明泰勒斯有朴素的物活论思想。[②] 气象学方面，他研究了如何区分春分、秋分、夏至、冬至的办法。传说泰勒斯仔细观察到了毕宿星团（Hyades）随太阳东升时，天将会下雨。这或许反映了他是较早将天文学和天气现象关联在一起的哲学家之一。约公元前 600 年，泰勒斯甚至利用潮汐知识编订出一套气象历法。[③]

阿那克西曼德（Anaximander，约公元前 611 ~ 约公元前 547），是古希腊著名的唯物主义倾向哲学家。他提出“无限”概念，他认为正是“无限”通过自身的运动派生出冷、热。他的著作《论自然》中包括对气象知识的理解，比如提出风是“空气的流动”（a flowing of air）的说法，这也许是西方气象科学技术史上对风进行科学定义的第一人。有趣的是阿那克西曼德可能也是西方最早对雷电提出解释的人[④]，他认为打雷是空气移动中云层撞击的结果，并且在这个过程发出火花，形成闪电。尽管该说属于哲学思辨范畴，但是这种说法为现代解释雷电现象奠定了一定的基础。

在气候知识方面，巴门尼德（约公元前 515 ~ 约公元前 5 世纪中叶）根据

① Larry C. Peterson and Gerald H. Haug, “Climate and the Collapse of Maya Civilization: A Series of Multi - year Droughts Helped to Doom an Ancient Culture,” *American Scientist*, 2005, pp. 322 - 329.

② 汪子嵩、陈村富、包利民、章雪富：《希腊哲学史》卷一，人民出版社，1997，第 86 页。

③ 刘昭民：《西洋气象学史》，台北：中国文化大学出版部，1981，第 15 页。

④ 刘昭民：《西洋气象学史》，第 17 页。

太阳热量的多少，把世界气候分为无冬区、中间区和无夏区，这是迄今所见西方记载中最早的气候分类。这是气象学史上难能可贵的一个起点，表明人类已经开始思考气候的某些问题。著名哲学家希波克拉底（Hippocrates，约公元前460～公元前377）在其著作《论空气、水和地域》（*On Airs*，*Waters and Places*）中讨论了不同气候对人体健康的影响，甚至研究了某些特定风向和疾病流行的关系。欧多克斯（公元前408～公元前355），在其气象学著作《预测坏天气》（*The Bad Weather Predictions*）中，提出对暴风雨等坏天气进行预测。

古希腊文献中还记载了利用海陆风风向从事海上航行，甚至在战争中借助风力。比如公元前480年希腊人将海风应用到对波斯人的海战——沙拉米斯（Salamis）战役中。

希腊首都雅典有很多古迹，今日尚保存下来的雅典风塔，是公元前2世纪至公元前1世纪由安德罗尼柯斯所建。风塔呈八边形（见图1），代表八个方位，每面刻有一个雕像分别代表不同方向的风。

图1　雅典风塔（陈正洪　摄）

相比古典气象学知识，这个风塔对气象学有特殊含义，古典气象学不仅是种哲学思辨，而且能以有形的、实物的形式展现在世人面前。在当时古希腊社会生活中，气象学占据重要地位。今天可以把这个希腊风塔作为气象学源头的一个重要标志性建筑。

三 亚里士多德的古典气象学思想

无论是在哲学史上还是在科学史上，亚里士多德都是重要的人物，作为古希腊集大成的著名学者，他在古希腊先贤对大自然中各种天气和气候现象论述的基础上，进行了气象知识系统的综合，大约在公元前340年撰写完成 *Meteorologica*，现译为《气象通典》或者《气象学概论》①，今天有气象学学术刊物的名称中就包含 Meteorologica 这个词，可见其影响力。

亚里士多德在书中把古希腊世界最早的气象学知识融为一体（见图2），并且详细阐述了他的哲学思想，尤其是其对自然界气象知识的理解。在气象学史上，这本著作成为目前为止古希腊文明中内容最全的气象学著作。

METEOROLO.

Tomus ſextus operum

ARISTOTELIS

STAGIRITAE,

PERIPATETICORVM PRINCIPIS,

Naturalis eam Phyloſophiæ adſerens ſectionem,

QVAE AD METEOROLOGICORVM,

ſeu ſublimium corporum, & vegetabilium quiddicates

ſpecies, & paſsiones, Animalium vero

Hiſtoriam, partes, & Inceſſum

ſpectare dignoſcitur.

CVNCTA VSQVE AD EO CLARA, NITIDA,

Illuſtrata, diſtinctaq; prodeunt vt Ariſtotelem, Auerroemq;

ipſum, viuentes hæc differere videatur.

QVAE HOC CLAVDVNTVR TOMO

ſequens indicat pagina.

Cum ſummi Pontificis, Gallorum Regis, Senatusq; Veneti decretis.

VENETIIS MDLX.

图2 亚里士多德气象学著作拉丁文版的标题页，1560年威尼斯印刷②

① 也有学者把它翻译成《天象学》，本篇文章采用《气象通典》的译法。

② Sir Arthur Davies, *Forty Years of Progress and Achievement: A Historical Review of WMO*, World Meteorological Organization, 1990, p. 1.

1. 亚里士多德古典气象学的构成

《气象通典》有四卷（见表1），第一卷具体阐述气象学在当时的自然科学中的地位及其研究对象和范围等，涉及云、雨、雹和霾的形成、高层大气的现象以及气候变化等，共分14章。第二卷阐述风的成因、分布，各种风的名称和特点，以及雷电现象等。第三卷论及飓风、焚风以及晕和虹等大气现象。第四卷主要讨论化学上的问题，其中也涉及一些气象学知识。[①]

表1 《气象通典》各章主要内容

卷次	章节	主要内容
第一卷	第一章	导言，论述气象学在自然科学中的地位及所要讨论的主题
	第二章	阐述地球表面上的一般原理及地球构成基本元素，地球与宇宙的关系等
	第三章	讨论四个基本元素——空气、土地、火、水的特性，对云层的论述等
	第四章	论述流星
	第五章	论述北极光及其起因
	第六章	阐述彗星，分别讨论了德谟克利特等哲学家对于彗星的看法和解释等
	第七章	论述彗星的性质与成因等
	第八章	有关银河系新理论
	第九章	论述雨、云、霾的成因
	第十章	对露和白霜的阐述
	第十一章	讨论雨、雪、雹和霜的关系
	第十二章	解释雨雹为何在夏季产生，讨论有关看法
	第十三章	讨论风与河流的形成，并对错误观点反驳
	第十四章	涉及气候与变化、海岸侵蚀作用和沉积等
第二卷	第一章	论述海洋以及它的性质
	第二章	讨论海洋的起源等
	第三章	阐述海洋的盐分等
	第四章	论述风及其成因
	第五章	论述冷热风与地球不同地区的盛行风
	第六章	论述各种不同的风和不同的风向
	第七章	讨论地震，阐述德谟克利特和阿那克西曼德等人的观点
	第八章	讨论地震及其起因
	第九章	论述雷和闪电及起因等

① Aristotle, *Meteorologica*, trans. H. D. P. Lee, Harvard University Press, 1952, pp. 10 - 11.

续表

卷次	章节顺序	主要内容
第三卷	第一章	论述飓风、火风和雷电都是干发散物的产物
	第二章	阐述晕和虹都是由太阳光或月亮光反射形成
	第三章	论述晕的形态与解释
	第四章	论述虹与反射作用的物理基础
	第五章	再次从几何角度阐述虹的大气现象
	第六章	论述假日与反射作用等
第四卷	主要讨论化学上的问题，其中也涉及一些气象学知识	

从以上章节可以看出，古希腊时期亚里士多德已经对大气现象有比较全面观察和较为深刻的哲学思考，在较为全面论述的基础上，基本上形成了一个比较完备的古典气象学的知识体系。

2. 亚里士多德古典气象学思想的分析

亚里士多德的古典气象学与当今大气科学显然不同，但是包含了今天大气科学的主要研究内容，包括雨的形成、风的形成、云和雾的形成、气候的变化、雷电及飓风现象等。他对气象学的认识主要基于其哲学思想。比如亚里士多德认为，宇宙是呈球形状态，将宇宙分成两个区域，月球轨道以外的区域与天体相关，称作天域（Celestial Region）；另外月球轨道以内——“月下世界”与大气现象有关，也就是古典气象学研究的对象。亚里士多德的古典气象学框架中，把四大元素——土地、水、空气、火作为构成陆地上的物质基础，而且形成了由内而外的土地—水—空气—火圈层，并且认为这些圈层不是固定的。[①] 圈层思想是当代科学的一种重要思维方式，这与今天大气科学和地球科学提出的五大圈层有些类似。亚里士多德这样的哲学先贤在古希腊时期对大气现象理解的深刻性，对于今天的气象史研究有特殊价值。

即使从今天大气科学知识体系来看，亚里士多德不少的气象思想也很有超前性。比如他认为风虽然是垂直形成的，但是风是水平吹的，这与今天对于风的分量理解类似。亚里士多德观察到了太阳在风的形成和位置及

① Aristotle, *Meteorologica*, trans. H. D. P. Lee, pp. 6 - 9.

命名上的作用，比如用春分日出方向、冬至日出方向、正午太阳方向等来描述风向。[①] 他提出地球上空的大气是跟随高层大气运动的，高层大气是水平流动的，这与今天对流层和平流层空气运动基本对应，这是相当了不起的洞见。亚里士多德对气候也有初步感悟，他把风总体分成两大类：来自北部的风和来自南部的风。北部的风比较寒冷，因为它是从地球最北部寒冷的地方急速而来；南部的风比较干热，因为它是从南部的热带中心吹过来的，这与今天季风概念和大气环流理论有对应之处。不能不让人惊叹千年之前其气象哲学思想竟然能与现代气象科学理论暗合。亚里士多德对雷电也有分析，认为雷电发生在大气中比较干燥的位置。干燥的气流被云层包围，密度增加，干燥空气挤压导致迸发就形成了雷。雷声大小与云层所处的位置有关。这些迸发而出的"风"燃烧成为电。尽管这些分析基于哲学思辨并带有些臆测，但分析比较深刻的地方是，亚里士多德认为先有雷后有电，而且电是伴随雷而形成的，这与早期他人的理论截然相反。另外，他认为暴风伴随飓风而来，并不会一定伴随雨。这些都对后世的气象科学理论有所启发。

亚里士多德是当时西方气象学研究集大成者，其气象学理论内容丰富广博，从而形成古典气象学体系，很多思想对今天仍有启示。但由于时代局限性，亚里士多德对气象学的认识很显然存在一些错误，主要原因是当时缺少可以定量观测气象的仪器、正确的观测方法及数据积累分析手段。

古希腊时期，气象学可以看成自然哲学家的产物，而不是自然科学家的产物。不过，这在气象学史上仍然具有十分重要的意义。这是人类早期把气象学形成一门自然科学的伟大尝试。

《气象通典》的问世，使亚里士多德成了其后 1000 多年中在传统气象理论方面无可置疑的权威。在 17 世纪以前，西方有关气象学上的论著都没能脱离亚里士多德气象学思想的影响。

3. 亚里士多德的学生对古典气象学的贡献

亚里士多德之后，其学生提奥弗拉斯托斯（Theophrastus，约公元前 371 ~ 公元前 287）接替亚里士多德领导"逍遥学派"。他也是著名的学者，被称为"植物学之父"。在亚里士多德对气象学研究的基础上，他进一步发

---

① Aristotle, *Meteorologica*, trans. H. D. P. Lee, p. 225.

展了古典气象学。

提奥弗拉斯托斯撰写了《论风》(*On Winds*) 和《论天气之征兆》(*On Weather Signs*)。在亚里士多德气象学思想的基础上，他根据在希腊的长期观察，提出了有关风的成因，并从他的视角对海陆风、季风和气候变迁乃至局部气候特性等问题进行探讨，发展了亚里士多德的古典气象学。这里也可以看出，包括亚里士多德和提奥弗拉斯托斯在内的古典气象学者并非没有观察，他们有基于当时时代条件的气象观察，但显然不宜按照今天大气科学的观测标准去衡量。

提奥弗拉斯托斯认为风的水平移动是不同性质的空气所造成的结果，冷重空气会下沉，并向别处移动。提奥弗拉斯托斯论述风的运动，"如果空气充满冷发散物，则空气会向下游移动，但是如果空气受热，则空气即会向上升。

提奥弗拉斯托斯还关注了气象与健康的关系，他详细论述风对人体健康和精神的影响，比如"南风吹拂时，我们会感觉到懒洋洋地或者很疲倦，这是因为南风中的一些湿气被蒸发的缘故"(《论风》第五十六节)。风携带热量影响感官，"暖湿的南风可沁入人体，使人发热，若南风带来雨水，则对人身体有冷却作用，同理，其他种类的风也会影响到人体的健康"(《论风》第五十七节)。他认为风也会导致精神状态的改变，"但是北风盛行时，干燥的空气富于刺激性，且能使人的关节得到调和，能够伸缩自如，所以人们感觉精神饱满"。从这些论述来看，早在2000多年前，提奥弗拉斯托斯对风影响人体的观察已经比较深入，也发展了亚里士多德的古典气象学。

亚里士多德之后，古希腊的哲学家还在发展其古典气象学思想。古希腊哲学家波希多尼(Posidonius，公元前135～公元前51)，对大气现象进行了解释，其晚年出版了《关于海洋和邻近地区》(*About the Ocean and the Adjacent Areas*)一书，展现了他对当时地理问题科学知识的表述。书中他详细阐述了气候对人们性格影响的理论，他还对"种族地理"(Geography of the Races)进行了讨论，意大利处于气候中心的位置是罗马统治世界的必要条件。波希多尼秉承亚里士多德的气象学思想。在波希多尼的气象学著作中，他对云、雾、风、雨以及霜冻、冰雹、闪电和彩虹的成因提出了自己的理论。波希多尼的很多思想一直影响到中世纪，对文艺复兴时代的人文主义者有一定的影响。现在月亮上有一座环形山以其名字命名。

四　古罗马与古印度的古典气象学

古典气象学除了希腊这个中心之外，其他地域的人对古典气象学也有贡献。古罗马人观察了很多大气现象，并且试图解释雷电现象。古罗马人维吉尔（Virgile，公元前70～公元前19）是著名学者，被罗马人奉为国民诗人，其作品对后世文学有较大影响。维吉尔在其诗词中描述了有关气象现象，比如看见有鸟儿往高处飞，预示可能会下雨，这表明当时对下雨现象的关注已经很普遍。

著名学者克罗狄斯·托勒密（Claudius Ptolemy，约90～约168）的天文理论对后世影响很大，直接或间接影响了西方学者从天文角度来预测天气的思想。他的思想对中国历法乃至中国传统天文学也有影响。这也从一个侧面可以看出，人类文明早期的气象学，无论是中国古代的传统气象学，还是西方古典气象学，都有天文学和气象共同发展的源头。

雷电是日常生活最为常见的气象现象之一，所以也成为世界各国古典气象学中的重要内容。古罗马帝国时代著名哲学家卢克莱修（Lucretius，约公元前99～约公元前55）发表过对大气雷电现象描述的诗词。大约在公元50年，古罗马哲学家吕齐乌斯·安涅·塞涅卡（Lucius Annaeus Seneca，约公元前4～公元65）的著作中论述了雷电。他把闪电分为三种：一种是可以穿透物体的闪电，这种闪电可以穿透物体而不损伤其外表；第二种是带有轰鸣响声的闪电，往往伴随着急风暴雨和雷鸣；第三种是闪一下就不见的闪电。按照今天的观点，这些闪电分类有些类似于云闪和地闪等，其实本质一样。当时的罗马城居民人数较多，有时会出现灰尘满天的情况，塞涅卡甚至提出城市污染的问题。

与古罗马相似，古印度也有很多关于古典气象学知识的记载。《梨俱吠陀》是古印度早期部落的诗歌集，成书于公元前1300年至公元前1000年，可以看作古印度传统文化的重要源头，这可能也是全人类至今保存最早的诗歌集之一，一共十卷有一千多首颂诗。其中“梨俱”（Rig）表示赞扬称颂的意思，“吠陀”（Veda）代表知识之类的含义。这部诗集对大自然中的各种神进行赞美，其中涉及古印度的一些气象知识。古印度把很多气象产生的原因归结为神的操纵，比如因陀罗是雷电之神，楼陀罗是风暴之神，摩鲁特群神是暴风雨之神等。诗集中写道“他以雷电为武器，因苏摩酗者而著称”[1]。这里把雷电被当作了武器，反映了对大自然的崇拜，雷电现象因此带有一些神学色彩的记载。

伐罗诃密希罗（Varahamihira，505～587）是古印度著名的天文学家和数学家，著有《悉昙多》（*Siddhantas*，意译为“究竟理”或“知识体系”），其中涉及一些气象常识的论述。古印度还将一年分为春、热、雨、秋、寒、冬六季；还有一种分法是将一年分为冬、夏、雨三季。这是根据气象条件，包括冷暖热凉和雨量多寡的因素，来区分不同区域的季节。

此外，公元前6世纪形成的《太阳悉檀多》，是古印度比较著名的天文著作，悉檀多指历法的总名，意译为“历数书”。这部著作阐述了如何度量时间、分至点，如何观察日月食、行星的运动及测量仪器的制作等问题。其中涉及对天文气象现象的理解，对古印度的古典气象学产生了一定影响。

五　古典气象学的发展与突破

1. 古典气象学的继续发展

亚里士多德的《气象通典》成书之后，影响不断扩大，在欧洲流传较广，欧洲一些大学比如法国巴黎大学把亚里士多德的著作列为必读书。古典气象学产生之后，随着人们对自然现象更多的观察和人类知识的积累，古典气象知识体系不断发展，也出现一些突破。6世纪的大主教圣伊西多尔·西微利（Saint Isidore of Seville，560～636）撰写了*Etymologiae*，对宇宙中各种事物的起源进行分类，其中有对霜、雨、雹等天气现象的解释，并且对其起源进行论证。这比当时流行的占星气象学大大前进了一步，表明古典气象知识的积累不断丰富。

古典气象学也朝着与应用相结合的方向推进。比如9世纪时，在西方教堂屋顶已安装候风鸡（Weather - cock），这种候风装置一般放在教堂塔尖，由于外形像公鸡，被称作候风鸡，自由随风转动。人们通过观察鸡首的方向来判断风的来向，与今日压板风向仪的原理相同。中国古代有类似指示风向的相风铜乌。

① 林太：《〈梨俱吠陀〉精读》，复旦大学出版社，2008，第76页。

阿拉伯人的天文学知识体系中特别注意天文观测工作，在9世纪，哈里发马蒙（Ma'mūn，786～833）作为阿拉伯天文观测的倡导者之一，在巴格达设立了天文台，并且在大马士革建了另一座天文台。他组织学者把古希腊的文献（包括《气象通典》等）翻译成阿拉伯语版本，后来欧洲人又再把阿拉伯语版本翻译成拉丁文版本。

在这个历史进程中，古典气象学得到进一步发展。阿拉伯学者阿布·阿里·阿尔哈森（Abu Ali al－Hasan，965～1039），是阿拉伯著名的哲学家，在光学、天文学、数学和气象学等方面做出重要贡献。他重视观察和实验，一生撰写了200本著作。他的著作大概有50本得以被保存下来，被人们称为“博学者”。

阿尔哈森的主要著作之一《光象理论》（*Optice Thesaurus*）讨论了大气层的折射作用，包括对彩虹、反射和折射等研究。他对古典气象学的发展体现在发现光的入射角和折射角并不相等，这在当时是了不起的成就。这本著作影响了后世很多杰出的学者，包括罗吉尔·培根。这本书对西方科学发展的贡献非常大。该著作虽然问世于1015年，但在1000年后的2015年，为纪念这本书的问世和人类对光学的不懈追求，2015年被联合国定为国际光年。

阿尔哈森是伊斯兰世界对气象学发展具有重要贡献的三个学者之一，另外两个分别是伊本·西纳（Ibn Sina，980～1037）和伊本·拉什德（Ibn Rushd，1126～1198）。[①] 伊本·西纳出生于伊朗布哈拉附近（现位于乌兹别克斯坦附近）。作为伊斯兰黄金时代最杰出的思想家之一，伊本·西纳总共创作了400多部作品，其中250部幸存下来。包括约100本哲学著作，40本医学著作，其中有著名的《医学百科全书》。[②] 他在医学方面的成就和气象有关，其提出温度和情绪的关系，比如太热、太冷和太干都会影响情绪。他还研究了不同形式的能量以及热、光、力、真空和无限的概念。这对古典气象学在应用方面的发展有促进作用。

伊本·拉什德是阿拉伯中世纪文明中一位非常伟大的学者，他非常推

---

① Helaine Selin ed.，*Encyclopaedia of the History of Science*，*Technology*，*and Medicine in Non－Western Cultures*，Springer，2008.

② Sergey Ivanov，“It's Raining Calves：History and Sources of a Spurious Citation from Avicenna in Albert the Great's ‘Meteorology’，” *MediterraneaInternational Journal on the Transfer of Knowledge*，2020，No. 5，p. 1.

崇亚里士多德，几乎翻译并注释了亚里士多德的全部哲学著作，并且结合亚里士多德的哲学思想形成了自己的哲学体系。其中包括对气象现象和当时阿拉伯世界气象知识的认识与理解。伊本·拉什德创作了100多部论著，其哲学著作包括许多关于亚里士多德的评论，在西方被称为“理性主义之父”。

阿拉伯世界还有很多学者对古典气象学的发展做出了贡献，比如提出水汽、云、雨、江河关系的水文循环原理，以及对虹成因的解释，认为虹是透明气圈中光线经过两次折射和一次反射而成的，等等。

伊斯兰教最重要的经典《古兰经》，其中有很多对气象学知识的描述。《古兰经》中记叙了积雨云和相关天气现象，并且记载有对这些现象的理解和解释。比如，其第24章第43节经文：“难道你不知道吗？……雨从云间降下。他从天空中，从山岳般的云内，降下冰雹。”[①] 这里描述了下暴雨前，云是怎样开始形成和发展的，并伴随着雷电等。《古兰经》中对不同云块结合的现象再到分散进行了描述。从现代气象学观点来看，这些描述还是很有道理的。

库特布丁·设拉子（Qutb al - Din al - Shirazi，1236 ~ 1311）是波斯著名的博学者，在天文学、数学、医学、物理学、音乐理论、哲学等方面都做出了贡献。他对古典气象学的贡献在于，他几乎正确地解释了彩虹的形成。这在他的天文学著作 *Nihayat al - Idrak* 中可以得到一些与此相关的线索。卡迈勒丁·法里西（Kamal al - Din al - Farisi，1267 ~ 1319）进一步解释了彩虹的成因。他从光线的折射来解释，提出最初的彩虹是由两次折射和一次折射形成的。[②]

包括《气象通典》在内的亚里士多德的书籍被翻译成多种文字，在更大范围内流传，并且得以保存。在翻译和传播过程中，古典气象学逐渐产生新的气象知识，并突破传统研究范围与模式。阿德拉德（约1116 ~ 1142）是翻译家中的一位著名学者，他把许多重要的古希腊和阿拉伯天文、数学、哲学等著作从阿拉伯语版本翻译成拉丁文版本，许多著作被介绍到西欧。

阿德拉德对大自然的一些问题也有一些论述，其中包括气象问题，比如他认为风是运动状态的空气，由于密度不一样，空气就产生推动力，于

---

① 《古兰经》中译本，马坚译，中国社会科学出版社，2013。

② Hüseyin Gazi Topdemir, “Kamal Al - Din Al - Farisi's Explanation of the Rainbow,” *Humanity & Social Sciences Journal*, 2007, Vol. 2, No. 1, pp. 75 - 85.

是风就产生，所以风是空气流动造成的。这个解释从今天的科学理论来看，基本是正确的。关于闪电，他认为根据观察，这是云层巨大碰撞体中，最轻的物质最先从其中分离出来造成的，这种见解类似于古希腊自然哲学家的见解。

中世纪宗教与哲学之集大成者托马斯·阿奎那（Thomas Aquinas，1225～1274），一生写过许多著作，主要是哲学和神学著作，其中包括有评论亚里士多德《气象通典》的文献。

2. 古典气象学的突破

经过上千年的气象知识积累，有学者开始质疑亚里士多德的古典气象学。其中就有英国著名科学家与哲学家罗吉尔·培根（Roger Bacon，1214～1292）。他提倡通过经验主义的方法对自然进行广泛研究。他在著作 *Opus Majus*（可译为《大著作》）中对许多天气现象进行了实验研究，特别是关于彩虹的研究很能说明他的实验主义思想。培根根据实验研究，提出彩虹实际是环绕太阳和地球周围的一种光环，与日晕月晕本质相同。[①]

罗吉尔·培根大胆反思亚里士多德有关论点。亚里士多德认为热水会比冷水更快结冰，罗吉尔·培根根据实验提出不同观点，“热水会比冷水更快结冰”是因为水放在中间隔断的同一个容器中，如果热水和冷水分别放在两个不同容器中，冷水就会更早结冰。这表明他对亚里士多德缺少科学实验程序所导致古典气象学的不足的反思和突破。

罗吉尔·培根认为对气象学的研究要根据大气现象的实际观察和试验，而不能仅仅是哲学思辨和臆测。他试图打破亚里士多德《气象通典》中各种学说的束缚，其他学者也提出类似观点。

古典气象学在发展中不断突破原先哲学思辨的色彩，在实际观测的方法下，当时天文学不断取得新进展，这也促进与之相关的古典气象学观测上的发展突破。13 世纪，天文学家纳绥尔丁·图西在当时波斯统治者的支持下，建造了一座新天文台马拉盖天文台（Maragheh Observatory）。1259 年开始建设的马拉盖天文台是当时世界上最大的天文台。今天还可以看到其遗迹，有 150 米宽 350 米长，包括来自波斯、叙利亚、安纳托利亚等世界各地的天文学家聚集在这座天文台，其中至少有 20 名天文学家，还有 100 多

① Bertrand Russell, *A History of Western Philosophy*, Routledge, 2010, p. 212.

名学生在纳绥尔丁·图西的指导下学习，甚至形成了马拉盖学派。

这座著名的天文台在观测天象的同时也附带观测一些气象，取得很多天文学方面的成就。由于遭受战争和地震等破坏，14 世纪中叶这座天文台被遗弃。1430 年兀鲁伯（Ulugh Beg）参观了天文台的废墟后，便在撒马尔罕建造了大型天文台——兀鲁伯天文台（Ulugh Beg Observatory）。兀鲁伯延续马拉盖学派的天文研究，后编成著名的《兀鲁伯天文表》。

综上所述，可以表明古典气象学在理论和实践上不断积累发展，使气象学到 17 世纪时，得以逐渐摆脱以亚里士多德《气象通典》为代表的古典气象学的影响，而有飞跃的发展，进入近代气象学阶段。

19世纪苏格兰山地气象学的发展历程

〔英〕西蒙·内勒*

摘　要： 本文探讨了19世纪苏格兰山地气象学的发展，特别追溯了苏格兰气象学会的历史及其在山顶建立气象观测站的尝试，重点讨论了克莱门特·拉格的工作。在本尼维斯山工作期间，拉格强调了自己的亲身经验和对山地景观的深刻理解，以及他对精确和准时的科学美德的重视，这些都是他的观测资料有价值和值得信赖的原因。格拉斯哥大学著名的物理学家开尔文勋爵也是这样做的，他专门关注了拉格的工作，并将其作为在山顶建立一个永久性观测站的理由。这种将山地气象工作者视为英雄和崇高的说法，直到1904年还是筹集建立和运行本尼维斯观测站所需资金的重要决定因素。

关键词： 苏格兰　山地气象学　观测站

引　言

克劳德·E. 本森（Claude E. Benson）在其1909年的名作《英国登山》中写道，登山的故事“从长远来看，又回到了阿尔卑斯山的故事”。本森声称，直到18世纪，阿尔卑斯山一直被视为恐怖之地，“可怕、无法触及的禁地，恶魔、龙和恶灵的居所”，但这种“迷信抵不过常识，山地的美丽、崇高和吸引力开始得到认可，少数人学会了远而敬之地崇拜它们，并试图将他们新发现的情感传递给其他人”①。对于许多登山者和高山作家来说，霍勒斯·本尼迪克特·德·索绪尔（Horace Benedict de Saussure）是这少数

* 西蒙·内勒（Simon Naylor），博士，英国格拉斯哥大学地理和地球科学学院教授，研究方向为历史地理学和科学技术与社会。译者：贾宁，工程师，研究方向为笔译和口译；马玲，工程师，研究方向为英语笔译；赵宇烽，工程师，研究方向为英语笔译。

① Claude E. Benson, *British Mountaineering*, George Routledge, New York, 1909, p. 1.

人中的代表。索绪尔 1740 年出生于日内瓦附近，毕生致力于对阿尔卑斯山的科学研究，与勃朗峰有着密切的联系，他鼓励他人攀登勃朗峰，而他本人也于 1787 年攀登上了该峰。维多利亚时代著名的登山者爱德华·温伯尔（Edward Whymper）在他自己的《勃朗峰指南》中提出，索绪尔登顶推动了山地探索活动，并开启了阿尔卑斯山登山的热潮："索绪尔刚一回到夏蒙尼，就有一个游客在那里沿着他的足迹走。索绪尔几乎是登山比赛的第一人。"① 索绪尔帮助把阿尔卑斯山变成了一个"剧场"，既可以产生崇高的感觉，也可以进行科学的调研。他自己对高海拔气象学、植物学、冰川学、电学和磁学等进行了广泛的研究，将阿尔卑斯山定位为自然实验室，同时他还鼓励将高山的崇高性纳入美学。②

一 19 世纪苏格兰山地气象学的发展背景

1851 年，英国新闻工作者、作家兼剧作家阿尔伯特·理查德·史密斯（Albert Richard Smith）登上了勃朗峰，并撰写了一本关于勃朗峰的书《勃朗峰的故事》，该书于 1853 年出版。他还在皮卡迪利广场的埃及厅上演了一出描述登顶过程的戏剧，并配以西洋镜图画。该节目非常受欢迎，上演 6 年，演出 2000 场。③ 1854 年，史密斯甚至还在维多利亚女王和阿尔伯特王子位于怀特岛的家中为其表演过该剧。温伯尔认为，史密斯的表演帮助重新定义了登山运动，使之成为"极受欢迎的'娱乐'活动"，尽管在史密斯的手中，"整个事情都是在开玩笑，仅是一项运动而已"④（温伯尔在 18 岁的时候就开始参加表演，而且显然也乐在其中⑤）。史密斯是 1857 年在伦敦成立

---

① Edward Whymper, *A Guide to Chamonix and the Range of Mont Blanc*, John Murray, 1900, fifth edition, p. 36.

② Philipp Felsch, "Mountains of Sublimity, Mountains of Fatigue: Towards a History of Speechlessness in the Alps," *Science in Context*, 22 (2009), pp. 341 – 364; Charlotte Bigg, David Aubin and Philipp Felsch, "Introduction: The Laboratory of Nature – Science in the Mountains," *Science in Context*, 22 (2009), pp. 311 – 321.

③ Alan McNee, *The New Mountaineer in Late Victorian Britain: Materiality, Modernity, and the Haptic Sublime*, Palgrave Macmillan, 2016, p. 8.

④ Edward Whymper, *A Guide to Chamonix and the Range of Mont Blanc*, p. 43.

⑤ Ian Smith, *Shadow of the Matterhorn: The Life of Edward Whymper*, Herefordshire, Carreg, 2011.

的第一家阿尔卑斯山俱乐部的创始成员。俱乐部接受有阿尔卑斯山攀登经验或有其他相关登山成就的成员，主要由中产阶级的男子组成，其中许多人接受过大学教育。[①] 史密斯的长期表演和阿尔卑斯山俱乐部成员的增多，都反映了阿尔卑斯山风景对维多利亚时代公众的广泛吸引力。19 世纪中期，到阿尔卑斯山旅游的人数明显增加，特别是到瑞士旅游的人数增加。随着酒店、铁路和其他旅游基础设施的发展，旅游指南、登山随笔和科学研究也随之出现和开展，包括 1859 年阿尔卑斯俱乐部的《山峰、山口和冰川》、约翰·廷德尔（John Tyndall）的《阿尔卑斯山的运动时间》、莱斯利·斯蒂芬（Leslie Stephen）的《欧洲游乐场》和温伯尔的《阿尔卑斯山间的争夺》，后面这三本书都在 1871 年出版。[②] 19 世纪五六十年代被认为是阿尔卑斯山登山的黄金时代，在这期间，欧洲的山地变成了英国中产阶级游客的便捷游乐场。[③] 1880 年，有匿名评论员对温伯尔的《马特洪峰的攀登》进行评论，在《钱伯斯日报》上撰文指出，“在阿尔卑斯山俱乐部的支持下，阿尔卑斯山已经成为那些冒险爱好者的最爱和时髦的度假胜地，这些人喜欢冬天在国内进行猎狐活动，而夏天则喜欢在国外进行更危险的阿尔卑斯山攀登运动”[④]。

本森注意到批准成立高山俱乐部，并声称：

> 追随这些带头人的足迹，来了几百名性格各异的游客，还有数十名精力充沛的登山爱好者。前者破坏了山谷，后者攻克了山峰，而山峰自然而然地对他们进行了可怕的报复，以至于在一段时间内，登山运动在不明真相的人眼里被抹黑了。然后，人们逐渐意识到，这种消遣确实是“理智的人的一种崇高追求”，而且，在绝大多数情况下，事故的责任不是在山，而是在人。最后，也只能是悲哀！随之而来的是

---

① Peter H. Hansen, “Albert Smith, the Alpine Club, and the Invention of Mountaineering in Mid - Victorian Britain,” *Journal of British Studies*, 34 (1995) pp. 300 - 324.

② David Aubin, “The Hotel that Became an Observatory: Mount Faulhorn as Singularity, Microcosm, and Macro - Tool,” *Science in Context*, 22 (2009), pp. 365 - 386; Michael S. Reidy, “Mountaineering, Masculinity, and the Male Body in Mid - Victorian Britain,” *Osiris*, 30 (2015), pp. 158 - 181.

③ Charlotte Bigg et al., “Introduction: The Laboratory of Nature - Science in the Mountains,” p. 311; F. S. Smyth, *Edward Whymper*, London, Hodder and Stoughton, 1940.

④ Anon, “The Ascent of the Matterhorn,” *Chambers's Journal*, January 10, 1880, pp. 24 - 26.

文明进步的必然伴随物，餐饮业者、旅馆老板、旅行者，以及最糟糕的“升降式”和“缆索式”铁路，据此，庄严的山脉、伟大的世界祭坛阶梯，被玷污和庸俗化了，就像把自然界最崇高的特征庸俗化一样。[①]

本森明确表示，阿尔卑斯山的旅游业破坏了阿尔卑斯山的景观，破坏了旅行者和登山者的体验。另一些人则认为，维多利亚时代人们对山区和登山运动的广泛热情是一种更积极的态度。登山运动可培养男子气概，并融入了体力、健康、爱国主义、军事素质、骑士精神、道德和精神行为准则等要素。维多利亚时代的中产阶级将登山视为一种性格塑造的运动，“积极营造自信的男性气质，以维护他们想象中的英国皇权意识”。中产阶级登山者从非洲和北极探险家那里学到了探索、征服和冒险的精神。登山甚至被认为是为国家和帝国服务的训练。[②] 阿尔卑斯山就像北极一样，是一个“可以检验人类能力、彰显阳刚民族性格的超强环境”[③]。

追求科学探索有助于证明可能是高风险的创业或更琐碎的追求是有道理的。布鲁斯·赫夫利指出，19 世纪中叶的高山科学文化融合了一种“冒险修辞”，像詹姆斯·福布斯（James Forbes）和约翰·廷德尔等冰川学家凭借他们在充满挑战的环境中所经历的风险和艰辛而获得了作为科学目击者的权威称号。[④] 记者 W. H. 戴文波特·亚当斯（W. H. Davenport Adams）在他的《阿尔卑斯山探险》中断言：“登上勃朗峰并不总是出于对冒险的渴望或满足普通人的好奇心，而是为了实现科学的最高利益。”[⑤] 阿尔卑斯山俱乐部第一任主席约翰·波尔（John Ball）在《山峰、山口和冰川》一书的序言中指出，最好的登山者结合了“对阿尔卑斯山风景的热情……与对冒险的热爱以及对登山旅行结果的一些科学兴趣”[⑥]。波尔在该书“给阿尔卑斯山旅

---

① Claude E. Benson, *British Mountaineering*, pp. 1 - 2.

② Peter H. Hansen, “Albert Smith, the Alpine Club, and the Invention of Mountaineering in Mid - Victorian Britain,” p. 304.

③ Benjamin Morgan, “After the Arctic Sublime,” *New Literary History*, 47 (2016), pp. 1 - 26.

④ Bruce Hevly, “The Heroic Science of Glacier Motion,” *Osiris*, 11 (1996), pp. 66 - 86.

⑤ W. H. Davenport Adams, *Alpine Adventure*; *or*, *Narratives of Travel and Research in the Alps*, Thomas Nelson and Sons, 1878, pp. 13 - 14.

⑥ John Ball (ed), *Peaks*, *Passes and Glaciers*: *A Series of Excursions by Members of the Alpine Club*, Longman, 1859, p. vi.

行者的建议”一节中也同样敦促游客开展各种与冰川学和气象学有关的科学观测，提醒他们“严谨而精确是使观测具有科学价值的唯一条件”[①]。霍奇金森也在《顶峰》中写道：“旅行者要确保记录的准确性，所使用的工具就算不是极度精巧或复杂的，但只要稍加练习和常规维护，就可以达到不错的目的。”[②] 因此，阿尔卑斯山登山运动希望能融合科学主义、运动主义和浪漫主义等元素，从而使体育和科学研究“与资产阶级生活的新兴形态紧密结合”[③]。麦克尼（McNee）认为，在19世纪下半叶，“科学理性”贯穿并影响了登山实践和写作，但许多登山者的实际科学贡献却微乎其微。[④] 英克潘（Inkpen）认为，这种理性一直持续到20世纪：“在科学专业化的时代，该领域的娱乐活动仍有持续的社会意义，具体来说，就是从登山运动中汲取君子阳刚之气的伦理对冰川学具有重要意义。”[⑤]

霍奇金森牧师1862年在《山峰、山口和冰川》第二版中写道：“就像艺术家、植物学家、地质学家值得在山边开展工作一样，气象学家也可以将职业与对景物的欣赏和谐地结合，甚至还能增强。”[⑥] 从19世纪60年代开始，气象学家越来越多地认为，大气层的垂直结构可为大尺度天气趋势提供重要线索，于是开始合力研究山区天气。[⑦] 19世纪80年代，随着第一批永久性高山气象站的设立，山区天气研究得到了加强。毕格（Bigg）认为，19世纪末转为半永久性高山站是山地科学最显著的特征之一，因此山地被永久地“纳入”科学领域。[⑧] 在这些争论中，“高山”意味着什么？在

---

① John Ball, “Suggestions for Alpine Travellers,” in John Ball (ed), *Peaks, Passes and Glaciers: A Series of Excursions by Members of the Alpine Club*, pp. 482 - 508.

② Rev G. C. Hodgkinson, “Hypsometry and the Aneroid,” in Edward Shirley Kennedy (ed), *Peaks, Passes and Glaciers: Being Excursions by Members of the Alpine Club*, Second Series, Longman, 1862, pp. 461 - 500.

③ Danielle Inkpen, “The Scientific Life in the Alpine: Recreation and Moral Life in the Field,” Isis 109 (2018), pp. 515 - 537.

④ Alan McNee, *The New Mountaineer in Late Victorian Britain: Materiality, Modernity, and the Haptic Sublime*, p. 13.

⑤ Danielle Inkpen, “Rev G. C. Scientific Life in the Alpine: Recreation and Moral Life in the Field,” p. 519.

⑥ The Hodgkinson, “Hypsometry and the Aneroid,” p. 465.

⑦ Deborah R. Coen, “The Storm Lab: Meteorology in the Austrian Alps,” *Science in Context*, 22 (2009), pp. 463 - 486.

⑧ Charlotte Bigg et al., “Introduction: The Laboratory of Nature - Science in the Mountains,” p. 316.

19 世纪末的欧洲科学界，一个天文台处于自由峰的情况远比其高度更受重视。1000 米的高度足以研究逆温现象。科恩（Coen）指出，许多 19 世纪的评论家优先考虑“全景的美学理想”，在那里，真正自由的山峰比作为山脉一部分的更高的山峰更受重视。

在《霞慕尼指南》第五版中，温伯尔记录了在勃朗峰上建立的两个观象台，“一个位于 14320 英尺的高度，在 Dome du Gouter 和 Bosses du Dromadaire 之间；另一个在顶峰上”[①]。约瑟夫·瓦洛特（Joseph Vallot）在山顶露营三天并进行气象观测后，在坚固的岩石上建造了木屋，成为第一个观测站。霞慕尼公社同意建立观象台，条件是也要建立一个避难所。建筑材料是由搬运工和向导背上山的，建造者在建造观象台期间在山上露营一周。法国天文学家、法国科学院院长、默顿天体物理观测站站长皮埃尔·杨森（Pierre Janssen）参观了瓦洛特的观测站，他“对在纯净大气中工作可能带来的科学优势感到震惊”[②]。杨森筹集了在勃朗峰山顶建立观象台所需的资金，该天文台于 1891 年在密实的冰雪上建成。主要的仪器是一个自记式“气象仪”，可记录各种气象观测资料。1896 年增加了一台大型望远镜。1897 年，该建筑物开始出现明显的下沉迹象，因此，该建筑本身也变成了一个实验品，“实际证明了勃朗峰顶部的积雪在不断下降，供给和维持了下面的冰川”[③]。在阿尔卑斯山各地还建立了其他观象台，包括使用了瑞士福尔霍恩山上的一个小木屋和一家旅馆。索恩布里克观象台于 1886 年在奥地利中部阿尔卑斯山的 Hoher Sonnblick 上建立，高度为 3106 米。[④] 欧洲的阿尔卑斯山观测站作为成熟的城市机构的分支机构或作为“国家和国际（通常是气象或大地测量）网络的站点”而发挥作用。[⑤] 在偏远地区和具有挑战性的环境中建立观测站，有助于将山区纳入国家框架和国家认同的工作中。例如，科恩认为，索恩布里克观象台是哈布斯堡帝国的象征和展示自己的一个重要方面：现代主义的胜利，也是“更广泛的气候学项目的一部分，

---

① Edward Whymper, *A Guide to Chamonix and the Range of Mont Blanc*, p. 66.

② Edward Whymper, *A Guide to Chamonix and the Range of Mont Blanc*, p. 69.

③ Edward Whymper, *A Guide to Chamonix and the Range of Mont Blanc*, p. 74.

④ David Aubin, “The Hotel that Became an Observatory: Mount Faulhorn as Singularity, Microcosm, and Macro - Tool,” *Science in Context*, 22 (2009), pp. 365 - 386; Deborah R. Coen, “The Storm Lab: Meteorology in the Austrian Alps”.

⑤ Charlotte Bigg et al., “Introduction: The Laboratory of Nature - Science in the Mountains,” p. 316.

即帝国所有自然和文化多样性的全景”[①]。

二　苏格兰的山地气象

本森在《英国登山》一书中指出，人们对英国山地的态度与对阿尔卑斯山的态度是相似的：从起初恐怖害怕，到后来慢慢地接受了。这种态度的变化在维多利亚时代早期加快了，当时人们开始“以更明智的眼光看待山区，并认识到它们并不可怕和令人厌恶，而是提供了一个罕见的、美丽的度假场所。先是十几、二十几个人前去山区，然后，随着思想的进步以及汽船和铁路的发展，成百上千的游客来到这里，后来，随着票价的降低和设施的增加，出现了远足者、腰包客、带姜汁啤酒瓶的游客等”[②]。英国山地不仅仅被吃面包、喝姜汁啤酒的人所珍视：登山者和步行者把英国山地当作“一个练习场、体育馆，确实是一个幼儿园式的体育馆”，在那里他们可以“学习和练习……登山的艺术”[③]。除了夏季的阿尔卑斯山区之外，英国的山区被认为是特别有价值的，因为在这个季节里，英国的登山者可以磨炼其技术，保持其体能。

苏格兰著名登山家詹姆斯·贝尔在《英国丘陵与山脉》一书中，将苏格兰描述为“基本上是一个山脉遍布的国家，每个苏格兰人都对山有某种程度的兴趣或有所接触”[④]。本森将苏格兰描述为“家庭登山者的绝佳场合”，他指出有10～12座山峰（实际上是9座）超过4000英尺，还有250多座山峰超过3000英尺。最早的英国登山俱乐部是格拉斯哥的Cobbler俱乐部，成立于1866年，以林湖（Loch Long）湖头的一座山Cobbler或Ben Arthur命名。后来，Cobbler俱乐部被其他俱乐部所取代。1889年，威廉·威尔逊·奈史密斯（William Wilson Naismith）给《格拉斯哥先驱报》写了一封信，提议成立苏格兰阿尔卑斯山俱乐部后，后来在格拉斯哥成立。苏格

---

① Deborah R. Coen, “The Storm Lab: Meteorology in the Austrian Alps,” p. 482.

② Claude E. Benson, *British Mountaineering*, pp. 5 – 6.

③ Claude E. Benson, *British Mountaineering*, p. 7 and p. 13 respectively.

④ J. H. B. Bell, “The Mountains and Hills of Scotland,” in J. H. B. Bell, E. F. Bozman and J. Fairfax Blakeborough (eds), *British Hills and Mountains*, London, B. T. Batsford, 1940, p. 1.

兰女子攀登俱乐部是单独成立的。苏格兰登山运动从阿尔卑斯山登山运动发展成为一个独特的分支，而在更南边的地方，约克郡漫步者俱乐部于1892 年成立，随后英国登山者俱乐部于 1898 年成立。①

本森将许多英国山脉的形状描述为“李子布丁或三角帽的部分”，即山体从一个方向隆起，然后在另一侧急剧下降。他认为本尼维斯山（Ben Nevis）就是李子布丁的形状。② 和本森一样，格雷厄姆·麦克菲（Graham MacPhee）也认为本尼维斯山是“英国山地的王者”③。直到 18 世纪中叶，关于该山的记载还很少，早期的研究大多是植物学方面的。拿破仑战争促进了苏格兰高地旅游业的发展，19 世纪地质学家前来此地探索，而 1867 年，军事测量员在本尼维斯山开展工作。由于交通不便，本尼维斯山作为一个登山场和旅游中心发展非常缓慢，直到 1894 年西高地铁路才到达威廉堡。然而，1880 年 5 月 1 日，威廉·奈史密斯攀登了这座山，当地报纸以《首次在没有向导陪伴下登顶本尼维斯山》为题进行了报道。④ 从 19 世纪 80 年代开始，本尼维斯山发展成为一个登山场，吸引着各地游客，特别是那些来自英格兰的游客。对于那些更关心山地景色而不是上山路线的人来说，有可能会感到失望。本尼维斯山与周围的山脉隔绝，又被附近山脉遮挡，从多个方向都看不到本尼维斯山，使游客很难对其体量和高度留下深刻印象。麦克菲指出：“人们通常对本尼维斯山的印象是令人失望的，人们将它描述为一个没有形状的、毫无趣味的土丘，除了它的高度，没有什么吸引人的地方。然而，除了在库林（Coolin）的荒野深处，本尼维斯山的野性壮观岩石景观在不列颠群岛上独一无二。”⑤ 相比之下，阿奇博尔德·盖基（Archibald Geikie）将本尼维斯山描述为“雄伟地耸立在周围的”山脉和沼泽、峡谷和冰斗、湖泊和峡湾。⑥ 1894 年，温伯尔在《休闲时光》中这样评价本尼维斯山的北面：“这是我们国家最好的峭壁之一，从来没有被人攀

---

① Claude E. Benson, *British Mountaineering*, p. 7.

② Claude E. Benson, *British Mountaineering*, p. 8 and p. 9 respectively.

③ G. Graham MacPhee (ed), *Ben Nevis*, *Edinburgh*, *Scottish Mountaineering Club*, 1936, p. 2.

④ Ken Crocket, *Ben Nevis*: *Britain's Highest Mountain*, Glasgow, Gray & Dawson, 1986, p. 18.

⑤ G. Graham MacPhee (ed), *Ben Nevis Edinburgh*, *Scottish Mountaineering Club*, p. 3.

⑥ Archibald Geikie, *The Scenery of Scotland Viewed in Connection with Its Physical Geology*, *Macmillan and Co.*, New York, 1901, p. 145.

登过，尽管冒险的人们时不时地用渴望的眼神看着它。”[1] 贝尔建议：

> 春天，本尼维斯山的东北面为英国带来了最真实的高山条件。每年复活节的时候，都会有大量的登山者，其中大部分是英格兰人，在山脊和沟壑上尽情玩耍。……古老的本尼维斯山总是对它的支持者表示热烈的欢迎……这座山总是有一些新鲜而迷人之处。要找到新的路线，旧的路线要在全新的岩石、雪或天气条件下重复。

威廉堡是位于林湖湖畔的一个小镇，距离本尼维斯山只有 4 英里，成为一个受欢迎的登山中心。报纸上的一篇文章总结了镇上的亚历山德拉酒店对游客和登山者的欢迎程度：“伞架上没有一把伞，而是装满了几十把冰斧，而帽钉上则盘靠着一圈圈的高山攀岩绳。当地的鞋匠保证了高山靴子的完好无损，滚刀钉是威廉堡游客的全新必备物品，而村里的裁缝则忙着修理被本尼维斯山斑岩破坏的衣物。大约十年前，高山冰镐这样的工具在苏格兰几乎是无人知晓的。”[2]

虽然本尼维斯山为到苏格兰的游客和登山者提供了绝佳景色和成熟的高山登山运动，但它也为苏格兰的气象学工作者提供了一个机会——成为高山气象观测站的所在地。1855 年 7 月，爱丁堡高地学会会议后，科学人士立即进行了讨论，最后建立了苏格兰气象学会。[3] 苏格兰总登记官皮特·邓达斯（Pitt Dundas）先生请求帮助确定天气、健康和死亡率之间可能存在的关系，从而引发了讨论，并与爱丁堡的律师、地主和地震观察员大卫·米尔恩·霍姆（David Milne Home）取得了联系。在阿伯丁郡的地主约翰·福布斯爵士（Sir John Forbes）和苏格兰总登记局（也是 1855 年成立的）第一任统计总监詹姆斯·斯塔克（James Stark）的帮助下，霍姆致力于成立一个协会，以建立气象观测站。在他们的简章中，这些人承认苏格兰气象观测员的独立地位，以及由此产生的“各类累积事实”[4]。苏格兰需要有自己的气象学会，

---

① Quoted in Ken Crocket, *Ben Nevis: Britain's Highest Mountain*, p. 21.

② Anon (initials W. T. K), "Mountaineering on Ben Nevis," no title, date or page, Drysdale papers, MET1/5/3/7, National Records of Scotland, Edinburgh.

③ The Society operated under a number of names, including the Meteorological Society of Scotland and the Scottish Meteorological Association, before settling on the Scottish Meteorological Society.

④ Anon, *Prospectus of an Association for Promoting the Observation and Classification of Meteorological Phenomena in Scotland*, July 11, 1855, bound in Pamphlets, National Library of Scotland, Edinburgh, p. 1.

"组织和扩大地方和个人的努力"，并确保观测结果能有效地用于研究风暴和潮汐、农业发展、海上安全和陆地卫生等。[①] 其他一些人也支持这一计划：光学实验家、科学史家和圣安德鲁斯大学校长大卫·布鲁斯特爵士（Sir David Brewster）指出，英国其他地方，特别是英格兰，正在开展气象工作，苏格兰气象工作者需要对此进行辅助。托马斯·麦克杜加尔·布里斯班爵士（Sir Thomas Macdougall Brisbane）为在位于麦克斯顿的磁力观测站担任观测员的霍格先生提供了帮助。自然学家威廉·贾丁（Sir William Jardine）爵士、冰川学家詹姆斯·福布斯、磁学家汉弗莱·劳埃德（Humphrey Lloyd）、格拉斯哥大学的分析化学家托马斯·安德森（Thomas Anderson）和英国国家测绘局的亨利·詹姆斯（Henry James）均表示支持该计划，苏格兰高地和农业协会、爱丁堡的皇家医学院和苏格兰各主要土地主也都写信支持。1855 年，英国学会在格拉斯哥会议上提出成立苏格兰气象学会的建议，获得批准，并提出要在邱园对其仪器进行验证。设立了一份季刊，并向英国政府申请了一笔资金，英国政府每年向苏格兰皇家天文学家提供 150 英镑，用于检查和还原该学会 55 个站点的观测数据。学会使用爱丁堡邮政总局的房间用于开展这项工作。[②] 到 1865 年，它已有 570 名成员和 80 个观测站，是欧洲规模最大、组织最好的气象学会之一。[③]

该学会的早期会议报告说，苏格兰的气象站数量不断增加。观测员会将观测结果按照学会提供的时间表进行登记，每月传送到爱丁堡的办公室，然后转送到位于卡尔顿山的爱丁堡皇家天文台，由这里的工作人员进行订正和还原并为总登记局制作一份摘要，以便在其死亡和疾病表中公布。这一过程完成后，苏格兰气象学会收到各站的数据，并进行完整的订正和还原，供自己使用。[④] 观测人员还可以将仪器带到爱丁堡，并将其与学会的标

① Anon, *Prospectus of an Association for Promoting the Observation and Classification of Meteorological Phenomena in Scotland*, p. 2.

② G. Milne Home, Biographical Sketch of David Milne Home, Edinburgh, David Douglas, 1891.

③ Katherine Anderson, *Predicting the Weather: Victorians and the Science of Meteorology*, Chicago, University of Chicago Press, 2005, p. 238.

④ Anon, "Report by the Council of the Meteorological Society of Scotland to the General Meeting held on the 18th January 1859, with the Minutes of General Meeting, Laws and Regulations of the Society and List of Office - Bearers for the Year," Edinburgh, Murray and Gibbons, 1859, p. 6.

准进行比较，这被称为“一个最重要的事项”①。学会对总登记局的调查工作提供的一些协助主要是对苏格兰气候进行研究，因为气候会影响人类健康以及该国的动植物。学会成员还认为，学会的台站网络，特别是苏格兰沿海和岛屿上的台站，可以帮助研究和预测风暴。在 1867 年 6 月的一次会议上，托马斯·史蒂文森（Thomas Stevenson）推测使用“特殊的电线可将爱尔兰西海岸的一个观测站和苏格兰北部的一个观测站与邱园的观测站连接起来，以便通过自动装置不断显示气压读数的差异。观测人员或许可以通过铃声或其他类似的警报声得知这些读数的差异，以便及时发出暴风雨来临的预警”②。将苏格兰、英格兰和爱尔兰的气象站连接成一个单一的网络是该协会一直关注的问题，因为研究和预测风暴也是学会的重点工作。亚历山大·布坎（Alexander Buchan）在其广受欢迎的《气象学手册》中把这两方面结合起来。布坎自 1860 年起担任苏格兰气象学会的气象秘书，并于 1877 年被任命为气象委员会的苏格兰代表和督察。③ 他认为，“欧洲气象工作者有责任……仔细检查、分析和认真研究过去几年来席卷欧洲的风暴……以期确定风暴的路线以及形成这一路线的原因，以便从观测到的气象现象中不仅可推断出风暴的必然走向，而且还可推断出它在通过欧洲时将经过的具体路线”④。关于英伦三岛，布坎提出，风暴从袭击爱尔兰西部到抵达英国上空的时间很短，因此需要通过电报每天发送 6 ~ 8 次的气压和风力观测数据，以便跟踪风暴的动向，并及时向各港口发出预警。⑤

19 世纪 70 年代中期，霍姆和托马斯·史蒂文森共同将注意力转移到高地气象学的问题上。1875 年，史蒂文森建议在陡峭山脉的底部和顶部

---

① Anon, “Report by the Council of the Meteorological Society of Scotland to the General Meeting held on the 18th January 1859, with the Minutes of General Meeting, Laws and Regulations of the Society and List of Office - Bearers for the Year,” p. 3.

② Thomas Stevenson, “On Ascertaining the Intensity of Storms by the Calculation of Barometric Gradients,” Extract from paper read at the General Meeting of the Scottish Meteorological Society, June 1867, National Library of Scotland, Edinburgh, p. 7.

③ Anon, “Minutes of Committee on Land Meteorology,” Meeting at Meteorological Office, 24 July 1877, Minutes of the Proceedings of the Meteorological Council 1877 - 1878, BJ8/10, The National Archives, Kew.

④ Alexander Buchan, *A Handy Book of Meteorology*, William Blackwood and Sons, 1867, p. 9.

⑤ Alexander Buchan, *A Handy Book of Meteorology*, p. 145.

建立观测站，以了解“大气层的垂直气象部分”①。霍姆称，其父亲是在听说了美国信号队在派克峰上建立站点后对这个话题产生兴趣的，派克峰海拔 14110 英尺，在 1873 年建立时是世界上最高的站点。② 1877 年，霍姆在苏格兰气象学会大会上的讲话中，盛赞了美国气象站电报网络的优点并指出，苏格兰有三个站点位于海拔 1000 英尺以上，并提到可以在西海岸的本尼维斯山和凯恩戈姆的本麦克杜伊山建立台站，可能作为这些站点的补充。③ 1878 年 10 月，霍姆登上本尼维斯山，亲自判断可以建立观测站的地点。在 1879 年 3 月该协会理事会的一次会议上，据报告，该理事会已向议会申请公共资金，用于建立一个观测站和购买仪器，并指出：

> 从许多方面来说，高地站比位于海上或近海的台站更具优越性。如果希望进一步了解地球大气层的成分，以及更多了解决定大气层运动和变化的规律；如果还希望获得这些运动和变化的早期预警，则站点越高越好。④

关于在本尼维斯山建立观测站的理由与在欧洲其他地方建立观测站的理由相同。高山气象观测站可利用电报将其与地势较低的观测站相连，从而有助于跟踪低压中心之间的高压脊过境。高山也使得有机会研究垂直气旋和反气旋。观测站要优于气球，因为观测站能够连续测量气压，可在恶劣天气下运行且可保持恒定高度。高山台站还可通过与中央气象台的电报联系，提供风暴预警信息。⑤本尼维斯山给气象科学带来了某些优势。本尼维斯山海拔

---

① Anon, *An Account of the Foundation and Work at the Ben Nevis Observatory*, *Directors of the Ben Nevis Observatory*, Edinburgh, 1885, p. 10.

② G. Milne Home, *Biographical Sketch of David Milne Home*, Edinburgh, David Douglas, 1891, p. 139; Phyllis Smith, *Weather Pioneers*: *The Signals Corps Station at Pikes Peak*, Athens, Ohio University Press, 1993.

③ Anon, "Address by D. Milne Home, Chairman of the Council of the Scottish Meteorological Society, to the General Meeting of the Society, held on 26th July 1877," *Journal of the Scottish Meteorological Society*, 5 (new series) (1877), pp. 110 - 116; James Paton, "Ben Nevis Observatory 1883 - 1904", in Anon (ed), Ben Nevis Observatory, *Royal Meteorological Society*, 1983, pp. 1 - 18.

④ Anon, "Report of the Council, Held on 7th March 1879," *Journal of the Scottish Meteorological Society*, 5 (new series) (1879), pp. 276 - 281.

⑤ Deborah R. Coen, "The Storm Lab: Meterology in the Austrian Alps," p. 478.

4406英尺，与威廉堡镇的水平距离仅有4英里，小镇的海拔接近林湖的海平面。本尼维斯山作为高山站是距海平面高度，而非距山脉高原高度，它的价值得到一再重申：这就是本尼维斯山比世界上几乎所有其他同等或更高山脉有巨大优势。1882年《格拉斯哥先驱报》的一位评论员如是说。[①]本尼维斯山峰顶明显比它与大西洋之间的山脊高出2000～3000英尺。布坎在1881年发表于《自然》杂志上的文章中指出，这座山峰的峰顶正处于"来自大西洋的西南偏西风的正中间，西南偏西风会对欧洲气象产生极大的影响"[②]。得出的重要结论是"那些与大气显著运动有关的结论，尤其是与欧洲气旋和反气旋有关的高空气流，用于调查影响这些运动规律的某些数据，这些数据的获得一方面通过本尼维斯山观测资料与欧洲其他高地势台站观测结果相比较，另一方面是与低地势台站所做观测和每日天气报告中公布的数据相比较"[③]。雨果·希尔德布兰得逊（Hugo Hildebrandsson）是瑞典乌普萨拉（Uppsala）气象观测站主任，同时也是大气高空环流专家，他在《自然》杂志上发表文章称，"本尼维斯山观测站对于现代气象学的发展至关重要。这样位置的高山观测站再好不过"[④]。他还指出了位于欧洲西北部的低压和风暴路径中间的峰顶位置，并预测这将对气旋理论的发展具有重要意义。

三 克莱门特·拉格和本尼维斯山的夏季观象台

1879年，皇家气象学会理事会报告称，伦敦气象学会理事会承诺每年资助100英镑用于维护本尼维斯山观测站，但苏格兰气象学会向皇家气象学会要求资助400英镑修建房屋的申请被拒绝。苏格兰气象学会理事会对这一决定深表遗憾，并推迟了它的计划。[⑤] 1880年，为实现该计划，年轻的英格兰气象学家克莱门特·拉格主动提出愿意帮助学会。拉格保证组织并每

---

① Letter to Glasgow Herald from M. MacKenzie, Tuesday, September 5, 1882, no page, newspaper clipping in Report to Charles Greaves on the Meteorological System of Ben Nevis, MET1/5/3/14, National Records of Scotland, Edinburgh.

② Alexander Buchan, "Meteorology of Ben Nevis," *Nature*, (November 3, 1881), pp. 11－13.

③ Alexander Buchan, "Meteorology of Ben Nevis," p. 11.

④ Anon, "Notes," *Nature*, (November 2, 1882), pp. 18－20, original emphasis.

⑤ Anon, "Report of the Council held July 21st 1879," *Journal of the Scottish Meteorological Society*, 5 (new series) (1879), pp. 368－376.

日准时攀爬本尼维斯山，上午 9 点在峰顶进行观测，同时在威廉堡接近海平面的位置进行同步观测。拉格在本尼维斯山开展工作的理由是要利用高山独特的自然地理进行更广泛的气象调查，将高山变为一个自然的观测站。

克莱门特·拉格（Clement Wragge，原名 William Lindley Wragge，但以其父的名字为人所知）在英格兰中部地区出生长大，并在伦敦林肯律师学院学习法律。他有广泛的科学兴趣，包括地质学、自然历史和气象学。他幼时父母过世，由祖母抚养，在其祖母过世后，由其姑姑和姑父抚养。在 21 岁时他继承了遗产，还有他姑姑留下的遗产，他用这些遗产在欧洲、埃及、地中海东部和北美四处旅行。拉格认为学习法律不适合他，于是接受培训成为海军学校学生。1876 年他乘船前往澳大利亚，在南澳大利亚州的测绘局工作，并参加了几次实地调查。1877 年，拉格与利奥诺拉·桑顿（Leonora Thornton）成婚，生有两子一女，最小的孩子生于苏格兰。1878 年，拉格一家返回了英格兰，回到斯塔福德郡，拉格在那里生活了一段时间。他开始在不同高度进行气象观测，包括在奥卡莫尔（Oakamoor）火车站和 120 米高的 Stoop 灯塔处。1880 年《斯塔福德郡哨兵报》刊登北斯塔福德郡自然学家野外考察俱乐部的远足报告中记录了拉格对野外工作的热情以及为科学研究不辞劳苦的精神："团队成员可能比通常在每个这种轻松场合做了更多真正诚信的工作，因为团队领导者（拉格）事事都精力充沛。拉格的务实和勤勉，不仅带他们开展大范围考察，对所到之处每一英尺土地都了然于心，而且他对他们所关注的那些事物的描述最为精确和详细。"[①] 拉格不图回报，始终而且也渴望与他人分享通常是其在逆境中获得的经验教训。文章接着指出，拉格证明了"他是属于科学家中的工人；事实上，他的整个人生和所有财富都用于了学习研究"。拉格积极地为维多利亚时期的各类出版物（包括当地报纸、科学期刊和宗教杂志）撰写有关地质学、自然历史和气象学方面的文章。

1881 年 5 月 28 日，拉格到达威廉堡，并即刻着手在峰顶和海平面高度建立观测台，并在 6 月 1 日开始观测。苏格兰气象学会提供了观测仪器，并

---

① Anon, untitled newspaper clipping, The Staffordshire Sentinel (September 4, 1880), in Report to Charles Greaves, MET1/5/3/14, p. 62.

提供了450英镑用作为期两年的运行费用。伦敦气象学会理事会资助了200英镑、爱丁堡皇家学会资助了100英镑、英国科学促进会捐赠了50英镑、英国政府研究基金会提供了50英镑，以帮助收集1881年的观测数据。拉格及其助手每日不间断地观测，直至1881年10月14日的大风暴而无法登山。由于冬季来临，10月27日拆除了仪器。第二季观测活动始于1882年6月1日结束于1882年11月1日。1881年5月31日在峰顶建立了观测台，当时拉格和几名当地的科学爱好者、木匠和工人通宵跋涉上山，在早上7点30分到达山顶。[①]拉格及其助手们携带着气压表、雨量器和温度计。他们堆建起一个石堆用于放置由内格雷迪（Negretti）和赞布拉（Zambra）在伦敦制作的用于山上快速使用的福丁气压表。他们清理掉山顶的石块来放置史氏百叶箱，并在整个山顶放置了几个雨量器。另外，他们还建起了小石屋，用防水布作为屋顶，为观测者在山顶期间遮风挡雨。

从1881年6月1日起，每天上午9点、9点30分和10点在峰顶进行观测，而且在上下山的路上也进行观测。从早上5点到晚上9点，拉格的妻子在威廉堡进行了11组观测，其中很多都与拉格在上下本尼维斯山以及在山顶测量的时间一致。在最初几次上山时，拉格找了一位当地的向导，名叫科林·卡梅伦（Colin Cameron），但很快他就不需要向导的帮助，除非遇到特别恶劣的天气以及偶尔冬季登山。他最初在早上5点离家，利用高山小马并带上他的狗“伦佐”（Renzo）。后来他发现上山只需要3小时，因此，便在早上6点离家。他借助高山小马爬山到1900英尺的高度，小马步履蹒跚。在下午返回威廉堡后，拉格将上午9点的观测结果通过电报发送给伦敦气象局和《格拉斯哥先驱报》，下午3点进行低地势的观测，随后享用晚餐并抽烟斗，然后睡到晚上9点，起床后在海平面台站做进一步观测。拉格称他的午休“绝对必要”，因为他随后要工作至午夜“为报纸编写通告”。他再次入睡至凌晨4点或5点，又开始了其新的一天。[②] 拉格每周上山四五次，而其余几日则由他的助手威廉·怀特（William Whyte）先生负责。拉格指出，“由于为学会发布观测结果的工作本身就恨繁重，我有时不得不在一个星期中有四天派我的助手去本尼维斯山；但我也会设法做出弥补，因此，有时

① Clement Wragge, "Watching the Weather on Ben Nevis," *Good Words*, 23 (1882), pp. 343 - 347, 377 - 385.

② Clement Wragge, "Watching the Weather on Ben Nevis," p. 380.

要连续八九天爬上本尼维斯山”[①]。苏格兰气象学会要求拉格不能向他人提供其任何观测资料，不过每日上午 9 点的观测资料除外。1882 年的观测期也是从 6 月 1 日至 10 月底。在这期间，拉格修缮了其到山顶沿线的台站，按照 1875 年托马斯·史蒂文森提出的方案，在多个中间站点增设百叶箱。[②]拉格指出，1882 年的工作任务远比 1881 年繁重，沿途要记录更多的观测数据。拉格认为，“中途观测的巨大价值在于它们使本尼维斯山和威廉堡之间大气不同层面扰动能够局部化，并在讨论中加以研究。我们非常希望提升预报的价值”。

拉格在每日“观测记录簿”中记述其工作情况，其中一项包括本尼维斯山的观测记录，另一个是在威廉堡阿钦托（Achintore）的低地势观测记录。[③] 这些日志记录了仪器数值观测、肉眼观测、上山和下山过程中的事件记录，以及对地貌风景的简要描述。虽然拉格将这些日志称为“粗略”的记述，但明显是在家中做过汇编整理，而不是在山上本身的记录。例如，拉格会注释哪些地方他无法辨认最初的观测记录或哪些每日记录是其助手按拉格的笔记所编写。拉格撰写冗长、散乱无章的报道提供给苏格兰各大报纸、科学期刊，包括《自然》和《西蒙气象月刊》（*Symon's Monthly Meteorological Magazine*），以及通俗杂志，比如《良言》和《钱伯斯通俗文学、科学和艺术杂志》等。拉格热衷于在媒体上宣传其工作。1881 年 7 月，他带着《因弗内斯广告报》的一名记者上山，不过这位记者未能上到山顶。[④]1881 年 8 月 26 日，他带领《泰晤士报》的一位记者上到山顶，从而使其能够报道拉格的工作情况，当天观测记录上写道，“由于风力太大……严重的雨夹雪……寒冷刺骨，他们在部分山路上不得不爬行”[⑤]。还有一次，拉格邀请了当地一位摄影师彼得·麦克法兰（Peter MacFarlane）陪其一起登山。

---

① Clement Wragge, “Ascending Ben Nevis in Winter,” *Chambers's Journal of Popular Literature, Science and Art*, 19 (1882), pp. 265 – 268.

② Alexander Buchan, “The Meteorology of Ben Nevis,” *Transactions of the Royal Society of Edinburgh*, 34 (1890), pp. xvii – xxi.

③ Clement Wragge, Ben Nevis Meteorological Observatory “Rough” Observation – book No. 11, June 12, 1881, MET1/5/2/2/1, National Records of Scotland, Edinburgh.

④ Clement Wragge, Ben Nevis Meteorological Observatory “Rough” Observation – book No. 5, July 3, 1881, MET1/5/2/2/1.

⑤ Clement Wragge, Ben Nevis Meteorological Observatory “Rough” Observation – book No. 12, August 26, 1881, MET1/5/2/2/1.

麦克法兰拍摄了拉格在峰顶工作的一些照片。[①] 这些照片后来做成了木刻插图，并被收录到拉格的诸多出版物中。[②] 1882 年 9 月，气象局检查员查尔斯·伍尔诺夫（Charles Woolnough）到访威廉堡，考察了拉格的“气象系统”，据说拉格对关注其工作感到“异常欣喜”，并向伍尔诺夫赠送了他在《良言》、《钱伯斯杂志》和《自然》等杂志中的文章副本。拉格还称，1881 年 11 月《自然》刊登布坎关于本尼维斯山的观测报告，大部分是他编写的并提供的草图，尽管署名为布坎，并“声称是这位先生对本尼维斯山系统做的检查”[③]。

拉格对其在本尼维斯山的工作记述往往机械地、无层次地模仿维多利亚时代登山者和探险家普遍惯用的手法。与当代旅行作家一样，拉格出版的工作记述是多次重复的产物，从在山上保存的粗略笔记，到晚上整理的每日观测簿，再到发给报纸和皇家气象学会的列表记述。[④] 拉格热衷于关注其考察经历。在接受英国气象局检查员的采访时，拉格强调了他在海外的经历，并将海外经历与他的个人形象联系在一起。伍尔诺夫指出：

> 我对拉格先生的决心和勇气以及其无限的心智和体能感到惊讶。他年轻，略显纤弱（约 30 岁），我第一次见到他时，他身穿雨衣，内衬明显是航海风格，配有纽扣，我知道他饱经风霜，海上经历丰富，曾游历澳大利亚、非洲。[⑤]

与典型的北极探险家一样，拉格热衷于为其所见具有独特特征的地形命名。为了纪念布坎在 1881 年 7 月 28 日所到的考察地，1881 年 8 月，他将此地一处泉水改名为布坎井（Buchan's Well）。[⑥] 1881 年 9 月初，《泰晤士报》记者与他一同上山，布坎井与峰顶之间的高原有强东北风，几乎无法

---

① Clement Wragge, Ben Nevis Meteorological Observatory “Rough” Observation - book No. 17, October 1, 1881, MET1/5/2/2/1.

② MacFarlane in turn sent a set of his photographs to Queen Victoria, claiming them to be “the first and only that have been taken on the top of the Ben,” RCIN2082069, Royal Collection Trust.

③ Woolnough, Report to Charles Greaves, MET1/5/3/14, p. 4 and p. 9, respectively.

④ Innes Keighren and Charles W. J. Withers, “The Spectacular and the Sacred: Narrating Landscape in Works of Travel,” *Cultural Geographies*, 19 (2012), pp. 11 - 30.

⑤ Woolnough, Report to Charles Greaves, MET1/5/3/14, p. 8.

⑥ Clement Wragge, Ben Nevis Meteorological Observatory “Rough” Observation - book No. 9, August 1, 1881, MET1/5/2/2/1.

穿越，因此，他给这个高原起了“风暴高原”的名称①。拉格的通俗记述通常侧重于个人攀爬本尼维斯山，并将登山描述为惊心的冒险，着重展现了运动能力、体能和身体承受力、如画和壮观的自然景色及其观测的准确性和可靠性。拉格的报告类似于维多利亚后期所谓“新登山者”的报告，他们的记述推崇麦克尼所称的“触觉升华”，也就是“强调直接的身体体验和对山地景观的具象理解”②。在上下山以及在峰顶观测天气时，拉格经常关注自己身体体验和承受力。他提道“我的内衣主要是用厚羊毛制作，外面罩着一件水手服和一套最旧的套装。我很少带大衣，也从不带雨衣或者手套。由于我自己的粗心，我经常好几个小时浑身湿透，刺骨的寒风使我双手肿胀，我只能攥拳紧握铅笔，潦草地记录下观测结果。然而，我宁愿这样，也不愿穿上大衣或雨衣笨手笨脚的”③。冰冷的双手也使得使用钥匙和操作仪器成为“难事”。④ 当拉格被迫在短时间内赶到山顶时，他常汗流浃背地到达山顶；而在平均气温 3℃ ~4℃且笼罩着厚厚的雨云时，他在那里逗留了近两个小时；然而，他并没有感到什么不适，只是暂时感到肌肉疲劳，他的身体一直很健康。⑤

崎岖的地形和恶劣的天气成为上下山要克服的重要挑战。车辙和沼泽“极为危险且很深”⑥。当以低压为主时，高处山坡上的大风迫使拉格步履维艰地穿过风暴高原，一路爬行，爬过一块又一块石头，稍作喘息，并在有利的背风处找到栖身处。⑦ 降雪是旅行和航海全年都要面对的问题，但却使拉格能够将其自己的经历与北极探险家的经历联系起来。例如，他指出，“在 6 月的大部分时间里，这个深谷里的积雪很深，形成巨大的雪堆；我不得不缓慢沉重地走过，像是走了好多步，这给我的经历增添了一种北极特

---

① Clement Wragge, Ben Nevis Meteorological Observatory “Rough” Observation - book No. 13, September 1, 1881, MET1/5/2/2/1.

② Alan McNee, *The New Mountaineer in Late Victorian Britain*: *Materiality*, *Modernity*, *and the Haptic Sublime*, p. 4.

③ Clement Wragge, “Watching the Weather on Ben Nevis,” p. 379.

④ Clement Wragge, “Resumption of the Ben Nevis Meteorological Observatory,” Symons's Monthly Meteorological Magazine 17 (1882), pp. 81 - 84.

⑤ Clement Wragge, “Watching the Weather on Ben Nevis,” p. 381.

⑥ Clement Wragge, “Resumption of the Ben Nevis Meteorological Observatory,” p. 84.

⑦ Clement Wragge, “Ascending Ben Nevis in Winter,” p. 267.

有的体验”[①]。1881 年 6 月 5 日，低压中心越过本尼维斯山，拉格上到峰顶的时间晚了。他报告称“暴风雪来临，云雾笼罩着大山，崎岖的小路（晴天时难以辨认，最初几天我并不特别熟悉）被雪覆盖，我用了两个小时在雾中一路摸索到达山顶，我一边前行，一边以真正的北极方式堆建石堆”[②]。在 1882 年 3 月末的冬季登山过程中，科林·卡梅伦、威廉堡公立学校校长科林·利文斯顿（Colin Livingston）以及一位访友同行，拉格报告称“大量积雪深达数英尺。显然我们面临着巨大困难；且在行进前，我们决定休整，吃一些午餐恢复体力；因为山中纯净的空气，尽管冷冽，但仍令人非常振奋，且我们的胃口大开”[③]。尽管在早上 5 点 40 分离家，但在上午 10 点 40 分他们才到达山顶，并在下午 3 点回到威廉堡，“疲惫不堪，但这对我们的冒险太糟糕了”[④]。有一次正值 1881 年 10 月 14 日的风暴，地形和天气都对拉格不利。虽然事先预警有危险的风暴中心正从西南方向袭来，但拉格与当地向导科林·卡梅伦还是动身试图登上山顶。二人设法上到海拔 2100 英尺的高度，随后无法再进一步，而且“任何进一步的尝试都会是自取灭亡”。当时，他们的衣服已经冻硬，上面覆盖着一层冰，而且他们的胡须上形成了鸡蛋大小的冰疙瘩。他们手挽着手转身下山，走几步便会滑倒，有时躲在大石头后面歇口气，并躲避猛烈的冰雪。在回到威廉堡后，拉格在记录中写道，卡梅伦称“这是他经历过的最恶劣的天气，而且在他所有的经历中，无论是在国内还是国外，无论是陆地还是海上，无论是在‘咆哮西风带’的‘上到北下到南’，他从未见过如此狂暴的天气”[⑤]。

这座山上的石头野地、悬崖峭壁、沼泽和山沟并不总是仅被描述为表现“冒险和运动的男子气概”的舞台。[⑥] 与詹姆斯·福布斯在阿尔卑斯山一样，拉格在其通俗记述中利用了“其主题如画和壮观的特点”[⑦]。拉格在《良言》中发表的一篇文章中称：

---

① Clement Wragge, “Watching the Weather on Ben Nevis,” p. 378.

② Clement Wragge, “Watching the Weather on Ben Nevis,” p. 379.

③ Clement Wragge, “Ascending Ben Nevis in Winter,” p. 267.

④ Clement Wragge, “Ascending Ben Nevis in Winter,” p. 268.

⑤ Clement Wragge, Ben Nevis Meteorological Observatory “Rough” Observation - book No. 18, October 14, 1881, Appendix, MET1/5/2/2/1.

⑥ Bruce Hevly, “The Heroic Science of Glacier Motion,” *Osiris*, 11 (1996), pp. 66 - 86.

⑦ Bruce Hevly, “The Heroic Science of Glacier Motion,” p. 70.

再多的文字也无法充分描述晴天时从本尼维斯山顶俯瞰到的壮丽景色。暗灰岩石平台高低不平，历经岁月，映衬着烈日下银光耀眼的茫茫雪海，对面峭壁巨大黑影投射出的更加阴森可怕的绝壁深渊，相邻的土堤、幽暗的荒野、古老的山谷、深邃的峡谷、下方远处奔淌的急流、四面环绕着壮丽的群山，峰峦叠嶂，向西是湖泊和大海，头上是蔚蓝苍穹令人铭刻在心，感受到大自然的壮美。[①]

这种风格的景致描写没有局限于大众刊物的风格。拉格有时也会将山上壮观如画的景色记录于观测日志中。例如，1881 年 6 月 8 日，他在上午 9 点记录观测数据之前的几分钟，他写道，“上方昏暗均匀尘状积云像一个灰暗‘阴沉’的伞盖；下方相邻处是小山岗形状使我想起月球环形山，山坡长满青苔，四处积雪点点，在阳光的照射下闪闪发光（但在阴影对比下很快显现），而在远处，淡蓝色山峰和锥塔向上直插之前说到的飘浮的灰暗尘状积云‘物质’”。还有一次，在接近他当年观测结束时，他写道，“风起云涌……深墨蓝色的阴云，其状恐怖……大约 9 点 33 分（上午）‘云雾’，10 点（表示‘整个天空完全阴云密布’）”[②]，但此时雾会偶尔散去，显现出白雪覆盖的山峰、阳光照耀的山坡和山下的湖水，以及狂风中灰暗尘状“云物质”和悬垂的“云幡”，构成了一幅震撼的画面。[③]

赫夫利在描写维多利亚中期高山冰川学家时认为，他们的科学测量是从他们与自然美学、壮观或如画的自然环境元素相联系中获得了力量，而这些是他们通过开展与冒险和体育等具有男子气概相关的活动中领会到的。[④]拉格某些事情也是这样的，他把对自己的身体锻炼和欣赏景致时刻的描述与其气象观测的记述相结合。拉格愿忍受巨大的不适，并在山坡上将自身置于险境，这是为了提升其作为冒险亲历者的权威性。换言之，他声称要“根据真实、严谨、勇敢的体验带来可靠的感受”[⑤]。拉格通过反复强

---

① Clement Wragge, “Watching the Weather on Ben Nevis,” p. 346.

② Clement Wragge, Ben Nevis Meteorological Observatory “Rough” Observation - book No. 1, June 1 - 7, 1881, Appendix, MET1/5/2/2/1.

③ Clement Wragge, Ben Nevis Meteorological Observatory “Rough” Observation - book No. 18, October 12, 1881, Appendix, MET1/5/2/2/1.

④ Bruce Hevly, “The Heroic Science of Glacier Motion,” p. 86.

⑤ Bruce Hevly, “The Heroic Science of Glacier Motion,” p. 68.

调观测是一项艰苦而严格的工作，进一步使其在本尼维斯山的工作更具合理性。他用最笼统的言辞写道："工作极为繁重，但一切尽在掌控，且守时和方法将使工作顺利进行。"并写道："今日'工作繁重'且'今日体力消耗巨大'。"① 他介绍了 1881 年 5 月在峰顶设置仪器的情况，认为"工作的确辛苦，因为我们在受累安装这些精密仪器"②。将山腰变为观测点，就必须达到观测台日常工作的高标准，无论地形或天气带来怎样的挑战。为此最为重要的是在上午 9 点到达山顶开始观测，而"往返路上的观测则是次要的……但是当然也要尽可能的准确"③。1881 年沿山腰的中间台站设立的史氏百叶箱改变了这一状况，不再需要携带仪器或将其从隐蔽处取回："确保了准时以及准确性。整个观测系统像钟表一样运行。"④ 1882 年，拉格询问皇家气象学会检查员伍尔诺夫对本尼维斯山观测系统的看法。伍尔诺夫表示"我认为这个系统像钟表一样运行，并表示对于付出巨大的努力使观测结果在各方面都正确无误，我感到非常高兴。时间的缺失都已记录在案"⑤。

拉格总结了他两个季节的观测工作，以其个人承受的痛苦与科学成果相衡量："无论我经受了多大的艰辛，我喜欢积极的户外生活，这是我心甘情愿的；一家学会赞赏我付出的劳动并热诚支持我的工作，在这家学会的支持下开展工作，得到了启发性的知识，使我受益匪浅，而且我在物理研究方面也有所贡献。我坚信，在本尼维斯山进行冬季定期观测可证明天气预报对国家有巨大价值；但这些只有在建立起观测楼之后才能得到保证。"⑥ 1883 年 2 月 14 日，在格拉斯哥议会厅举行的公开会议上，一批苏格兰实业家、学者和民间领袖齐聚一堂，讨论关于在苏格兰最高山峰上修建一座这类观测楼的提议。会上回顾了欧洲高地势观测站的历史，并就英国高地势气象领域投入的力度不足"感到惭愧"。有人认为，不同于其他国家，尤其是不同于法国，英国政府不会协助这项工作。格拉斯哥被视为苏格兰最大的城市和"最富有的社区"，而且因为苏格兰气象学会就起

① Clement Wragge, "Resumption of the Ben Nevis Meteorological Observatory," pp. 82 – 83.

② Clement Wragge, "Watching the Weather on Ben Nevis," p. 345.

③ Clement Wragge, Ben Nevis Meteorological Observatory "Rough" Observation – book No. 3, June 16, 1881, Appendix, MET1/5/2/2/1.

④ Clement Wragge, "Resumption of the Ben Nevis Meteorological Observatory," p. 84.

⑤ Clement Woolnough, Report to Charles Greaves, MET1/5/3/14, p. 33.

⑥ Clement Wragge, "Watching the Weather on Ben Nevis," p. 385.

源于此（那是 1855 年英国学会在那里举行会议时提出的[①]）。格拉斯哥大学自然哲学教授威廉·汤姆森在过去的两年中一直关注着拉格的工作，他称拉格“以极高的技能、耐力和热情开展工作。（掌声）在他（汤姆森爵士）看来，这是比其他可提出的考虑因素都能更有力证明此类工作的重要性”。汤姆森在 1892 年受封爵位，并成为开尔文勋爵，他表示，“在他（汤姆森爵士）看来，拉格先生在本尼维斯山顶两个季节中观测气象的坚忍不拔。一方面体现他吃苦耐劳以及自我奉献的精神；另一方面说明苏格兰气象学会对待这一问题的真诚态度，均表明了应对拉格给予高度赞赏”[②]。

结　论

1883 年初，苏格兰气象学会呼吁长期为观测台筹资，并于当年 10 月筹得了 5000 英镑。认捐费从 200 英镑到半便士不等，认捐者“来自各个阶层，从女王到平民”[③]。绝大多数认捐者来自格拉斯哥和爱丁堡，其他则来自苏格兰、英格兰和爱尔兰等地。[④] 成立了建设委员会，成员包括“挑战者”号考察委员会主任约翰·默里、霍姆、托马斯·史蒂文森、詹姆斯·桑德森、医院副监察长亚历山大·布坎以及精神病委员会委员阿瑟·米切尔。[⑤] 观测台及通行道路在夏季开始修建，但由于秋季天气恶劣妨碍了施工。同时，夏季每日的观测在持续进行，从 1883 年 6 月 1 日起至 10 月 31 日止。拉格计划在 1883 年秋季出访澳大利亚，因而山顶的观测由拉格的前助手威廉·怀特先生和安格斯·兰金（Angus Rankin）先生负责。[⑥]

---

① C. W. J. Withers, *Geography and Science in Britain, 1831 - 1939: A Study of the British Association for the Advancement of Science*, Manchester, Manchester University Press, 2010, p. 28.

② Anon, “The Proposed Observatory on Ben Nevis,” Glasgow Herald, (15 Feb 1883), pp. 75 - 76.

③ Alexander Buchan, “The Meteorology of Ben Nevis,” *Transactions of the Royal Society of Edinburgh*, 34 (1890), pp. xvii - xxi.

④ Anon, “Subscriptions in Aid of Ben Nevis Observatory,” *Transactions of the Royal Society of Edinburgh*, 34 (1890), pp. ix - xvi.

⑤ Arthur Mitchell, James Sanderson and John Murray, “Introductory Note by the Council of the Scottish Meterological Society,” *Transactions of the Royal Society of Edinburgh*, 34 (1890), pp. iii - v.

⑥ R. T. Omond, “Abstract of Paper on a Comparison of Observations at the Observatory and at the Public School, Fort - William,” *Transactions of the Royal Society of Edinburgh*, 42 (1892), pp. 537 - 540.

为管理新观测台的运行，成立了董事会，其成员包括苏格兰气象学会干事、爱丁堡皇家学会的代表彼得·G. 泰特（Peter G. Tait）教授和乔治·克里斯托尔（George Chrystal）教授，伦敦皇家学会的代表威廉·汤姆森，以及格拉斯哥哲学学会的代表缪尔黑德（Muirhead）博士。7 月末，拉格致函气象学会自荐担任观测台台长。另一位自荐者是罗伯特·T. 奥蒙德（Robert T. Omond），他受雇于爱丁堡大学的泰特教授，从事“挑战者”号深海温度表读数的订正。在《苏格兰人》、《格拉斯哥先驱报》和《自然》杂志上刊登了招聘广告之后，又收到了 17 份简历，最后该职位提供给了奥蒙德。[①] 该职位的薪水非常微薄，每年 100 英镑，奥蒙德得用自己的钱来补贴。他任职到 1895 年，因健康不佳只得退休，但他继续担任荣誉台长。[②] 安格斯·兰金和詹姆斯·米勒（James Miller）负责协助他。拉格对未能担任该职表示失望，不久之后去了澳大利亚，不过他仍继续从事气象事业，1887 年被任命为昆士兰州政府的气象专家。他继续在澳大利亚设立高地势观测台：在塔斯马尼亚州[③]威灵顿山、新南威尔士州澳大利亚阿尔卑斯山脉科修斯科山，同时他还在梅林布拉设立了一个相应的低地势台站。[④]

黛博拉·科恩（Deborah Coen）在奥地利气象观测台工作时，她认为高山可视为实验室和野外站点——它可以是“极端条件下产生泛化的大气效应之所”或“像标本一样收集独特大气条件作为广泛地理变化规律线索的场所”[⑤]。作为实验室，高山被视为科学试验的通用场所。作为野外站点，研究和揭示了其独特的属性。在为苏格兰气象学会的工作中，拉格在本尼维斯山上建立野外站点，一个每天都要面对艰苦的环境和艰辛的旅程。拉格表现得像是高山登山者或北极探险家。与探险者或登山者一样，高山气象学家通过麦克尼所说的触觉升华的具体化形式来了解其调查的地点。具

① Anon, “Minutes of Meeting of the Directors of the Ben Nevis Observatory,” August 1, 1883, *Ben Nevis Minute Book*, MET1/5/3/11, National Records of Scotland, Edinburgh, pp. 2 – 3. Wragge’s young family was apparently one of the reasons he was not offered the post, although presumably Tait’s patronage of Omond, and Omond’s expertise in data management, were also crucial factors in the latter’s employment.

② Paton, “Ben Nevis Observatory,” p. 15.

③ Letter from Wragge to Royal Meteorological Society, April 15, 1897, RMS1/5, Exeter.

④ Letter from Wragge to Royal Meteorological Society, December 6, 1901, RMS1/5, Exeter.

⑤ Deborah R. Coen, “The Storm Lab: Meterology in the Austrian Alps,” p. 465.

体来说，高山气象学的开展需要亲历险境和严谨勇敢的体验。拉格在本尼维斯山的山坡和山顶的观测工作中参照了观测台的时间安排，而为了准时到达这些地点所付出的艰辛为观测工作获得了进一步的认可度。拉格在他的报告和通俗作品中所描述的壮丽山景中也强调了地点是追求可信度的一个因素。拉格的克己忘我以及苦心观测进而帮助了霍姆、威廉·汤姆森等人将山顶观测台的概念传达给了资助者和捐赠者。

世界气象组织的发展与趋势*

李　攀　欧阳慧灵　汤　绪**

摘　要：1950年成立的政府间国际组织世界气象组织是在1873年成立的非政府间合作性质的国际气象组织的基础上传承演化而来的。2019年6月，第十八次世界气象大会批准了世界气象组织改革计划。本文将围绕世界气象组织的历史发展脉络、机构改革的内容及进程，分析世界气象组织在推动大气科学领域发展的作用。

关键词：世界气象组织　国际气象组织　历史沿革

1950年成立的世界气象组织（WMO）已经走过了70余年，加上WMO的前身国际气象组织（IMO）的历史，则有近150年的历程，覆盖了现代气象科学的发展史和气象服务于社会能力的从无到有、从小到大的全过程，因此对WMO的研究具有特别重要的意义。为了更好地满足全球对天气、气候和水文专业知识不断增长的需要，提高区域参与和建设能力，力求没有成员落后于时代发展，世界气象组织进行了大幅度机构和治理改革，希望在整个联合国系统中更好地进行管理，提高效率以优化利用有限的资源。

根据2015年第十七次世界气象大会和2016年、2017年执行理事会会议的指导意见，WMO对组成机构改革进行了广泛讨论和研究。此次其组成机构改革幅度之大在WMO历史上是前所未有的。2019年6月，第十八次世界

* 本文系2021年度中国气象局气象干部培训学院重点项目“WMO历史发展变革背景下气象科技国际合作发展趋势研究”（项目编号：重2021－016）的成果，感谢中国气象局气象干部培训学院陈正洪教授级高工对本文的策划和指导。

** 李攀，中国气象局气象干部培训学院，工程师，从事国际气象培训工作；欧阳慧灵，复旦大学博士后，研究方向为环境污染和气候变化，共同第一作者；汤绪（通讯作者），复旦大学，教授级高级工程师，研究方向为国际多边科技合作与治理。

气象大会通过了《2020～2023年战略计划》，批准了WMO改革计划。[①]

纵观WMO的发展历程，世界各国气象逐渐走向国际合作、气象服务及观测数据共享的道路。

一 世界气象组织的诞生与沿革

自古以来，天气一直与人类的生存和发展息息相关。从古人看天吃饭的气象萌芽时期，到在工业革命推动下的天气预报的诞生，再到各国气象开始合作并逐渐深入，人类的气象科学史走过了漫长的发展道路。

1. 古代气象萌芽

人类的气象萌芽可以追溯到早期文明史记中，特别是在美索不达米亚、中国、古印度和古埃及的古代文明社会就已经有了人类关于天气和气候的记载。[②]

中国气象历史渊源深厚，早在黄帝时代就开始了天象气候观测活动，是世界上最早设立观象台的国家。[③] 在出土的殷商甲骨文中有关于雨、云、风、雷、虹、雪、雹、晕、霾等现象的记载。夏商时期，中国古人开始了天气占测。成书于西汉初年的《淮南子》一书有诸多关于自然现象的论述，首创了风和湿度的观测方法。东汉王充的《论衡》对云、雾、露、霜、雨等自然现象进行了合理的分析。[④] 唐代的李淳风制作了风力等级表，是世界上最早划分风力的等级表。南宋秦九韶在《数书九章》中对测雨理论和方法进行了演示和论证。[⑤] 由此可见，从早期的天象观测到对天气、气候进行简单预测，再到对气候规律的认识并应用于生产生活的实践中，中国古人从长期的气象观测和预测实践中开始对气象原理进行探究，提出了很多有

---

① WMO, "WMO Constituent Bodies Reform Transition Plan" Report No. EB/OL, November 12, 2020, https://public.wmo.int/en/governance-reform; WMO, "WMO for the 21st Century" Report No. EB/OL, November 12, 2020, https://public.wmo.int/en/governance-reform/terms-of-reference.

② Davies Arthur ed., *Forty Years of Progress and Achievement: A Historical Review of WMO*, WMO, 1990, WMO-No. 721, p. 1.

③ 江海如、赵同进、彭莹辉编《中国古代气象》，气象出版社，2017，第1页。

④ 杨萍、叶梦姝、陈正洪编《气象科技的古往今来》，气象出版社，2014，第9页。

⑤ 江海如、赵同进、彭莹辉编《中国古代气象》，第1页。

见地的认识，对气象科学的发展做出了突出的贡献。[①]

在西方，亚里士多德的《气象通典》是世界上第一本气象著作，使关于天气现象的知识终于成为一门系统的科学，它第一次把气象从古代神话的王国中摆脱出来，对中世纪后期有着很深的影响。[②] 在此基础上，古希腊逐渐开始对气象科学有了系统的研究，即便在中世纪的“黑暗时期”，对气象的观测和认识依然在缓慢进行，直到 14 世纪初，欧洲开始对天气进行了全面的观测和记载，并随着文艺复兴、哥伦布航海开辟了海上航线，各国对海上天气预报的需要愈发明显。[③]

2. 天气预报的诞生

欧洲的文艺复兴，带来了科学与艺术的革命，也拉开了气象科学发展的序幕。

第一，测量仪器的发明促进了气象科学的发展。

17 世纪初，桑托里奥（Santorio）发明了气温表，1639 年，卡斯特利（Castelli）发明了雨量器，1644 年，托里拆利（Torricelli）发明了气压表，同年，英国物理学家罗伯特·胡克（Robert Hooke）发明了新型风速表。大约在同一时期，温度表和风速表也相继出现。1653 年，费迪南德（Ferdinand）建立了第一个观测站网，同时，在意大利本土及境外分别建立了 11 个气象站。测量气象物理要素的气象仪器的发明，极大促进了当时气象科学的发展。[④]

第二，物理学定律在气象科学中的应用。

17 世纪中后期，物理学得到了巨大的进步。1659 年，罗伯特·玻义耳（Robert Boyle）发表了著名的气体体积与压力关系的定律，这是了解大气动力学的第一步。[⑤] 1735 年，哈得莱（Hadley）对贸易风与地球自转的相互关系做出了科学的解释。[⑥] 1752 年，富兰克林（Franklin）对大气电进行了研究。[⑦] 1783 年，拉瓦谢（Lavoisier）发现了大气中混合气体的性质、状态和成分，

---

① 谢世俊编《中国古代气象史稿》，武汉大学出版社，2016，第 6 ~ 23 页。

② 杨萍：《亚里士多德与〈天象论〉》，《气象科技进展》2016 年第 3 期，第 160 ~ 163 页。

③ Davies Arthur ed.，*Forty Years of Progress and Achievement*：*A Historical Review of WMO*，WMO，1990，WMO – No. 721，pp. 1 – 3.

④ 刘昭民编《西洋气象学史》，中华文化大学出版部，1982，第 85 ~ 110 页。

⑤ 刘昭民编《西洋气象学史》，第 99 ~ 101 页。

⑥ 刘昭民编《西洋气象学史》，第 116 ~ 120 页。

⑦ 刘昭民编《西洋气象学史》，第 121 ~ 122 页。

为气象科学打下了坚实的物理基础。[①] 16 世纪末 17 世纪初，物理学定律在气象科学中的应用，极大地促进了人们对气象现象的了解。

第三，大气观测站网的建立为天气预报打下了坚实的基础。

1771 年，兰伯特（Lambert）建议建立一个完全标准化的世界气象站网。1780 年，德国帕拉廷气象学会在欧洲和美国建立了 40 个观测站，每个观测站都配备有可比较的仪器，包括气压表、温度表、湿度表、风向标和雨量器等，同时，每个观测站都使用了标准的工作指南。[②] 世界气象站网的数据材料为绘制大范围天气图创造了条件。1820 年，布兰德斯（Brandes）在莱比锡第一次系统地进行了绘制天气图的尝试，此后，他又绘制出了表示 1820 年和 1821 年欧洲风暴的天气图。同时，美国的雷德菲尔德（Redfield）绘制了第一套表示飓风旋转和连续运动的飓风图。[③] 但是，此时所有的研究结果，都是基于事后收集的数据所得出的。但是这些研究，为日后进行天气预报打下了坚实的基础。

第四，电报的发明及应用直接推动了天气预报的诞生。

1843 年，塞缪尔·莫尔斯（Samuel Morse）发明了电报[④]，这为气象观测网资料及时汇集创造了条件。1849 年，美国多个气象站可以通过电报进行实时观测数据的传播。1850 年和 1855 年，根据电报传送的资料制作的天气图分别在美国华盛顿和法国公开展出，引起当时社会舆论的极大关注，反映了当时社会对于天气预报的迫切需要。[⑤]

3. 现代国际气象合作的形成和发展

19 世纪，在工业革命不断发展的背景下，国际贸易和海上运输的规模得到巨大发展，而安全高效的海上运输，需要世界各海域的可靠和定时的天气预报。与此同时，海上军事行动迫切需要海洋气象预报的支撑。

重大历史事件是触发世界气象合作的重要因素。1854 年，克里米亚战争爆发，英法联军包围了塞瓦斯托波尔，陆战队准备在黑海的巴拉克拉瓦港登

① 刘昭民编《西洋气象学史》，中华文化大学出版部，1982，第 123 页。

② 贾朋群、李攀：《WMO 七十年华诞：传承与发展》，《国际气象视野》2020 年第 5 期，第 4～29 页。

③ 杨萍、叶梦姝、陈正洪编《气象科技的古往今来》，第 59～70 页。

④ 李白薇：《电报之父塞缪尔·莫尔斯》，《中国科技奖励》2012 年第 6 期，第 72～73 页.

⑤ 贾朋群、李攀、陈金阳：《WMO 七十年华诞：传承与发展》，《国际气象视野》2020 年第 5 期，第 4～29 页。

陆。这时候，黑海上突然狂风大作，巨浪滔天。英法联军不战自溃，几乎全军覆没。一艘法国军舰经受不住暴风雨的袭击，沉入海底。拿破仑三世收到消息后立即命令巴黎天文台调查这场风暴的起因，巴黎天文台台长奥本·尚·约瑟夫·勒维耶（Urbain Jean Josphe Le Verrier）接此重任，他向各国气象学家征集风暴发生前后的气象报告。报告收集上来后，他依次把同一时间各地的气象情况填在同一张地图上，仔细分析后发现，这次风暴是自西北向东南方向移动的，当其到达黑海的前 1～2 天，西班牙和法国已先受其影响。勒维耶分析后认为，如果当时欧洲沿大西洋一带设有气象观测站的话，就可以将风暴情况及时电告英法舰队，使英法舰队能避免这次风暴袭击。勒维耶的建议得到不少国家的响应。海洋气象预报逐渐服务于各国海上军事行动。

1820 年，布兰德斯将过去各地的气压和风的同时间观测记录填入地图，绘制了世界上第一张天气图。[①] 1851 年，英国 J. 格莱舍在英国皇家博览会上展出第一张利用电报收集各地气象资料而绘制的地面天气图，是近代地面天气图的先驱。[②] 1856 年，法国组建了第一个现代气象服务业务系统，用电报传送各地当日的气象观测结果。1875 年 4 月 1 日，伦敦《泰晤士报》开创了报纸刊登气象预报的先例。20 世纪 30 年代，世界上建立高空观测网之后，才有高空天气图。[③]

为此，通过开创国际气象合作，统一气象观测标准，共享气象资料，开展天气预报逐渐成为各国之间的共识。对于世界气象合作的发展，有四个具有里程碑意义的时间点，具体如下。

第一，第一次国际气象会议的召开。

1853 年 8 月，第一次国际气象会议在布鲁塞尔举办，来自 9 个国家（比利时、丹麦、法国、英国、荷兰、挪威、葡萄牙、瑞典和美国）的 12 名代表（主要是海军军官）出席了会议。[④] 此次会议虽然规模不大，但是意义非凡。

---

① 李宽：《大尺度环流相互作用研究与模式下边界条件估计研究》，硕士学位论文，兰州大学，2014，第 1 页。

② 贾朋群、王小光：《技术推动服务》，《气象科技进展》2017 年第 7 期，第 50～51 页。

③ 贾朋群：《英国气象局庆祝全球首次媒体发布天气预报 150 周年》，《气象科技进展》2011 年第 1 期，第 64 页。

④ Davies Arthur ed., *Forty Years of Progress and Achievement: A Historical Review of WMO*, WMO, 1990, WMO - No. 721, pp. 4 - 12.

会议确立了各国观象台要加强国际合作，互相分享气象观测数据，为制定气象观测和天气预报各个方面的标准和方法达成一致意见，并且共享成果。

莫里是此次会议的直接推动者，在会上发表了《莫里倡议》[①]：

> 所有海洋国家的海军应该合作，以这种方式，使用这样的仪器设备进行气象观测，以便使观测系统达到统一，并使船上所做的观测能很快供世界各地其他船上的观测作为参考和对比。此外，使用航海摘要记录格式，包括仪器说明、观测项目、仪器操作和工作方法及原理，将是各有关方面共同的工作。在这种研究系统中，需要所有国家军方的合作，还需要商船自愿合作。这不仅稳妥而且明智。[②]

莫里提出要加强陆地和海上的天气预报国际合作的倡议，得到了国际社会的认同，成为未来国际海洋气象观测的基础。第一次国际气象会议之后，建立世界范围内的国际气象组织正式被纳入议事日程。

莫里手绘了世界上第一张海洋气象与海上航行图，把南北半球的气候特征、风向都在图上标注出来，这是最早的海洋气象方面的手绘图，莫里因此被称为“海洋气象之父”。遗憾的是，这位具有传奇色彩、对国际气象合作具有历史性推动作用的英雄人物，却没有等到国际气象组织成立的那一天，他病逝于 1873 年 2 月 1 日，几个月后，国际气象组织正式成立。

第二，国际气象组织正式建立。

1873 年 9 月，奥地利政府召集举行了维也纳国际气象大会，来自 20 个国家的 32 名代表出席了会议。[③] 会上，国际气象组织作为非政府间、不具有法律约束力的国际组织正式建立。会议责成其常设气象委员会起草国际气象组织的规则和章程，以促进跨越国界的天气信息交流，该任务于 1878 年在乌得勒支完成。它一直运行到 1950 年，直至世界气象组织正式成立。

---

① 贾朋群、李攀、陈金阳：《WMO 七十年华诞：传承于发展》，《国际气象视野》2020 年第 5 期，第 4～29 页。

② WMO, “History of IMO,” https://public.wmo.int/en/about-us/who-we-are/history-IMO.

③ World Meteorological Organization, “WMO 50 Years of Service,” 2000, WMO-No. 912, p. 13.

关于维也纳气象大会内容，涉及范围十分广泛且具体，包括仪器检定、观测时间、标量、单位及利用电报相互交换气象观测资料等许多观测的实际问题。此外，大会设立了常设委员会，确立其首要任务是把维也纳大会的各项决议通知给与会的各国政府的同时，制定实施贯彻这些决定的工作计划，拜斯·巴洛特当选为国际气象组织第一任主席。[①]

特别值得注意的是，会议制定了国际气象合作的一个重要原则，即各国均在自愿的基础上开展国际气象工作。此后，这一原则成为国际气象发展的一个重要原则，沿用至今。

第三，两次世界大战期间的国际气象组织。

从1873年国际气象组织成立到第一次世界大战爆发前夕，促进气象国际合作逐步成为该组织各技术委员会的重大任务。此期间，是世界各国气象科学和气象业务重大变革的时期。

第一次世界大战期间，国际气象合作和气象观测活动都被迫停止，各参战国纷纷将气象研究工作的重心转移到为军事服务中，而对于战争的中立国家，则将工作重点转移到了气象理论研究的工作上。

第一次世界大战之后，各国气象工作及国际气象合作进入了迅速发展的新时期。两次世界大战之间这段时期，许多先进技术被应用于国际天气观测和报告系统。20世纪初开始用飞机尝试高空探测，1927年法国第一次研制出了探空仪，逐渐取代了高空气象计，1930年苏联研制出了无线电发报机。[②]

第二次世界大战爆发后，国际气象组织的各项计划和活动再一次被迫中止。二战结束后，国际气象组织作为一个非政府间机构，为国际气象事业奋斗了70余年，做出了突出的贡献，各国越来越清楚地认识到，国际气象组织应该随着国际气象学地位的变化而发生变化的重要性。因此，一个政府间的国际性气象组织呼之欲出。

第四，世界气象组织诞生。

1947年9月，国际气象组织在美国召开了华盛顿会议，对新的世界气象公约文本达成了协议，确立了新机构的名称是世界气象组织，确立

---

① WMO, "History of IMO," https://public.wmo.int/en/about-us/who-we-are/history-IMO.

② Davies Arthur ed., *Forty Years of Progress and Achievement: A Historical Review of WMO*, WMO, 1990, WMO-No. 721, pp. 4-12.

了其宗旨，并阐述了最高权力机构是世界气象组织大会，每四年召开一次。1947 年 10 月 11 日，31 个国家的代表在世界气象组织公约上签字，这是国际气象历史上的一项重大事件。1950 年 3 月 23 日，世界气象组织正式成立。为纪念这一重大事件，1960 年世界气象组织将 3 月 23 日确认为世界气象日。1951 年，世界气象组织正式成为联合国的一个专门机构。[①]

二 历史视角的 WMO 改革

气象科学与国际社会、政治和经济紧密相关，面对着急剧变化的世界形势和气候环境，WMO 深刻认识到改革的势在必行。

2019 年，世界气象组织在其第十八次大会上通过了各项改革和“换挡提速”的措施。2020 年 9 月 28 日，WMO 执行理事会第 72 次届会以远程会议方式在线召开，来自 WMO 执行理事会成员的 200 多位代表参加了会议。会议重点讨论了 2021 年 WMO 特别大会的筹备、战略计划实施进展、改革后续工作、资料政策、规则修订、IMO 奖、财务及审计和监察事宜、指定执行理事会代理成员等议题。

世界气象组织改革是从机构改革开始的。经过多年的发展，WMO 在机构改革方面，目前已经基本到位。

改革前的 WMO 由执行理事会（Executive Council，EC）、六个区域协会（Regional Association，RA）、八个技术委员会（Technical Committee，TC）、秘书处和其他机构组成（见图 1）。

改革后的 WMO 主要包括执行理事会（Executive Council，EC）、政策咨询委员会（Policy Advisory Committee，PAC）、技术协调委员会（Technical Coordination Committee，TCC）、科学咨询小组（Scientific Advisory Panel，SAP）、区域协会（RA）和秘书处等机构（见图 2）。[②]

---

① Davies Arthur ed.，*Forty Years of Progress and Achievement：A Historical Review of WMO*，WMO，1990，WMO－No. 721，p. 12.

② 张文建：《WMO 走过 70 年：中国气象与世界共同发展》，《气象科技进展》2020 年第 10 期，第 8～10 页。

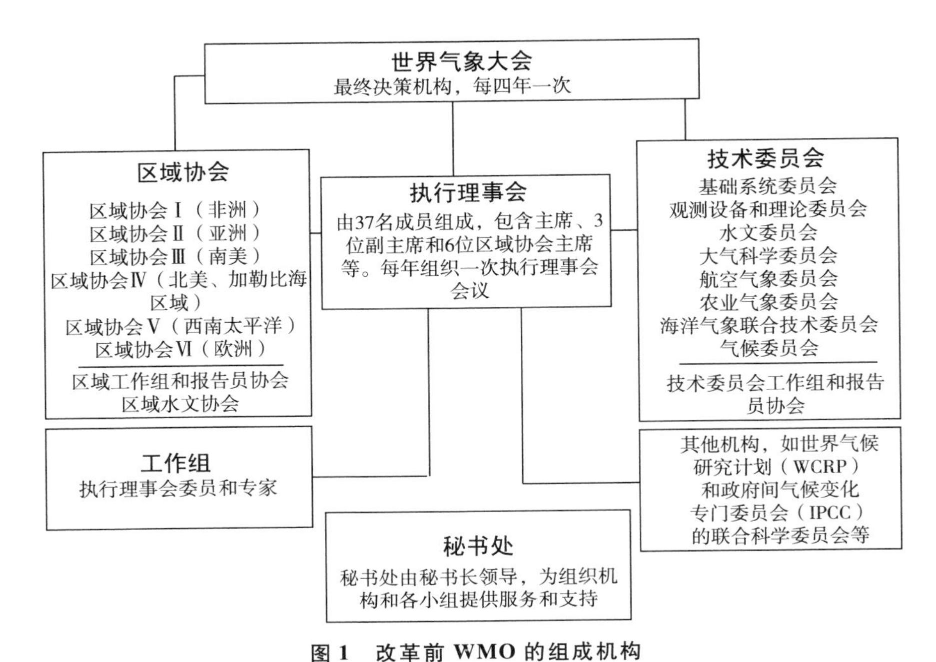

图1　改革前WMO的组成机构

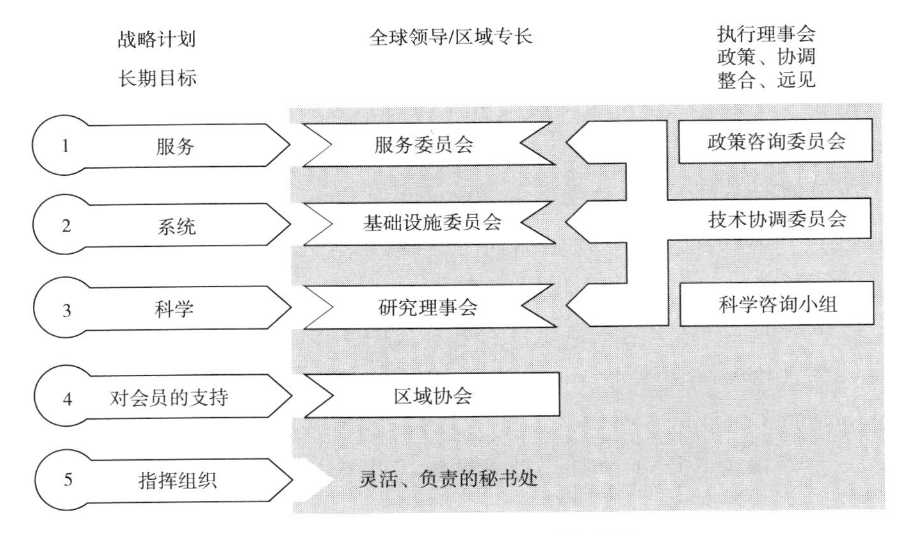

图2　改革后的WMO组成机构[①]

① WMO, "Terms of Reference," https://public.wmo.int/en/governance-reform/terms-of-reference.

一方面，WMO由原来的八个技术委员会整合为现在的两个技术委员会，是要将多条轨道合并为两条轨道，一条是涉及气象硬设施与系统方面，另外一条是涉及气象服务软的应用方面。WMO通过强有力的管理，在一定程度上将强化系统的整体集成与协调。精简的结构应该允许组织招募顶尖专家，允许非政府间组织机构和私营部门的参与。

另一方面，WMO由原来的基于项目的管理逐渐转向基于目标的管理，这种机制的转变之路将是漫长的，需要不断地修正与完善。改革之前，世界气象组织有两大管理方式：一个是基于项目计划的管理，它与预算直接关联；另一个是专业技术委员会负责制。秘书处负责对这两大方面提供支撑。

目前来看，这两大专业技术委员会的组成进展缓慢，这与全世界发生的新冠肺炎疫情有一定的关系。同时，在两大专业技术委员会组织过程中，发展中国家的专家所占比例仍然较低，WMO尚未形成有针对性的扶持发展中国家能力建设计划以促进发展中国家的科技工作者进入世界气象组织相应学术专业或者技术专业治理层面的工作。事实上，WMO原有的八个专业技术委员会中有数百个专家组，发达国家在其中起着绝对主导作用。

三　WMO推动大气科学发展的努力

WMO战略计划里多次强调跨学科的融合研究。世界气象组织现任秘书长佩蒂瑞·塔拉斯博士在谈到改革时强调："地球系统内很多学科之间的联系愈发紧密，我们没法在不了解海洋、水文或大气化学成分等情况下探讨气象问题。此次，WMO改革的核心理念之一就是将这些要素整合在一起，在提到观测、服务和科学等问题的时候，要有地球系统的视野和部署。通过整合所有这些要素，我们能够更好地服务全世界，同时也能促进《巴黎协定》和《仙台协定》的实施，推动实现可持续发展目标。"第十八次世界气象大会通过的重大决议充分体现了WMO重视多学科领域融合去解决当前的天气、气候问题，重视加强伙伴关系的建立，促进科学事业持续健康发展。

第一，以海洋气象科学发展为例——从满足单一需要向适应多需要发展，实现与多学科领域的融合。

从传统的海洋气象来看，海洋气象学是气象学的一个分支，主要研究海洋上的各种大气现象及其对海上航运及沿海地区的影响，其中包括对大气以及海气相互作用对海洋远海、近海和沿岸影响的认知，以及海洋气象知识及信息的应用。[①]

当前，海洋气象呈现出多学科融合的特点，包括：①海洋与气候变化，如加强对冰雪圈和海洋热容量的监测，重视海平面升高、海洋酸化对海洋生物多样性的影响等评估；②海洋与防灾减灾，如重视海岸带积涝等多灾种早期预警 MHEWS、海上灾害性天气 WWMIWS 等技术平台、产品开发和能力建设等；③海洋环境预报、地球系统模拟和预报，重视海洋环境预报、地球系统模拟和预报系统的一体化设计、开发与应用；④海洋观测与全球气候系统监测，重视全球天气气候监测系统与全球海洋观测系统的高度融合；⑤海洋数据共享与综合信息管理，重视数字海洋建设与海洋数据共享和管理能力的建设；⑥海洋知识传播与能力建设，重视海洋知识传播在实施联合国可持续发展议程，特别是 SDG－14 目标中的作用。

第二，以地球系统预报科学发展为例，体现了从满足单一科学问题的解决向适应地球系统多圈层相互作用的客观定量预测和综合应用，实现多学科融合发展和服务重大治理目标（如气候治理等）的导向。对此，WMO 的第十八次大会已经做出决议，要通过新组建的基础设施委员会推动这一发展。

第三，以灾害风险互联影响及治理科学发展为例，实现自然科学与社会科学的结合与融合，更好地切入社会经济发展；以影响预报技术和多灾种早期预警系统发展为切入点，以推动全球和区域多灾种早期预警系统（GMAS）的建设，为降低灾害风险和建设韧性社会提供科学治理支撑。

第四，以气候变化研究成果应用与全球气候服务框架的实施为主要目标，努力从满足专业服务需要向与适应气候变化和可持续发展需要相结合的方向发展。

WMO 正在强化气候变化相关工作的协同与整合，特别是强化与 IPCC 的协同，强化 WCRP、GFCS、水文与水资源计划、气候应用服务计划等的整合，强化气候变化知识、认识和影响评估与各国气候治理工作的结合

① 参见黄立文《航海气象与海洋学》，人民出版社，2007，第 5～198 页。

以及与气象服务工作实际的结合成为未来全球气候服务框架实施的重要方向。

第五，强化伙伴关系和区域发展，推进价值链的延伸和事业发展支撑的可持续性。此次改革的重点之一是要加强与相关学术界、企业界、国际发展组织机构的合作伙伴关系，加强区域能力建设，推动综合发展、融合发展、区域发展、多学科价值链的延伸和发展方式的可持续。

当前，与私营企业合作的重大挑战是数据开放与共享的公共政策问题；与发展投资资助机构合作的关键是如何吸引其对发展中国家气象基础设施的投入，以及 WMO 参与能力建设计划的设计与实施管理；与学术界的合作将通过 WMO 设立的科学咨询机制强化指导，区域发展的改善，将力图通过强化世界气象中心、区域专业气象中心以及区域气候服务、水文管理、多灾种预警和区域能力建设等得到提升。这些都会在 2021 年的世界气象大会上报告进展，包括区域协会的改革方案的提出等。在 2023 年的世界气象大会上，上述各项改革与发展的进展将得到各成员国的全面检验。对此，我们将拭目以待。

结　论

自古以来，天气与人类的生产生活息息相关，影响着人类科学文化、政治、军事、宗教等方方面面。从古人靠天吃饭、被动接受各种天气现象带来的灾害，到主动研究天气规律、利用天气服务于人类的生产生活；从对天气“天马行空”神话般的认识，到科学地解释各种天气现象；从一个地区或者一个国家的古人与天气灾害进行“单打独斗”，到“全球监测、全球预报、全球服务、全球创新、全球治理”理念的发展和实践，气象的每一次进步都直接或间接地推动着人类的发展。

特别是从国际气象组织成立之后，气象逐渐从区域化转向国际化，气象学开始展现出对科技的强烈依赖，是数学、物理学、地理学、天文学等交叉学科的结晶。此后，随着更加强调政府间联盟的世界气象组织的诞生，标志全球气象国际合作进入了新的时期。

如今，历经 70 余年的发展，世界气象组织已进入改革发展的深水区，迎来全新的发展时期，需要各成员国的齐心协力。在世界各国的推动下，联合国也面临着改革的巨大挑战。一个以国际安全危机快速处置和可持续发展议题有效实施为重点，以机构更综合、运行更有效为导向的联合国改革正在酝酿之中。面对充满不确定性的国际环境，世界气象组织要迎难而上，直面前所未有的挑战，以更加敏捷的姿态引领全球气象事业的发展。

气象教育史

国立清华大学早期的气象学教育与人才培养

武海平*

摘　要：国立清华大学于1928年成立了地理学系，开设气象学课程，后在1932年改组为地学系，下设地质学、地理学和气象学三组。1938年4月，清华大学地学系随校先后迁至长沙和昆明，同北京大学地质系重组为地质地理气象系。本文详细论述了1928～1937年国立清华大学气象学科初创时期的课程设置、师资队伍、气象台建设和人才培养等状况，以期提高对我国气象科技史的认识，并为高等学校新建相关学科提供参考。

关键词：国立清华大学　气象学教育　人才培养　民国时期

国民政府初期，面对北洋政府留下千疮百孔的社会，国家迫切需要大量的专门人才恢复经济建设，地理学人才尤显匮乏。为适应社会发展及自身学科建设需要，国立清华大学于1928年成立了地理学系，开设气象学课程，后在1932年将地理学系改组为地学系，下设地质学、地理学和气象学三组。清华大学地学系注重学科交叉和师资队伍建设，在教学、科研及人才培养方面取得了较大成就，为推动国家的地质、地理和气象教育事业做出了重要贡献。

一　国立清华大学气象学科创建背景

1928年8月，清华学校更名为国立清华大学，罗家伦受教育部任命担任校长。9月18日，罗家伦到校宣誓就职，他在就职演说中即提出："我到

*　武海平，博士，清华大学地球系统科学系副研究员，主要从事历史地理、气象科技史研究。

北平以后，又深深地觉得以中国土地之广，地理知识之缺乏，拟添设地理一系。”[①] 该年11月29日至12月3日，国立清华大学董事会第一次会议在南京召开。此次会议上，罗家伦呈交其整理校务之计划报告书，成立地理学系一事获第一次会议通过，[②] 最初依附于历史学系。1929年6月，国立清华大学设文、理、法三个学院。地理学系在首任系主任翁文灏的主持下，经过近一年的筹备，从历史学系下独立出来，归属理学院。[③]

罗家伦后来在《我和清华大学》（1956年写）一文中曾谈到设立地理学系的主旨："我对添设地理学系，有浓厚的兴趣，因为中国讲了许多年的地理，所说的都是文、史、地混合的地理，而不是纯粹科学的地理。我的主张是若不赶快提倡科学的地理，把地形学、地图学，各种专门的学科发展起来，则我们无法对我们广大的国土能够有实际科学整理的方法。我并且主张把气象学和地震学一道包括在地理学系之内，局部地发展起来。"[④] 地理学系虽较之其他院系创办较晚，但在首任系主任翁文灏的主持下，延聘师资、增设课程、购置仪器图书、筹建气象台等，发展较快，"以各方面之热心与努力，骎骎然大有后来居上之概"[⑤]。

1932年11月30日，经校评议会议决，地理学系改名为地学系，[⑥] 由袁复礼任系主任，[⑦] 下设地质学、地理学和气象学三组。地质学、地理学、气象学的研究领域并非各自独立，对于三组之间的交叉关系，冯景兰进行了详细阐明，"大气作用为地质变化之一种，如寒暖变易，空气流动，在有地质上之兴趣，故研究地质者，不可不略知气象学。地壳为地质学研究之对象，如水陆分布，山川形势，在与地质作用地球历史有密切之关系，故研究地质者，不可不略知区域地理。至地理一科，包罗万象，上自天文气候，下至山原河海，均须略知梗概，然后知动植物分布，民族消长，政治盛衰，

---

① 罗家伦：《学术独立与新清华》，《清华大学史料选编》（第二卷上册），清华大学出版社，1991，第200页。

② 《本校董事会开会经过》，1928年12月19日，清华大学档案馆《国立清华大学校刊》第23期。

③ 《国立清华大学规程》，1929年6月14日，清华大学档案馆《国立清华大学校刊》第80期。

④ 罗家伦：《我和清华大学》，《罗家伦先生文存》（第七册），国史馆，1988，第400页。

⑤ 《地理学系消息》，1930年4月14日，清华大学档案馆《国立清华大学校刊》第161期。

⑥ 《第四十七次评议会会议记录》，1932年12月2日，清华大学档案馆《国立清华大学校刊》第463期。

⑦ 清华大学校史研究室编《清华大学一百年》（重印本），清华大学出版社，2017，第74页。

社会经济状况，与自然环境之关系，故学地理者，亦不可不略知地质学与气象学。此地学系三组间之相互关系也”①。

二 课程设置

国立清华大学初期奉行英美的“通识教育”，学生在大一不分院系，要求对人文、社会、自然等知识均有广泛综合的了解，为日后的学习打下扎实的基础。根据教务通则规定，“学生在修业期间须习完功课一百三十六学分，体育八学分，军事训练六学分，方得毕业”②。

地学系隶属于理学院。1934 年 11 月 21 日修正通过的《本科教务通则》中规定，理学院大一年级课程为：（一）大一国文（6 学分），（二）第一年英文（8 学分），（三）中国通史（8 学分）、西洋通史（8 学分）（以上两学程任选一门），（四）逻辑（6 学分）、高级算学（6 学分）、微积分（8 学分）（以上各学程任选一门），（五）大学普通物理（8 学分）、普通化学及定性分析甲（8 学分）、地质学（8 学分）、普通生物学（8 学分）（以上各学程任选一门）。③

大学第二年侧重于专业基础课，如气象学、地理原理、普通地质、世界地质等。“至三年级起始，分为地文地理与人文地理二组。学习地文地理者，又可各就所好，对于地质测量或气象等作深造之研究；学习人文地理者，亦可于经济地理、政治地理或人类学等，专深研究。”④ 可见，当时气象学组学生从大二开始修习专业基础课程和专业课程。

国立清华大学初期的气象学教育是非常强调通识教育和学科交叉的。如当时地学系王成祖教授所言：“气象学和气候学，西方很多大学也归在地质门教授。但是在实用方面它们都不能脱离地理学；对于地质的关系，气象学和气候学尤其是间接的。”⑤ 故气象学组的课程也允许地质学组、地理学组学生选修，因为一方面气象学与自然地理及人文地理有相当的关系；

---

① 冯景兰：《地学系概况》，《清华周刊》第 44 卷向导专号，1936 年 6 月 27 日，第 23 页。

② 《清华大学教务通则》，《清华周刊》第 35 卷向导专号，1931 年 6 月 1 日，第 18 页。

③ 清华大学校史研究室：《本科教务通则》，《清华大学史料选编》（第二卷上册），第 170 ~ 171 页。

④ 王成祖：《地理系概况》，《消夏周刊》1931 年第 7 期，第 223 页。

⑤ 王成组：《地理学的旨趣和需用》，《清华周刊》1928 年第 2 期，第 104 ~ 106 页。

另一方面也有其自身的需要，如生物气候学研究，地理面上气候如何适应，与动植物之发育于农业密切。高空观测则与航空有莫大的关系是也。[①] 冯友兰教授也说："所应特别提出者，即此课程表之拟定，对于专门技术之修养，及基本学科之训练，均极重视。本系学生，第一年可学物理、化学、历史、普通地质或生物等之基本科学；第二三年可选矿物、测量、地理、气象、岩石、构造地质、地质测量、区域地理等，本系之必修课程；第四年可因性之所近，于地理、地质、气象，三者任择一组而学习其必要学程及选修课程，庶免专攻太早之弊，而收融会贯通之效。"[②]

三　师资队伍

国立清华大学初期，罗家伦、梅贻琦等历任校长非常注重聘请高水平教师。梅贻琦校长提出："一个大学之所以为大学，全在于有没有好教授。孟子说：'所谓故国者，非谓有乔木之谓也，有世臣之谓也。'我现在可以仿照说：'所谓大学者，非谓有大楼之谓也，有大师之谓也。'我们的智识，固有赖于教授的教导指点，就是我们的精神修养，亦全赖有教授的 inspiration。"[③]

在学校的支持下，地学系多方聘请优秀人才来校任教。如 1932 年，参加西北考察团的袁复礼教授在离校五载后，结束考察事务后由乌鲁木齐返北平，回校后担任地学系主任。[④] 当时气象学组优秀的师资包括教授张印堂、教授李宪之、兼任教授赵九章（西南联大时期）、讲师刘衍淮、讲师涂长望（气象研究所专任研究员）、讲师严开伟、讲师仇永炎、讲师黄厦千（气象台台长）以及气象台助理孙瑞琉、黄绍先、赵恕等。

四　气象台

国立清华大学筹建地理学系初期，就考虑建设气象台，其主要原因在

① 袁复礼：《地学系概况》，《清华周刊》第 41 卷向导专号，1934 年 6 月 1 日，第 28 页。

② 冯景兰：《地学系概况》，《清华周刊》第 44 卷向导专号，1936 年 6 月 27 日，第 21 页。

③ 《梅校长到校视事召集全体学生训话》，1931 年 12 月 4 日，清华大学档案馆《国立清华大学校刊》第 341 期。

④ 清华大学校史研究室编《清华大学一百年》，清华大学出版社，2011，第 74 页。

于“我国目下最缺乏之地理人才，似不在高谈学理，而在能做实地工作，该系课程之组织，亦即本此意旨而定，故于上学年中，即建筑气象台，购置大批气象仪器，以便造成高深而实用之气象人才”[①]。自1930年5月，气象台开建，历经一年，于1931年5月落成，“为每日观测及气象课程实习之用”[②]。据赵恕（1933）记载：“气象台位于体育馆西面一座小土山上，是一座单间四层钢筋水泥结构的楼房。大门口有篆体‘气象台’三字，系翁文灏手笔。”[③] 1931年《清华周刊》刊载黄厦千的《气象台概况》，该文对气象台筹建缘由、概况等进行了介绍。

气象台概况[④]（黄厦千）

气象台之积极筹备建设，始于民国十八年秋，盖因空气为地球质料之一，完备之地学系，不可不有气象学程，空言气象而无实测以助研究，难免不流于理化无实验、工艺无实习之弊也。考一八七三年国际气象大会议决案件，凡气象上各种仪器设备齐全，且有各项标准仪器者，称为气象台，设备不全者，依其设备简单程度分称为一等二等三等测候所。本系为研究便利计，决照气象台标准条例筹备，除分向英德法美各著名气象仪器公司购办各项精密仪器外，为适宜于安置测风仪器及观察等用起见，特以三万三千余元建筑对经二十四英尺高五层共九十英尺之八角形高台，自民国十九年七月兴工至今历十个月始告成功，订购之仪器亦已陆续到齐，举其重要者之名称、用途、价目如下：

（甲）属于气压者

（一）英国伦敦纳格勒底、桑勃拉（Negretti & Zambra）公司制造之福尔丁式七号标准大气压表（No. 7，Standard Fortin Barometer），价值国币一千元。（以下所述均以国币计算）

（二）德国柏林浮斯（R. Fuess）公司制造之一号精密气压表（No. 1，a Praezision Barometer），能读气压至百分之二耗（mm），价值二千元。

（三）德国柏林浮斯公司制造之二号标准气压表（No. 2，Normal Barom-

---

① 王成祖：《地理系概况》，《消夏周刊》1931年第7期，第223页。

② 冯景兰：《地学系概况》，《清华周刊》第44卷向导专号，1936年6月27日，第22页。

③ 赵恕：《有关清华大学地学系气象组和气象台的史料》，2009年6月8日，https://www.tsinghua.org.cn/info/1952/17839.htm。

④ 黄厦千：《气象台概况》，《清华周刊》第35卷向导专号，1931年6月1日，第87~89页。

eter)，价值五百五十元。

（四）德国柏林浮斯公司制造之电传滑锤式自记水银气压计，此仪器用电流传达气压之变化，极为灵敏，能自记载气压至百分之一耗，为现代各种自记气压计中之最精者，价值五千六百元。

（乙）属于风者

（一）英国伦敦纳格勒底、桑勃拉公司制造之空管式自记风向风速计，此器利用风来时之压力，自行记载风速，能记载极短时间内之最大风速，兼记风向，在各种测量风速仪器中，最为新颖，价值二千元。

（二）法国巴黎立却（J. Richard）公司制造之电传自记风速计，此器能自行记载每小时风之总行程及每秒钟风之平均速度。均用电力传导，构造上颇新颖，价值一千四百元。

（三）美国弗力支（Julien P. Friex & Sons）公司制造之电传四项自记仪（Quadruple Register），一称气象仪（Meteorograph），除自行记载风速、风向外，兼记雨量及日照时数，均用电力传导，价值四千元。

（丙）属于温度、湿度者

（一）德国柏林浮斯公司制造之标准干湿球温度表（Psychrothermometers）数具，刻度至摄氏五分之一度，价值各一百十元。

（二）德国柏林浮斯公司制造之风扇温度表（Aspiration Psychrometers）数具，此温表以风扇作用，使空气流动，得正确之气温及湿度，价值各二百七十元。

（三）法国巴黎立却公司制造之大号自记温度表及湿度表，能自记载温度至摄氏十分之一度，价值各二百元。

（四）英国伦敦纳格勒底、桑勃拉公司制造之自记地内温度计，能自记载地面下数米深度之温度变化，价值七百元。

（五）德国柏林浮斯公司制天秤式自记蒸发计，及法国巴黎立却 J. Richard 公司制自记纸面蒸发计各一具，均能记载蒸发水量至十分之一耗厚度，价值各二百五十元。

（丁）属于降水量者

（一）德国柏林浮斯公司制自记量雪计（Registrierender Schneermesser），能随即自记从空中下降之雪量，为其他自记量雨计所不及，价值五百二十元。

（二）英国伦敦喀塞拉（C. F. Casella）公司制造之曲管式自记量雨计，记录雨量，颇为详确，价值三百六十元。

此外尚有多种其他仪器不备录，总价值已达一万八千元左右，清华大学又向德国订购一口径一百三十耗放大二百七十五倍之赤道望远镜（Equatorial Telescope），为观察太阳黑子及其他天文观测之用，该镜附有转动钟，能自追随天体转动，为用颇便。目前第一步工作，拟利用已有仪器，观测近地面层之气象概况，一面装置无线电收发机，与各气象机关互通消息，以便研究。近年各国气象台，咸注意上层空气之观测，上层空气之状况与下层空气息息相关，为穷源竟委计，非远及上层不可。本系颇希望在最近之将来，亦能有上层观测之设备也。

鉴于气象台已大致布置就绪，地理学系决定自1932年1月1日起，“逐日在图书馆前特制之公告箱内，发布本地观测所得之气象报告；及由无线电收听所得之外埠各地天气状况。1933年毕业于物理系的赵九章，次年考取第二届留美公费生，在导师叶企孙的建议下赴德国柏林大学转学气象学，曾在气象组补习气象课，并常到气象台查阅天气图”[①]。

自1932年3月起，清华气象台“按期在校刊上发布逐日观测报告”[②]，后“因所测得之本地纪录渐多，乃开始编印报告，每三个月一册，定名《气象季刊》，分向国内及世界各国气象机关交换”[③]。当时气象台观测资料颇受国内外气象学家重视。在清华气象台工作过的师生经常查阅这些资料在国内外期刊上发表文章。

五　人才培养

国立清华大学初期，为确保人才培养质量，招生规模没有太大扩充，故入学录取率呈下降趋势。地理学系于1928年筹办，时附于历史学系下，

① 赵恕：《有关清华大学地学系气象组和气象台的史料》，2009年6月8日，https://www.tsinghua.org.cn/info/1952/17839.htm。

② 黄厦千：《地理学系气象台启事》，清华大学档案馆《国立清华大学校刊》第377期，1932年3月4日。

③ 黄厦千：《气象台概况》，《清华周刊》第41卷向导专号，1934年6月1日，第37~40页。

当年招生学生钟道铭1人。1929年，地理学系有学生9人,[①] 1930年有学生15人,[②] 至1936年则达到90人[③]。其中除了一年级学生，地理学系还招收转学生，如1932年本科二年级转学生有王拱北;[④] 1935年二年级转学生有陈四箴、胡善恩，三年级转学生有苏永煊、黄绍鸣。[⑤]

国立清华大学初期对于学生的培养要求十分严格，1928～1937年，全校淘汰率为27.1%，其中理学院最高淘汰率曾达69.8%。[⑥] 地学系（1932年11月30日前称为地理学系）于1928年开始招生，1931年第一届毕业学生1人，其后毕业人数逐年增多，如1932年毕业学生4人、1933～1935年每年均毕业学生6人，1936年毕业学生9人，1937年毕业学生达12人。1931～1937年地学系共计毕业学生44人。[⑦] 毕业学生名单见表1。

表1　1931～1937年国立清华大学地学系毕业生名单

第三级毕业生						
姓名	性别	籍贯	年岁	系别	毕业岁月	备注
钟道铭	男	安徽和县	二十三	地理	民国二十年六月	曾于民国廿年六月在历史学系毕业
第四级毕业生						
姓名	性别	籍贯	年岁	系别	毕业岁月	备注
林文奎	男	广东新会	二十二	地理	民国廿一年六月	
徐乾一	男	江苏泰县	二十六	地理	民国廿一年六月	
许桂馨	男	江苏江宁	二十四	地理	民国廿一年六月	
顾尔馈	男	江苏南通	二十四	地理	民国廿一年六月	

① 清华大学校史编写组编著《清华大学校史稿》，中华书局，1981，第215页。

② 本系同人:《地理学系概况》,《清华周刊》第35卷第11～12期，1931年6月1日，第87页。

③《地学系学生名单》，1936年10月9日，清华大学档案，全宗号1，目录号2：1，案卷号76，第17～18页。

④《校长办公处通告（第二十七号)》，1932年8月20日，清华大学档案馆《国立清华大学校刊》第426期，第39页。

⑤《二十四年度考取学生名单》，1935年8月22日，清华大学档案馆《国立清华大学校刊》第676期，第13页。

⑥ 金富军:《迅速崛起的国立清华大学》,《清华人》2007年第2期，第54页。

⑦ 清华大学校史研究室编《清华大学史料选编》（第二卷下册)，第800～858页。

续表

第五级毕业生						
姓名	性别	籍贯	年岁	系别	毕业岁月	备注
黄宗福	男	广东梅县	二十四	地理	民国廿二年六月	
王　植	男	江苏常熟	二十五	地学	民国廿二年六月	
张兆瑾	男	浙江江山	二十七	地学	民国廿二年六月	
程裕淇	男	浙江嘉善	二十二	地学	民国廿二年六月	
祁延霈	男	山东益都	二十三	地学	民国廿二年六月	
杨遵仪	男	广东揭县	二十五	地学	民国廿二年六月	
第六级毕业生						
姓名	性别	籍贯	年岁	系别	毕业岁月	备注
夏湘蓉	男	江西南昌	二十五	地学	民国廿三年六月	
李唐泌	男	山西徐沟	二十五	地学	民国廿三年六月	
李庆远	男	浙江鄞县	二十三	地学	民国廿三年六月	
李良骐	男	贵州贵阳	二十三	地学	民国廿三年六月	
刘　汉	男	安徽舒城	二十三	地学	民国廿三年六月	
刘玉芝	女	湖北黄安	二十二	地学	民国廿三年六月	
第七级毕业生						
姓名	性别	籍贯	年岁	系别	毕业岁月	备注
李　琳	男	河北通县	二十八	地学	民国廿四年六月	
刘海晏	男	辽宁新民	二十五	地学	民国廿四年六月	
叶以粹	男	江苏镇江	二十五	地学	民国廿四年六月	
陈增敏	男	安徽来安	二十五	地学	民国廿四年六月	
李洪谟	男	湖南湘潭	二十三	地学	民国廿四年六月	
王拱北	男	山西徐沟	二十五	地学	民国廿四年六月	
第八级毕业生						
姓名	性别	籍贯	年岁	系别	毕业岁月	备注
孟昭彝	男	河北宛平	二十四	地学	民国廿五年六月	
张英骏	男	河南荥阳	二十三	地学	民国廿五年六月	
程纯枢	男	浙江金华	二十三	地学	民国廿五年六月	
熊秉信	男	云南弥勒	二十四	地学	民国廿五年六月	
李秀洁	男	山东昌邑	二十七	地学	民国廿五年六月	
刘辉泗	男	江西南昌	二十四	地学	民国廿五年六月	
王钟山	男	河北抚宁	二十五	地学	民国廿五年六月	
汪国瑗	男	江西上饶	二十三	地学	民国廿五年六月	
么振声	男	河北丰润	二十七	地学	民国廿五年六月	

续表

第九级毕业生						
姓名	性别	籍贯	年岁	系别	毕业岁月	备注
汪家宝	男	安徽怀宁	二十六	地学	民国廿六年六月	
张有年	男	山西平定	二十五	地学	民国廿六年六月	
蒋宪端	女	江苏太仓	二十五	地学	民国廿六年六月	
仲跻耀	男	山东范县	二十八	地学	民国廿六年六月	
郭晓岚	男	河北满城	二十五	地学	民国廿六年六月	
曾繁礽	男	湖南永兴	二十五	地学	民国廿六年六月	
何玉珍	女	广东新会	二十二	地学	民国廿六年六月	
刘好治	男	河南安阳	二十五	地学	民国廿六年六月	
刘迪生	男	辽宁安东	二十六	地学	民国廿六年六月	
彭国庆	男	辽宁铁岭	二十二	地学	民国廿六年六月	
苏良赫	男	河北丰润	二十四	地学	民国廿六年六月	
苏永煊	男	四川华阳	二十三	地学	民国廿六年六月	

说明：表中地名均为当时称谓。

资料来源：清华大学校史研究室编《清华大学史料选编》（第二卷下册），第800~858页。

国立清华大学地学系自成立伊始即注重通识教育，强调理论与实践相结合，特别是教师们十分注重实地勘查，经常带领学生外出实习，不辞辛苦、以身作则，使学生在理论知识及实践能力等方面都受到全面培训，为学生日后发展奠定了坚实的基础。

冯景兰教授曾说："地学系地质组毕业之学生，可从事于地质之调查，矿产之探验，土壤之研究；气象组毕业之学生，可从事农业、水利、航空、航海，各方面气象之观测；地理组毕业之学生，可从事于探险事业，或教育事业，可研究土地利用，或计划交通发展。故本系成立虽只六七年，毕业学生虽不甚多，然从事于航空事业者，从事于地学教育者，服务于实业部地质调查所、中央研究院地质研究所、气象研究所、历史语言研究所，继续做研究工作者，已不乏人。良以地学之范围既广，学地学者之职业途径自多，要视学者之才力如何耳。"①

国立清华大学初期地学系气象学毕业生在各自的岗位上尽职尽责，成为一批优秀的气象学家，同时在科研领域也取得了突出成就，对国内地质

① 冯景兰：《地学系概况》，《清华周刊》第44卷向导专号，1936年6月27日，第24页。

事业及社会发展做出了重要贡献。具体如下。

林文奎（1932 年毕业），后考入杭州笕桥中央航校第二期，1934 年毕业后被派往意大利留学；抗战之初曾奉命前往美国旧金山为中国空军招募华侨，并募款为国购买战机；返国后受聘担任陈纳德将军的机要秘书及情报室主任，并协助其组建著名的飞虎队。

李良骐（1934 年毕业），曾任贵州省气象所长、华北气象台台长等。

程纯枢（1936 年毕业），曾任国民政府中央气象局上海气象台台长、中央气象局正研级高级工程师、总工程师、副局长等，1980 年当选为中国科学院学部委员（院士）。

结　语

国立清华大学初期秉承通识教育和学科交叉的办学理念，在地学系下设置地质、地理和气象三个组，鼓励学生交叉选课，并建造气象台等基础设施提升科学研究水平，强化学生的动手实践能力。自 1928 年成立地理学系起，至 1938 年南迁长沙止共 10 年，尽管这一时期不长，地学系气象组却开设了气象学、气候学、理论气象、航空气象、农业气象等课程，培养了一批以程纯枢为代表的气象学人才，为中国现代气象学的发展奠定了人才基础，并积累了宝贵的办学经验。

地方气象史

营口气象站百年历史

王　涛　徐亚琪　杨晓波　杨　佳*

摘　要： 营口是中国东北第一个对外通商口岸，也是东北地区近代气象观测起步最早的城市，它的气象观测历史横跨百年，涵盖海关时期、日本侵占时期以及新中国成立后气象活动的多个阶段。2017 年 5 月 17 日，营口气象站入选世界气象组织首批百年气象站。在中国大陆同时入选的三个气象站中营口气象站旧址是唯一留存的台站。2017 ~ 2019 年，营口市气象局依托旧址建成营口百年气象陈列馆，在旧址施工过程中，意外发现当年侵华日军焚烧气象观测记录的遗迹，经过发掘修复，留下了珍贵的气象历史文化遗产。

关键词： 百年气象站　营口气象站　气象史　文化遗产

2017 年 5 月 17 日，在世界气象组织执行理事会第 69 次届会上，营口气象站以其百余年的气象观测、百余年的气象探测环境保护、百余年的气候资料，被世界气象组织认定为全球首批百年气象站（全世界共 60 个），成为营口城市内涵和城市文化的重要载体。

一　营口气象站百年历史

（一）新兴的气象观测

营口是中国东北近代气象观测起步最早的城市，早在开埠之初就已经有了气象观测活动。1858 年 6 月，清政府被迫签订不平等的《天津条约》，

*　王涛，葫芦岛市气象局，高级工程师；徐亚琪（通讯作者），营口市气象局，工程师；杨晓波，营口市气象局，高级工程师；杨佳，盖州市气象局，工程师。

在条约中提到增开的通商口岸中，牛庄位列其中。1861 年 5 月，英国首任驻牛庄领事馆领事托马斯·泰勒·密迪乐以“牛庄距海口甚远和停泊不便”为由，强行让当时称为没沟营的营口替代牛庄开埠，并在营口设立领事馆。由此，营口代替牛庄，成为中国东北第一个对外通商口岸。因中英《天津条约》不易修改，故此，开埠后所提到的牛庄口岸，实际上指的就是营口。①

营口开埠，营口的气象观测也应运而生。1861 年，英国领事密迪乐在领事馆的外墙挂上温度计进行气温观测，并在其 1865 年上报英国驻营口领事馆的贸易报告中列出了营口 1861 ~1865 年各月最高、最低气温（见图 1）。

NEWCHWANG. 269

making remittances by bills, and to the speedy and safe modes of goods transport whether by water or by land. Here, it seems to me, the mandarins would be quite justified in stopping the exportation of corn if they had fair reason to apprehend that sufficient was not being retained to feed the district till the next ensuing harvest.

In closing the subject of land communication, I should mention that at a few of the more difficult mountain passes temples are found which have been endowed by subscription or by the bounty of public-spirited individuals, and which are charged with the duty of keeping the roadway over the mountain ridge in fair condition.

General Remarks.

The result of our five years' experience of the climate may be given under this head.

The following is a Table of extreme temperatures observed. It gives information much more required by the proposing resident or traveller in new countries than mean temperatures. It shows him what extremes of heat and cold he will have to encounter at times, and for which he must be prepared or suffer severely in consequence. For mean temperatures people are rarely insufficiently prepared. The chief practical defect of the Table is, accordingly, the absence of a column showing the heat in the sunshine in summer. The observations from which it is made were all taken from Fahrenheit's thermometers suspended on the northern faces of house walls on which the sun never shines, therefore in the coldest and coolest places :—

Month.	Coldest.		Warmest.	
	Morning at Daybreak.	Afternoon at 2 to 4 P.M.	Morning at Daybreak.	Afternoon at 2 to 4 P.M.
January	−10°	5°	39°	44°
February	−10	7	35	50
March	0	14	43	60
April	27	41	53	68
May	41	52	65	74
June	57	70	76	94
July	62	74	79	97
August	63	73	77	95
September	41	52	73	80
October	28	42	66	71
November	7	17	52	61
December	−6	2	32	44

The coldest months are December, January, and February. The greatest cold of a winter may occur in any of these months, but is most likely to occur in January and first half of February.

The warmest months are June, July, and August. The greatest heat of a summer may occur in any of these months, but is most likely to occur in July and first half of August.

The number of days in any one winter on which the thermometer stands at daybreak below zero does not exceed ten, and it rarely is below zero for more than two mornings in succession. In the coldest winter afternoon it always rises above zero.

In a cool room, with venetian blinds, the temperature does not rise above 80° except for a few hours during some twenty-five to thirty-five afternoons in each summer, and these comparatively hot days do not occur together but are distributed, with cool intervals, in groups of three to five throughout June, July, and August. In these months the temperature

图 1　1865 年英国驻营口领事馆贸易报告

1871 年，营口海关医官詹姆斯·沃森在向总税务司赫德呈交的第一份医报——《牛庄港医务报告——至 1871 年 3 月 31 日结束的半年期》中引用了密迪乐先生的报告（见图 2），并补充了他本人观测的 1870 年最后 3 个月和 1871 年最初 3 个月的最低温度，他和密迪乐使用同一制造商生产的温度计，并用了同样的观测方法。詹姆斯·沃森提出密迪乐记录极端温度的用意

① 徐亚琪、白福宇：《百年气象站·营口篇》，《气象知识》2019 年第 3 期，第 26 ~28 页。

是他认为极端温度相比于平均温度更易受到一些人群的关注，詹姆斯·沃森对此表示认同并指出平均温度作为参考确实具有一定的误导性。[①]

20 CUSTOMS GAZETTE. [APRIL–JUNE,

really the important ones to know. They alone enable us to appreciate what we have to endure and what we have to prepare for. Average temperatures are simply misleading, and very often seriously so. Certainly misleading if the extreme temperatures are not given.

TABLE of EXTREME TEMPERATURES, the Result of Five Years' Observation of this Climate. (The Observations were taken from Fahrenheit Thermometers suspended on the Northern Faces of Stone Walls.)

MONTHS.	COLDEST.		WARMEST.	
	Morning at Daybreak.	Afternoon, 2 to 4 p.m.	Morning at Daybreak.	Afternoon, 2 to 4 p.m.
	°	°	°	°
January	−10	3	39	44
February	−10	7	35	50
March	0	14	43	60
April	27	41	53	68
May	41	52	65	74
June	57	70	76	84
July	60	74	79	87
August	63	73	77	85
September	41	57	73	80
October	28	42	66	71
November	9	17	52	61
December	− 6	2	37	44

In addition to the preceding, I add a table of the coldest temperatures for the last three months of 1870 and the first three months of 1871. The observations were made with instruments by the same makers and in the same manner as in the above table.

MONTHS.	COLDEST during the 24 Hours.	REMARKS.
1870.	°	The winter months were unusually cold. We had on several occasions a succession of three, four and five days when the thermometer went below zero. During these our coldest days, there was little or no wind, and as a consequence the winter, although an exceptionally cold one, was not felt to be so. In many respects it was a very pleasant winter. The air was delightfully clear, and the three or four showers of snow which occurred had a considerable effect in preventing local duststorms, besides, enhancing the stimulant character of the climate.
October	28	
November	15	
December	− 7	
1871.		
January	−10	
February	− 6	
March	5	

图2 《牛庄港医务报告——至1871年3月31日结束的半年期》中密迪乐与沃森的观测数据

根据现有资料可以认定，早在1861年，营口就出现了气象观测记录，是东北地区最早拥有气象观测记录的城市。营口地区的气象观测历史由此可以追溯至晚清时期。

（二）海关时期的气象观测

1864年清政府在营口设立“山海新关”，亦称“洋关”“东海关”，由英国人捷·马吉为首任署理税务司，是东北地区最早管理对外通商的海关机构，东海关专司征收轮船的进出口税，隶属于清政府总理各国事务衙门

① 徐亚琪、杨晓波等：《营口百年气象站历史与观测数据》，《全球变化数据学报》2020年第3期，第279~292页。

下属的中国总税务司署，管辖营口港轮船停泊区及营口周围50里以内各贸易口岸的海关事务。

同时位于营口西部还有清政府管理的“山海钞关”，也称“西海关”。西海关专司征收帆船和内陆贸易的关税、厘金，隶属于清中央政府，管辖营口港西部船舶停泊区以及渤海东北部沿岸大小72处国内贸易口岸的海关事务。

当时营口出口货物以大豆及其相关产品为主，到1882年，营口输出的大豆、豆饼、豆油已超过200万担。据当时报纸记载，营口刮三天大风，上海的豆油就会涨价，由此可见气象对货物流通、航运安全影响很大。为确保航运安全，清政府海关总税务司赫德在1869年发布《海关28号通札》命令，要求在南起广州、北至牛庄的各口岸海关和灯塔所在地建立测候所，并将气象观测列入海关的海务五项基本业务之一。海关观测网的建立，不仅对保障船舶海洋航运安全起着十分重要的作用，而且对了解和研究中国及东亚地区的天气、气候有着重要的价值。

营口海关测候所建于1880年2月，站址位于海关院内靠近辽河的一侧，中国气象局档案馆现存有其1890年3月至1932年5月的气象观测月总簿。1902年以前，营口海关测候所每年约在3～11月进行观测，观测的项目包括气温、气压、风向等，每日定时观测八次，部分年份每日观测4次或6次，观测工作由海关外勤人员兼任。[①] 1902年以后，开始全年进行观测，观测项目包括气温、气压、风向、风速、降水量、能见度、天气现象、海浪、水位高度、高水位出现时间等，每日定时观测8次。

除了日常气象观测，营口海关测候所还担负着编发气象报告和发布大风信息警报的任务。观测员通过在观测场的信号杆上方悬挂不同形状和颜色的信号标来发布大风、暴雨等气象信息警报，为来往船只提供气象情报。在中国海关博物馆还存有海关机构专门编撰的《气象观测和东海风暴规律的讲义》原件，出版时间为清光绪十三年（1887）；以及民国二十二年（1933）出版的《关于气象工作的指令》原件。

1879年夏天，上海徐家汇观象台利用手头有限的数据，准确预测出将

① 王敬文、阎海、王继鹏：《营口是近代东北最早开展气象观测的城市》，《营口日报》2017年6月23日，第7版。

有台风袭击上海，发布了台风袭沪的预报，起到了很好的服务效果。为了更有效地进行沿海气象保障服务工作，1882 年 10 月，海关总税务司赫德通令各海关测候所将气象观测记录传送至上海徐家汇观象台，从此，包括营口海关测候所在内的各海关测候所与徐家汇观象台建立了合作关系，为其进行天气预报提供气象资料。海关气象观测时次也变为每日 8 次、6 次或至少 4 次。

1932 年 5 月，因侵华日军占领，营口海关测候所停止气象观测。1932 年 6 月 27 日，营口海关被日伪当局武装接管。9 月 25 日，总税务司通令封闭东北三省各地海关，中华民国海关管辖的营口海关正式关闭。

（三）日本侵占时期的气象观测

1904 年，日俄为了争夺在我国东北和邻邦朝鲜地区的势力范围，日俄战争爆发。为了满足战争需要，日本政府指示日本中央气象台在中国东北和朝鲜地区设立气象观测站点。1904 年 8 月 5 日，日本中央气象台于大连青泥洼设立第六临时观测所，营口设立第七临时观测所（见图 3），次年在旅顺设立办事处、在奉天设立第八临时观测所，均为侵华日军提供气象情报。[①]

日本的气象观测工作归文部省管理，但在第七临时观测所的设立文件上，除了有文部大臣久保田让的签名外，还有陆军大臣寺内正毅的签名，由此可充分证明气象观测所是为了战争需要而设立的。1904 年 9 月，营口第七临时观测所开始进行气象观测，10 月开始有正式的气象记录。

据史料记载，营口第七临时观测所站址最早设在旧市街鼋神庙街的三义庙。1907 年 11 月 1 日其站址迁至牛家屯，1909 年 10 月 25 日自牛家屯迁至新市街青柳町一丁目，也就是现在的营口百年气象站旧址所在之处。观测所刚设立时主要的观测要素包括气温、气压、湿度、降水量、风向、风速、云量云形、天气现象、地震等，之后又逐渐增加了雪深、日照、蒸发、地温、草温等要素。

1905 年 10 月，日本在辽阳设立关东总督府。1906 年 5 月，关东总督府从辽阳迁至旅顺，8 月后改称关东都督府，作为日本在中国东北实行军政统治的殖民机构。1906 年 9 月 1 日，日本政府施行关东都督府管制，各临时

---

① 吴增祥主编《中国近代气象台站》，气象出版社，2007，第 53 页。

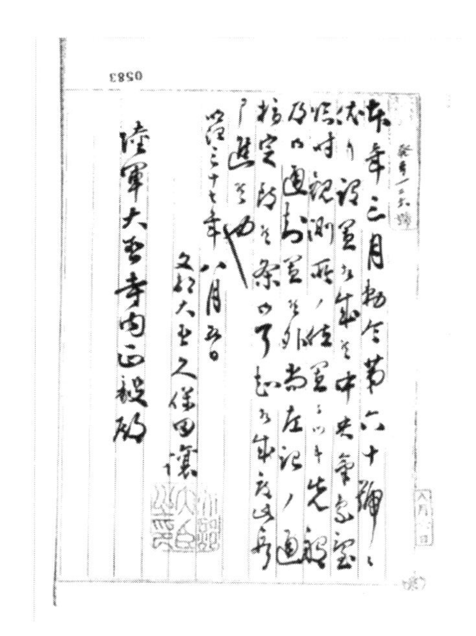

图 3　第七临时观测所设立文件（部分）

观测所、观测支所移交给关东都督府统辖，并改称测候所，由此第七临时观测所改称营口测候所。1908 年，日本政府实施关东都督府观测所管制，大连测候所改称关东都督府观测所，营口测候所改称营口观测支所。1919 年 4 月 12 日，关东都督府撤销，改设关东厅，营口观测支所更名为关东厅观测所营口支所。1934 年 12 月 26 日，关东厅观测所改称关东观测所，营口支所由此改称为关东观测所营口支所。

1937 年 12 月 1 日，日本政府实行所谓的“废除治外法权”，将新京（长春）、四平街（四平）、奉天（沈阳）、营口等观测支所移交伪满“中央观象台”，但实际上仍由日本人把持。[①] 1945 年，日本战败投降，关东观测所营口支所的气象观测就此结束。

日本在对我国东北进行军事侵略的同时，还进行着经济侵略。1906 年，日本殖民者根据日本政府第 142 号敕令，建立“南满洲铁道株式会社”，简称“满铁”。1907 年，“满铁”正式开业，经营南满铁路的一切权益及附属事业。表面上“满铁”是一个实业经济性质的公司，实际上是日本对中国

---

① 吴增祥主编《中国近代气象台站》，第 54 页。

东北进行殖民侵略的机构，掠夺我国的各种资源送回日本。为了对农业、园艺、煤矿、钢铁工业等提供气象观测资料服务，1913 年起，“满铁”相继在铁路沿线所属事务所、农事试作场等机构附设气象测候所。

位于营口熊岳的“满铁”熊岳城苗圃始建于 1909 年，1913 年 4 月更名为“南满洲铁道株式会社产业试验场熊岳城分场”，并设立观测所。1914 年 1 月 1 日开始观测并有正式气象记录。“满铁”产业试验场熊岳城分场观测所（现熊岳国家基本气象站）是“满铁”在中国东北地区最早设立的农业气象观测所，它除了为开展农事、园艺等活动提供气象服务外，还为日军航空飞行作战提供气象观测数据。1918 年 1 月 15 日，“产业试验场熊岳城分场”更名为“农事试验场熊岳城分场”，1936 年，归“满洲国”中央观象台管理。1945 年，日本无条件投降后，停止气象观测。

同营口气象站旧址一样，熊岳气象站旧址也在百余年后留存下来，如今的熊岳国家基本气象站已成为中国的百年气象站成员之一。拥有两个百年气象站且旧址均保存完好，使营口在中国近代气象史上占据十分重要的地位。

（四）新中国成立后的气象观测

1948 年 2 月 26 日，营口解放，1949 年 2 月 27 日，东北人民政府农业部水利总局东北气象台派专员来营口，选定东升街 32 号营口气象站旧址重新建站，开启了营口气象事业发展的新篇章。1949 年 4 月 1 日，营口恢复了中断 5 年的气象观测。1951 年 6 月，李贵学被东北军区气象处抽调到营口并被任命为营口气象站第一任站长。

营口气象站建站初期，观测员都是在办公的平房上面搭个木架子看天气，观测设备也十分简陋，除有小型蒸发皿外，其余的项目均以目测为依据。但是作为国家站网台站，营口气象站的观测业务已经比较全面，1949 年 5 月 17 日开始观测时，观测项目已达 12 种，随着业务的发展，观测项目数量也在陆续增加。

1949 年 4 月 1 日至 1985 年 12 月 31 日，气象观测方式主要以“人工观测，手工编报”为主，1986 年 1 月 1 日至 1999 年 12 月 31 日，观测方式发展到“人工观测，自动编报”阶段，随着时代的发展和气象现代化建设的不断推进，观测方式逐步由手动转变为自动。2002 年 1 月 1 日起，Ⅱ型自动站开始单轨运行，取消气压自记、温度自记、湿度自记、风自记。气温、气压、相对湿度、风向、风速、地温、降水等部分要素实现了自动观测。2013 年 5 月 31 日 20 时，新型自动站建设完成并正式运行，撤销已经实现自动观测的人工器测设备，实现了温度、湿度、气压、风向、风速、降水、地温、能见度、蒸发、视程障碍类和降水类天气现象等气象要素观测的自动化。

随着气象现代化建设的飞速发展，营口气象站作为中国东北近代气象观测的先驱，已经发展成为全天候、自动化、多要素、立体式的综合气象观测站（见图 4）。如今营口气象站担负的基本业务除地面气象观测外，还包括雾霾探空观测、大气降尘观测、酸雨观测、闪电定位监测、紫外线监测等，观测资料参与国际交换。

图 4　营口国家基本气象站现貌（营口市气象局提供）

新中国成立以来，营口气象站先后经历了 3 次迁站。1955 年，站址自旧址迁至营口市通惠街郊外；1973 年，站址迁至营口市站前区东风路 58 号郊外；2005 年，站址再次改变至营口市西市区西炮台公园规划区内。数易其址的营口气象站见证了原本简易的气象观测设备发展成为标准化的气象观测场，也见证了营口城市的发展和气象科技的进步。

营口气象站的站址迁移侧面反映出探测环境保护对气象观测的重要性，2017年8月14日，营口市政府决定将气象站现址作为不可迁移站址予以长期保护，这不仅肯定了它在气象观测历史中的赫赫功绩，而且使一份优秀的文化遗产得到长期而有效的保存。①

二　营口气象站旧址的保护与修缮

营口气象站旧址始建于1907年，1909年建成，距今已有110余年的历史。百年沧桑，几经沉浮，旧址的存在已渐不为人所知，2017年5月17日营口气象站被认定为世界百年站后，多家新闻媒体对此事进行了宣传报道，营口一位历史爱好者看到新闻后于2017年5月26日通过微信公众号“在营口”发表了一篇文章，里面直接提到了营口气象站的旧址位置和当时的样貌。正是通过这篇文章，相关部门才得知营口气象站旧址仍留存，便立刻找到并申请对其进行保护。

这栋建筑留存逾百年，年久失修，楼体十分破败（见图5），为了对旧址文物保护利用，在中国气象局、辽宁省气象局以及营口市委、市政府的大力支持下，2018年8月，营口市气象局本着“修旧如旧，恢复原貌”的原则开始对旧址建筑进行修缮，2019年5月，修缮完成，不仅恢复了旧址建筑的历史风貌，解决了建筑年久失修的问题，还延长了建筑的使用寿命，为旧址建筑的利用创造了条件。

为了使气象文化遗产长久留存并发挥其历史作用，营口市气象局在其中建设了营口百年气象陈列馆。2019年11月，展示营口开埠商贸文化和百年气象历史发展的营口百年气象陈列馆正式建成（见图6），陈列馆以“百年风云，万千气象”为主题，展馆面积315.8平方米，馆内共分为3个展区9个展厅，包括营口百年气象展、气象仪器专题展以及多媒体互动展三大展区。营口百年气象展又包括世纪风雨、万象更新和时代华章三个部分。整个展馆通过历史图片、实物展品、场景复原、史料书籍、体感互动、多媒体演示等多种形式，充分发挥气象历史文化价值和科普宣教功

① 刘雅鸣主编《中国的世界百年气象站（一）》，气象出版社，2019，第80~81页。

图5　修缮前的营口气象站旧址（营口市气象局提供）

能。[①] 气象仪器专题展是陈列馆的一大亮点。展区中共陈列有展品51件，包括不同国家、不同时期的用于观测记录温度、湿度、风、气压、降水、日照等多种观测要素的仪器实物，这些不同时期的气象仪器见证了气象科技的发展和进步（见图7）。

图6　营口百年气象陈列馆现貌（营口市气象局提供）

① 刘雅鸣主编《中国的世界百年气象站（一）》，第84页。

此外，在旧址院内还新建了 2677 平方米的气象文化广场，广场内包含古代气象景观、现代气象观测场、等高线地面、百年降雨、百年气温主题雕塑等，成为集宣教、科普、休闲为一体的多功能文化区域和营口城市东部特色文化旅游景观。

2020 年 7 月 15 日，营口百年气象陈列馆正式揭牌，世界气象组织助理秘书长张文建在致辞中认为它是自世界气象组织认证百年气象站以来世界首家以百年气象站为主题的气象陈列馆。

图 7 陈列馆部分展区（营口市气象局提供）

营口百年气象站旧址是营口城市历史文脉的延续，其深厚的历史文化内涵不仅为研究气象历史文化提供珍贵的佐证，对进行不忘历史、弘扬爱国主义精神教育，以及长序列气候变化研究等也具有极其重要的价值。

三 气象资料焚烧掩埋遗迹

据营口台站档案记载，侵华日军战败撤离前曾销毁了大量的气象资料，但是销毁地点位于何处不得而知。2019 年 5 月 5 日，在营口气象站旧址院内电子屏幕地基挖掘施工过程中，营口市气象局意外发现当年日本侵略者焚烧掩埋气象观测资料的遗迹。

据现场勘察，相关资料被掩埋在地下深约 1.5 米处，主要为纸质材料，有明显焚烧和破损痕迹，整个堆积层的上下层均为碳化层，中间约 10 厘米为未完全燃烧层。经过专业考古人员的发掘清理，掩埋在地下的资料全部提取出土（见图 8）。根据现场发现的资料判定，此处就是当年日本侵略者集中焚烧资料并填埋的场所，从资料掩埋的深度和烧焦的程度可以明显反映出当年日本侵略者仓皇逃离的狼狈景象。经过专业人员的处理和修复，这些掩埋在地下 70 余年的历史资料又重新展现在世人面前。

图 8　资料挖掘现场（营口市气象局提供）

经过整理归纳，从地下挖出的资料有 300 余件，工作人员根据不同内容将其分为气象观测资料、气象杂志刊物、气象预报资料和生活用品四类。在人为焚烧、撕毁和地下潮湿环境的影响下，资料完整程度不一，零散碎片较多，但也有完整保存下来的书籍和部分完好的残片，经过专家修复，部分资料已经可以翻开查看其中内容。

经专家修复的资料中有一张绘制于 1936 年 4 月 2 日的营口天气图，它也是无情烈火中的“幸存者”之一（见图 9）。尽管纸张已泛黄，烧焦痕迹明显，但图上记录的数据和书写的文字清晰可见：上方是 1936 年 4 月 2 日的营口手绘天气图，下方从右到左依次是天气形势分析、营口天气预报以及前一日的天气实况，在左下方外缘还印有“关东观测所营口支所”的字样。这张天气图涵盖了天气图绘制与分析、气象观测与预报，反映出当时天气预报结论是通过每天绘制天气图进行分析而得出的。目前，该天气图已作为营口百年气象陈列馆的核心展品，展陈在“二十世纪上半叶气象观测”展厅中。而焚烧遗迹的发掘现场连同出土修复的部分气象史料也成为陈列馆中爱国主义教育展陈区域的重要组成部分（见图10）。

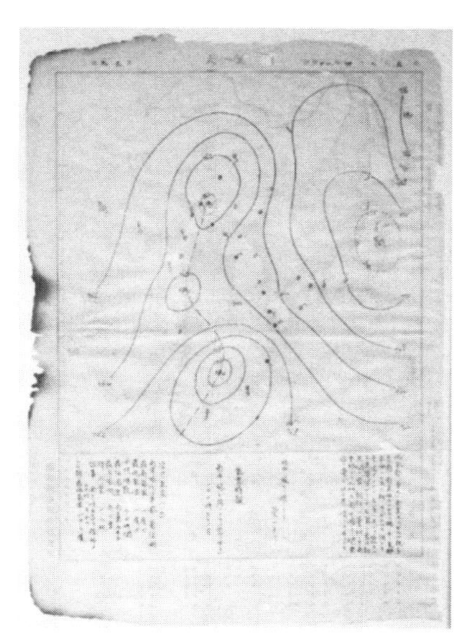

图9　1936年4月2日营口天气图（营口市气象局提供）

图10　挖出资料展示墙面（营口市气象局提供）

除预报资料外，还发掘出土较多涉及营口天文气候方面的观测资料（见图11、图12），如温度自记纸，上面写有清晰的温度数值；风向自记纸，里面记录了风向观测的信息；日照自记纸，上面可以看出清晰的日照迹线以及记录的数值；此外还有雷雨观测资料，里面记录了雷雨天气观测信息；还有部分当时的观测野账，相当于现在使用的观测簿，其中记录了每日的观测信息；挖掘出土的资料中还有一份是记有地震观测信息的珍贵气象资料（见图13），上面有初次微动时间等字样，证明了地震观测也是当时气象观测的项目之一。

此次气象资料焚烧遗迹的发现，进一步丰富了营口气象观测资料，也对营口气象观测史、日军侵华历史以及气象在战争中的应用等研究具有重要意义。

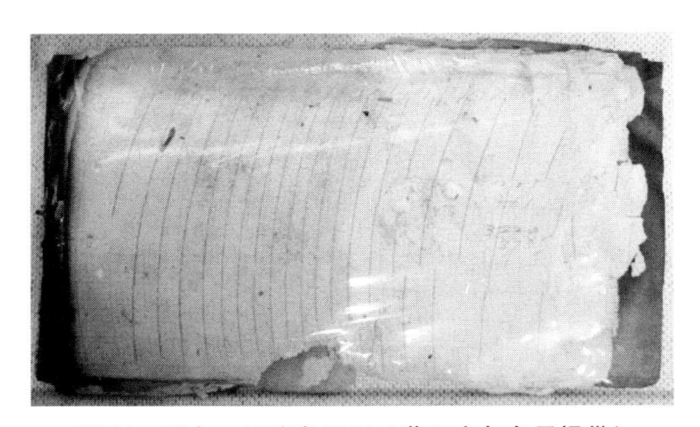

图11　风向、风速自记纸（营口市气象局提供）

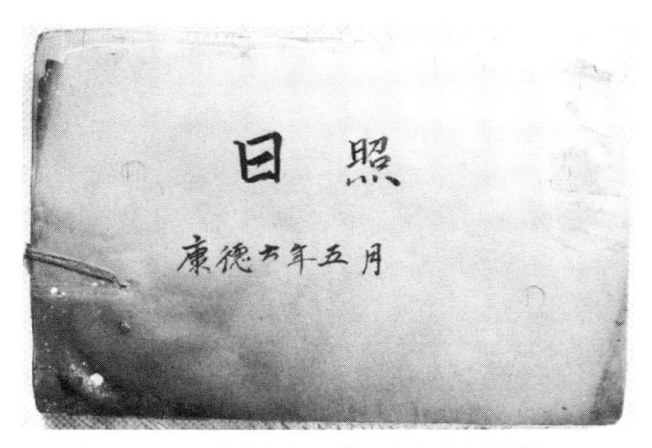

图12　日照自记纸（营口市气象局提供）

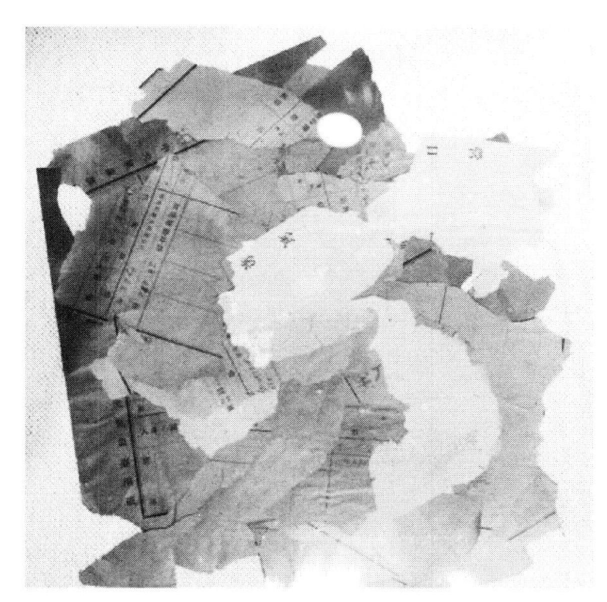

图 13　地震观测记录等碎片（营口市气象局提供）

除在旧址院内发现了资料掩埋遗迹外，修缮施工时在旧址楼内又发现了一个圆形砖砌构筑物（见图 14），位于地面之下，直径约有一米，根据日本开展地震观测业务的历史和一些比较类似的图片线索，专家目前只推断出它可能为地磁观测仪器基座，确切的结论还有待进一步考证。尽管功能尚未确定，但在旧址内发现的这一埋藏了几十年的物品无疑是弥足珍贵的。

图 14　圆形砖砌构筑物（营口市气象局提供）

结 语

文化遗产是记录人类历史发展的显性要素，是城市历史文化成就的重要标志，在城市发展过程中扮演着重要角色，营口作为东北地区最早开埠的口岸城市，在历史长河中留下了宝贵的气象文化遗产，营口气象站旧址作为营口文化遗产的一种重要类型，见证了近代以来中国气象观测的发展和进步，彰显了它在当地社会经济发展中灿烂的历史作用和更加重要的当代价值。穿越风雨，屹立百年，营口百年气象陈列馆将继续发挥其科普价值和文化价值，在推进城市发展和应对气候变化上肩负起更加重要的使命。

史料钩沉

1935 年创建的国立山东大学天文气象组

张改珍　王志强[*]

摘　要：我国早期独立的气象台站建设、气象业务发展与气象教育发展相互促进。1935 年，国立山东大学与青岛观象台以培养国内直接需要的气象技术人才为目的，在国立山东大学物理系合作创建了天文气象组，国立山东大学具备良好的师资和办学条件，青岛观象台为学生提供完备的实习基地、图书资料和实验仪器。这是我国气象学教育史上第三个开设气象学专业的学校。

关键词：天文气象学组　国立山东大学　青岛观象台　蒋丙然

1932 年，位于山东青岛的国立青岛大学改称为国立山东大学，全面抗战爆发后，迁往安徽安庆，1946 年复校青岛，1958 年迁往济南，名称也几经变迁，成为今天位于山东省济南市的山东大学。国立山东大学筹建时，蔡元培先生力荐选址青岛，“1928 年 8 月，南京国民政府教育部根据山东省教育厅的报告，下令在省立山东大学的基础上筹建国立山东大学。……在筹备过程中，蔡元培先生力主将国立山东大学设在青岛，取得教育部长蒋梦麟的同意”①。

在我国气象学教育史上，气象学专业在高校系统的最早创建除了在大家较为熟知的东南大学（1921）、清华大学（1929）之外，国立山东大学也于 1935 年在物理系创建天文气象组（专业），成为当时国内少数几所设立气象学专业的高校之一。合作创建者是时任青岛观象台台长的蒋丙然，他

---

* 张改珍，博士，中国气象局气象干部培训学院高级工程师；王志强，博士，中国气象局气象干部培训学院正研级高级工程师。

① 山大概况－历史沿革，http://www.sdu.edu.cn/sdgk/lsyg.htm。

同时兼任了天文气象组教授（据山东省档案馆档案资料，时间为 1935 年 9 月至 1936 年 7 月和 1937 年 9 月至 1938 年 7 月）讲授气象学相关课程，并提供青岛观象台作为学生的实践教学基地。

蒋丙然在自传中说："自担任青岛观象台台长后，工作比较广泛，且不限于气象，十四年间颇有若干建树，特简单记于此，以志鸿爪。"其中第十七条记为"山东大学合作组织天文气象组"，"山东大学理学院物理系，为造成天文气象人才，与观象台合作，在物理系设天文气象组"①。

国立山东大学天文气象组的创建也与蔡元培先生力荐选址青岛和国立青岛大学第一任校长杨振声的促成相关。1931 年 5 月 4 日，杨振声校长在对全校师生作报告时说："理学院中，如海洋学、气象学，亦皆为其他大学所未办，我们因地理上或参考上便利，皆可渐次设立，此理学院自求树立之道也。"②

国立山东大学理学院物理系下设物理学及天文气象组，《山东大学物理系现状及将来计划详述》一文中，讲述了设立天文气象组的原因，"在民国二十四年暑假以前，本系之组织与国内外各大学无异……自本年度起（1935），全系教授全感国内环境之需要，遂决议将本系分成物理学与天文气象组，前者系造就纯粹物理学人才，力求人少而重实验，后者为培养现时国内直接需要之技术人才，务必授以精确灵敏之训练，以期学者毕业后出外服务应对自如，论私可以独立谋生，论公则于社会机构上得一有力分子，此为本系分组教育之目的，天文气象组之课程，仍以力热声光电学为基础，但另授天文气象组各三门，此外数学与化学等必学课程亦与物理学组相同，照此项规定学习，不患无良好之基础。关于天文气象之实习问题，完全与青岛观象台合作，由此近水楼台之利，盖亦本系分设天文气象组之主因"③。

天文气象组充分利用青岛观象台之图书和仪器，"天文气象学之杂志实验教程，全与本市观象台合作，本系只略备数种表演仪器"。"本系填设天

① 蒋丙然：《四十五年来我参加之中国观象事业》，参见《庆祝蒋右沧先生七十晋五诞辰纪念特刊》，1957。

② 山东大学海洋系的诞生，http://www.qdxq.sdu.edu.cn/info/1177/4152.htm。

③《山东大学物理系现状及将来计划详述》（1935），山东省档案馆资料，全宗 110，卷宗 589。

文气象组，原欲充分利用青岛观象台之一切设备，设备在国内可称上乘，本系原可以不必另行布置，惟为课程表演及讲授方便起见，自己亦得布置数种最基本之模型与实验，约需洋三千元。”①

天文气象组二三四年级学生与气象学直接相关的必修课程为较实用的“气象观测法”和“实用气象学”两种。气象观测法（讲授及实验）具体包括：自记仪器概论、温度表、风向器、蒸发计、测云量器、太阳辐射计、地中温度表、测压器、能见度测定器、测风气球及测云器等。实用气象学（讲授及实验）包括，①论组织与观测：测候所之设立、常数之定法、应用之仪器、应用之记载及测候所之事物、探空飞机、高空测候法、气象观测。②论实用上气象各问题：气压与风之通论。③天气预报术：天气预报术通论、短期天气预报、暴风及预报、最低温度之预报、预报之各种法则、预报法则之应用。④气象常用表及订正法。⑤天气图之绘制法。②

国立山东大学 1935 年在物理系下设的天文气象组呈现出如下特点。一是在国内较早设立气象学专业，从时间上仅列东南大学和清华大学之后，率先在高校为我国培养专业的气象人才；二是合作办学，天文气象学组结合了国立山东大学和青岛观象台的优势，前者具备良好的师资和办学条件，后者为学生提供了完备的实习基地、图书资料和实验仪器；三是以培养国内直接需要的气象技术人才为直接目的，气象学相关课程的设置更具有实用性；四是与物理系专业学生一样，天文气象组学生仍以力热声光电学、数学和化学等为通学课程，兼具良好的基础。我国早期独立的气象台站建设、气象业务发展与气象教育的发展是相互促进的，我国第一代留学归国的气象学家如竺可桢、蒋丙然等在其中起到了引领作用。

---

① 《山东大学物理系现状及将来计划详述》（1935），山东省档案馆资料，全宗 110，卷宗 589。

② 《物理系分组课程草案》（1935），山东省档案馆资料，全宗 110，卷宗 529。

章淹在三峡工程暴雨预报中的贡献与启示*

何海鹰　陈正洪**

摘　要：章淹先生长期从事暴雨预报理论与运用的研究，是水文气象学的创建与开拓者之一。本文主要介绍了她在 1958 年为三峡工程做暴雨预报研究，在国内首次提出了大范围客观降水预报方法，从而开创了定量降水预报之先河。

关键词：章淹　三峡工程　暴雨预报

一　新中国正式提出兴建三峡工程

长江千百年来，以她生生不息的律动，带给两岸无尽福泽与蓬勃生机。但同时，桀骜不驯的江水也给她滋养的生灵带来一次次深重的洪患梦魇。驾驭洪魔、治水兴邦，成为沿江人民的千年企盼和不懈追求。

修建三峡工程，是中国人民多年来梦寐以求的，革命先行者孙中山在勾勒建国宏图时，把目光投向三峡，在建国大纲中就提出要搞长江控制工程。1949 年，长江流域遭遇大洪水，荆江大堤险象环生。长江中下游特别是荆江河段的防洪问题，在新中国成立伊始就受到了政府的重视。1950 年初，长江水利委员会正式在武汉成立。3 年后兴建了荆江分洪工程。1954 年汛期，长江流域出现了 20 世纪以来最大的洪水，洪水水位高且持续时间长。为了保

---

*　本文受中国科协老科学家学术成长资料采集工程“章淹学术成长资料采集研究”（项目编号：CJGC2019 - F - Z - CXY02）的资助。

**　何海鹰，中国气象局气象干部培训学院高级工程师，主要从事气象服务、气象经济学、气象科技史的研究；陈正洪，中国气象局气象干部培训学院教授级高工，研究方向为气象科技史、历史气象灾害、气象科技文化遗产。

住荆江大堤，三次运用了荆江分洪工程，虽经大力防洪，仍然损失惨重。

1954 年大水警示人们，解决长江中下游洪水灾害的威胁，乃是治理长江首要而紧迫的任务。1956 年，中央人民政府决定在长江水利委员会的基础上成立长江流域规划办公室（简称长办）。从 1955 年起，在中共中央、国务院领导下，有关部门和各方面人士通力合作，全面开展长江流域规划和三峡工程勘测、科研、设计与论证工作，历时 3 年，于 1957 年底基本完成。1958 年 3 月，中共中央通过了《中共中央关于三峡水利枢纽和长江流域规划的意见》，明确提出："从国家长远的经济发展和技术条件两个方面考虑，三峡水利枢纽是需要修建而且可能修建的，但是最后下决心确定修建及何时开始修建，要待各个重要方面的准备工作基本完成以后，才能做出决定。现在应当采取积极准备、充分可靠的方针进行工作。"①

至此，兴建三峡工程正式提上了新中国党和政府的议事日程。

二　三峡工程暴雨预报任务下达中央气象局

随着三峡工程规划研究正式铺开，许多重大科研项目接踵而来。其中很重要的一项研究就是对暴雨的预报。三峡工程一旦上马，工程建筑施工期预估长达十数年，这期间将会遇到的暴雨、洪水，对大坝工程施工及数万名建设者生命安全构成重大威胁。为了掌握施工的主动权，三峡规划工程建设要求气象部门提供 1～5 天的降水量预报。

当时在中央气象科学研究所天气研究室工作的章淹主要做降水预报的研究，接到这个任务后，她觉得身上的担子很重。依当时的技术条件，要进行大范围（跨省区）1～5 天的定量降水预报，难度很大。中国的降水预报只能预报出有没有雨，以及大雨、小雨的定性化的预报。预报方法是凭着天气图进行分析，或者是凭借着往年的天气资料，查找这个季节的最大和最小雨量，再对照当前的天气情况估计着预报。因此，预报的准确率很低，大雨、暴雨的预报准确率不到 14%，尤其是暴雨基本预报不出来。而对于修建水库来说，这些预报还远远不够。它需要通过预报降水能够计算出准确的水位、流量等，所以，需要气象部门客观准确地预报出降水量的

① 陶景良编著《长江三峡工程 100 问》，中国三峡出版社，2002，第 11～15 页。

具体数值。这也是气象学界亟待解决的一个重要问题，当时国内外尚无先例。这对章淹来说是一个巨大的挑战。

三 章淹开创了定量降水预报之先河

章淹查阅各种国内外气象文献和技术资料，依据大量的资料分析和几年的预报经验，于1958年首次提出我国客观化的大范围定量降水预报方法。文章《降水的客观预告方法》上、中、下三篇，分别发表在《天气月刊》1958年1月号、2月号、3月号上（《天气月刊》当时是属于保密性的刊物不对外公开）（见图1）。

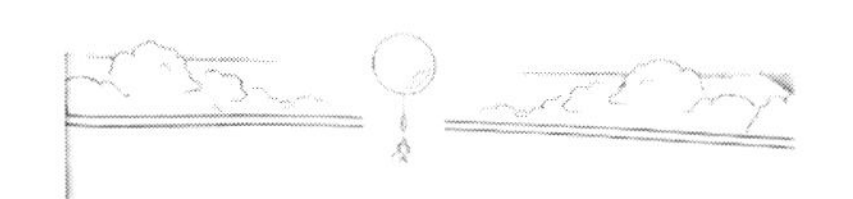

图1 《天气月刊》封面

章淹提出：客观预报方法指的是在决定具体降水预报时，只要正确地应用这种办法，那么任何预告员所得的结果都应该是同样的。也就是说，根据这种方法，在同样的天气条件下，所得的降水预告结果只能有一个。而并不像一般的预告方法，由于经验及主观判断不同，在同样的天气条件下，不同的预告员根据各人不同的经验与主见可以做出各种不同的天气预测来。

她在文中写道：降水量的预告是一件复杂而细致的工作，它不同于气压、温度或风场等其他气象要素。在水平方向的分布上，降水量一般很不均匀。在一个很小的范围内（如几十千米），就可以有很大的变化，常可以由微雨变化到大暴雨。不过，直到目前为止，这一工作还存在着重大的困难。比较普遍公认的产生降水的主要因子是垂直运动和足够的水汽含量；其次是云内温度的分体、凝结核的数目与性质、云内水滴大小的分布以及凝结层的厚度等。天气图或各不同高度的观测纪录上能够直接获得或简单地推算出来的因子有各层的水汽含量、温度和凝结层的高度、厚度等。[①] 因此，她参阅了大量的国外气象领域研究成果，主要从算出垂直运动、空中的水汽含量及可降水量上着手，介绍了五种预告方法。

1. 从垂直运动的计算和水汽含量上来预告降水的方法。代表人物和方法有：裘碧克计算水汽含量地方性变化及降水量的方法；汤姆生（Thompson）和柯林斯（Collins）从温度和风场上进行计算的方法；高桥浩一郎及朝会正提出的由水汽的连续方程、从500豪巴及700豪巴等压面上的辐散剂混合比进行计算的方法；H. 李尔（H. Riehl）、K. S. 诺尔奎斯特（K. S. Norguest）和索格（Sugg）以相对涡度进行计算的方法；R. C. 索特克里夫（R. C. Sutcliffe）从涡度计算两个等压面相对定压辐散的方法。[②]

2. 从其他因子的计算上间接决定垂直运动以做降水预告的方法。主要介绍了J. F. 阿普列贝（J. F. Appleby）的路径法。[③]

3. 从水平运动的计算上来预告降水的方法。主要介绍了斯威恩（Swayne）预告冬季降水量的方法；石原、健二、敏正从空气的水平流动上来计算空中水汽储量以预告降水的方法；J. 斯派的方法。[④]

4. 统计的方法。主要介绍综合图解法和天气型式的统计法，综合图解法以D. L. 约尔珍逊（D. L. Jorgensen）用8个气象要素的综合图解预告三藩市降水的方法为例进行具体说明。天气型式的统计法主要参阅了R. 考兑（R. Corday）将天气图分为五种类型来做冬季降水的预告。[⑤]

5. 数值预告的方法。主要介绍了日本东京大学气象研究室的三层模式的图解法；J. 斯玛高令斯基（J. Smagorinsky）设计的三层模式降水数值预

---

① 章淹：《降水的客观预告方法》（上），《天气月刊》1958年第1期，第13页。
② 章淹：《降水的客观预告方法》（上），《天气月刊》1958年第1期，第13～20页。
③ 章淹：《降水的客观预告方法》（中），《天气月刊》1958年第2期，第6页.
④ 章淹：《降水的客观预告方法》（中），《天气月刊》1958年第2期，第6～9页。
⑤ 章淹：《降水的客观预告方法》（中），《天气月刊》1958年第2期，第9～11页。

告方法；M. A. 艾斯陶克（M. A. Estoque）仅从水分的垂直输送上来考虑降水量的方法；岸保勘三郎将水汽的地方性变化分为没有凝结作用发生和有凝结产生的降水数值预告方法。[①]

章淹改革通行的经验性定性降水预报，提出将多种降水因子的不同分布特征叠合起来以判定雨区的“叠套法”。用此法做预报，这是一个大胆的尝试。她和试报小组的人员一起进行了120多次实例分析，逐步完善了这一方案。

《中国地区大范围定量降水数值预告图解法的试验》一文是对这种方法的一次具体运用。借鉴M. A. 艾斯陶克、费也托夫特（FjÖrotoft）的数值预告图解法及日本东京大学气象研究室的方法，以涡度、水汽输送、不稳定度与降水天气系统迭套的方法进行1～5日逐日降水量的预报。主要思路就是：①根据当前的实况，预告一定时间间隔 Δt 时以后的厚度图 h'，并从 h' 图求出 Δt 时间后，得到这层空气的平均饱和比湿和总含水量 P_1；②从水汽的连续方程出发，由水分的垂直输送和水平输送上来计算 Δt 时间之后，空中可有若干水分 P_2（包括24小时内将凝结降落到地面上的量），以所得的 P_2 分布图减去 P_1 图，便得到了 Δt 时间间隔内的雨量分布图。章淹以1957年5月15～16日8时我国地区的情况为例，以数值预告法图解法计算出未来24小时后的500/1000mb厚度图、大范围垂直运动分布图、500mb层以下的水汽水平输送量及24小时降水量的发布图。[②]

由于受当时各种条件的限制，以及预告方法处于探索阶段，预告的降水量与实际的降水量不是完全一致，但基本上是相符的。由此，我国开创了定量降水预报之先河，章淹也因此被称为是中国降水定量预报的首创人。

四　章淹关于气象观测站业务改革的建议

20世纪50年代后期，章淹提出改革气象观测站单一进行观测的做法，提出增加预报业务的方案，并为其研制了预报方法。

当时，气象观测站一般不承担预报任务。但根据中国国情，中央气象局同意了章淹的改革方案。让观测台站增加预报业务，改变了当时按照国

① 章淹：《降水的客观预告方法》（下），《天气月刊》1958年第3期，第13～19页。

② 章淹：《中国地区大范围定量降水数值预告图解法的试验》，《气象学报》1958年第1期，第7～15页。

际规定观测台站原本不做预报的惯例，开创了我国气象台站增设预报业务的先河。

中央气象局为之额外进行了大量的人员培训工作，组织和发动三峡坝区以上沿江7省份的67个气象台站派员参加培训。南方各省份集中到广州培训，北方各省份集中到哈尔滨培训，每省派1~2人参加训练班学习。章淹到培训班讲课，她一般是上午讲课，下午让学员实习（见图2）。而通过下午的实习，学员则能够掌握具体的操作方法，这样，学员回去后就能直接运用了。

图2　20世纪50年代后期观测业务培训班合影（前第二排左四为章淹）

1959年，章淹在汉口举办的短训班上提出了用当前气象要素的演变“相似”于历史上某次降雨前期特征的“相似法”，作为降水量中期预报的初步方案。到翌年汛期，根据章淹的设想，把各个点上的预投情况集中到一起，并同各点原先按通常办法研究提供的区域雨量预报图重叠起来，相互补充，把大大小小的等雨量“线”、“面”和“点”的预报结合起来，发挥了大台和地方台各自的优势。章淹和试报小组制作出新雨量预报图，是我国气象预报中从来没有的，因而填补了中期雨量预报的空白。

通过举办培训班，推动观测台站研发预报，从而加密了预报站网。这种做法发挥了广泛的“当地预报”优势，同时，也加强了雨洪气象集体预报能力与水准的提高，并在三峡建设的湖北陆水坝试点工程中得到应用，初步取得了减灾兴利的效益。

书　评

一部气象科学历史的百科全书

——《气象科学技术通史》书评

赵惠芳[*]

2020年出版发行的一套上下两册、813页、83.2万字的《气象科学技术通史》，可能是中外气象科技史的一件重要事件。国外，纯粹撰写大气科学技术通史的书籍并不多见。凯瑟琳·E. 库伦（Katherine E. Cullen）博士的《天气和气候：科学背后的人》（*Weather and Climate: The People behind the Science*）[①]，介绍了17~20世纪对气象科学发展做出贡献的气象学家，但是对17世纪以前重要的气象学家没有介绍，也遗漏了东方特别是中国的气象学家。写作手法上，“以人物为轴”会割裂历史，使读者产生破碎的大气科学形象。H. 霍华德·弗里辛格（H. Howard Frisinger）教授撰写了《1800年前的气象学史》[②]，这是一本介绍大气科学发展的科学史著作，1800年以后基本没有涉及，而大气科学发展尤其是近现代建制化的主要部分在18世纪以后。亨德里克·格瑞特·坎内吉特（Hendrik Gerrit Cannegieter）教授撰写了《国际气象组织历史（1872—1951）》（*The History of the International Meteorological Organization, 1872 - 1951*），只是介绍国际气象组织的一段历程，这是整个大气科学发展背景下的一个局部情况。

从国内来看，关于大气科学技术通史的学术著作并不多，在已有的一些类似书籍中，有的著作强调气象知识和业务，容易偏向知识本身而忽略

---

* 赵惠芳，福建省泉州市气象局高级工程师，中国气象局气象干部培训学院高级访问学者，研究方向为气象灾害和气象科技史与科普。

① Katherine E. Cullen, *Weather and Climate: The People behind the Science*, Chelsea House Pub., 2005.

② H. Howard Frisinger, *The History of Meteorology: To 1800*, American Meteorological Society, Boston, 1983.

历史纬度发展，不便读者吸纳；有的书显得系统性不强，章节编排和语言叙述值得进一步商榷和提高，而且对于当代和最新大气科学技术发展史阐述不多或没有涉及。

气象出版社出版的《气象科学技术通史》（下文简称《通史》）立足国际同行公认的通史学科角度，注重理论性、知识性、系统性三者融合，而且撰写到最新的气象科技发展（部分大事年表甚至到2020年）概况，前沿性和专业性凸显，具有很高的学术价值，也可为建设国家气象创新体系和制定气象科普政策提供历史支撑和依据。

《通史》分上下两册，以时间为纵轴，按古代、近代、现代和当代顺序，以国家地域为横轴，将古今中外不同区域的气象学科发展历史按照特有的逻辑顺序贯穿于29个章节当中，章节之间既有承前启后的呼应关联，又独立成章。《通史》通过独特的视角，全方位系统阐述了四千多年来中外气象科学技术的发展历史，给读者呈现出气象科学技术千姿万彩、波澜壮阔的历史画卷。在这套画卷里，既有立体具象的西洋画，又有意境高远的中国画；既有浓墨重笔的水彩画，又有轻描淡写的白描画；既有精谨细腻的工笔画，还有点到为止的简笔画。《通史》内容丰富，诚如该书作者陈正洪先生所言："本书注重对过去历史资料的发掘和整理，并且注重历史语境的还原，以严谨的大气科学历史研究背景为支撑，间或使用准确生动的语言介绍大气科学知识和丰富多彩的人物与故事，来全角度地展现历史视野和其对中国的特别关注。"不夸张地讲，《通史》对诸如我这样25年工龄的大气科学专业的基层一线业务人员而言，可谓是一部令人耳目一新的气象百科全书。

《通史》是气象历史知识的海洋。综观全书，气象科技萌芽、希腊古典气象学、中国古代气象学、天文气象、占星气象、气象发现与观测仪器的发明、亚里士多德与《气象通典》、李淳风的"论风"和蒲福的"蒲氏风力分级"、山西陶寺古观象台与英国巨石阵观象台等在古今中外人类文明进程中的气象发展概念、人物和事件，一一展现，让人耳目一新、大开眼界，其中的气象文化知识点众多，值得反复研读。从科普角度而言，《通史》为当下全面开展的科普工作提供了有历史厚度的资源宝库支撑。

《通史》是气象学科"知其所以然"的源泉。在这里，可以从大学科视野了解到大气科学的历史进程和特点：气象科学随着人类文明的脚步不断吸收各门自然科学、社会科学的知识来壮大自身；从古希腊基于哲学思考的古典气象学、古罗马基于天文观察的气象应用、古印度的宗教气象思想、中国古代的天文星象占卜气象，到西方“文艺复兴”和“工业革命”中由物理、化学、数学等基础学科带动，再到使用仪器实现量化观测；从近代气象理论的发展进程及中国近代“西学东渐”的气象历史进程，到融合数学、物理、化学、测量学等多种学科的现代大气科学，再到横跨自然学科、社会学科、思维学科的当代气象大科学。读者可以从人类文明的历史维度，由远古到当代、由国外到国内，纵横交错地了解到气象是如何一步步从经验、局部、平面、定性、感性的气象学科发展成为理论、全局、立体、定量、理性的气象科学。从这个意义上讲，《通史》能够让读者明白气象学科的历史渊源，明白气象科学技术创新的深刻意义，明白中国传统气象学科的先进性和独特性，增强气象文化自信。

《通史》归纳了许多气象科学家及其理论体系嬗变。不少读者可能对许多在大学教材中反复提到的专业术语耳熟能详，却并不知道其来龙去脉。比如学过大气科学的人都知道“罗斯贝波”，却并不知道以罗斯贝为首的芝加哥气象学派的辉煌及世界影响力，以及罗斯贝为数值天气预报的发展打下的理论基础。《通史》第十九章节专门论述了罗斯贝，通过人物传记手法，生动而全面地给我们呈现出一位著名气象科学家的学术成长历程，以及他的学术理论，真实还原出气象学家当时的理论公式推导以及处理方法。类似的原理图解、公式推导在《通史》中很常见，但读来并不觉深奥晦涩，反而能轻松领悟其思想精髓，对这些气象人物也有了更深层次的认知，这大概就是这套《通史》的魅力所在吧！再如很多人听说过“蝴蝶效应”，也知道“洛伦茨”，却并不知道它们之间有何关联。《通史》第二十四章详细解释了“蝴蝶效应”的来历，原来“蝴蝶效应”是对洛伦茨发现的“混沌”理论的形象比喻，其本质是指“初始值的极端不稳定性”，也就是说“一个微小的误差随着不断推移造成了巨大的后果”，这一理论也为我们揭示出“气象科学的准确定性本质特点”，也符合并验证了作者在书中提出的气象报不准原理。诸如此类的古今中外科学家和其发明发现在《通史》中随处可见，非常适合广大气象工作者和相关学科的科技学者阅读使用。

《通史》还是一套优秀的气象专业知识教材和工具书。《通史》中引用的古今中外文献资料多达上千种，另有数百幅精致图表，可谓是包含世界古今气象发展历史、气象观测设备、气象科学理论、气象业务发展、气象大科学及与人类社会文明密切相关的广泛的多种类气象知识库。

《通史》不仅仅局限于对已经发生的过往历史知识体系进行梳理研究，还为未来气象科学发展的方向进行科学判定，预设了不少气象科学研究方法的思路引导，为气象科研人员提供了方向性的思路。以数值天气预报为例，在《通史》第三章和第四章中，作者使用了大量章节详细地阐述了“数值天气预报”的萌芽、提出、不被理解、发展、建立、业务化及其未来，运用了大量史料，详细分析了数值预报方程的比较、推导、选择和思考，并从数值预报产生误差的两大源头给出“如何提高数值预报准确率”的科学建议：包括通过“提高观测仪器的精度”尽可能“减小初始场的误差”、通过业务实践不断修正改善预报方程等。从而展现了从哲学思辨到观测与大数据再到综合系统的历史线索。因此，《通史》不仅是适用于气象科技史研究者的优秀读物，还是适用于大气科学研究生的优秀教材。

《通史》用它厚重的知识库容为“学史明理、学史增信、学史崇德、学史力行”做了较好注脚，得到诸多业内专家学者的赞誉。一代宗师陶诗言院士为《通史》亲笔题词“预祝中国气象史研究取得成功”，中国气象局前党组副书记、副局长许小峰研究员、丁一汇院士、许建民院士为本书作序并给予高度肯定。许小峰认为“气象科技史对气象事业有独特作用”；丁一汇认为“这是非常有价值的重要研究领域……《气象科学技术通史》对于中国气象史的复兴和传承很有意义，将会对气象科学研究一线的科技工作者带来新的启示”；许健民认为“气象科技历史有助于教育和培训……《气象科学技术通史》有非常重要的出版价值，是同领域不可多得的高水平著作”。

《气象科学技术通史》的撰写时间超过 10 年，2016 年入选“十三五”国家重点出版物出版规划项目，又获得 2021 年国家出版基金资助。《通史》内容翔实，脉络清晰，融入哲学、历史学、气象学多元思维模式，不仅适用于气象科技工作者，也适用于物理史、地学史等诸领域的学者。

“十三五”国家重点出版物出版规划项目
气象科学技术通史
（上册）
陈正洪 著

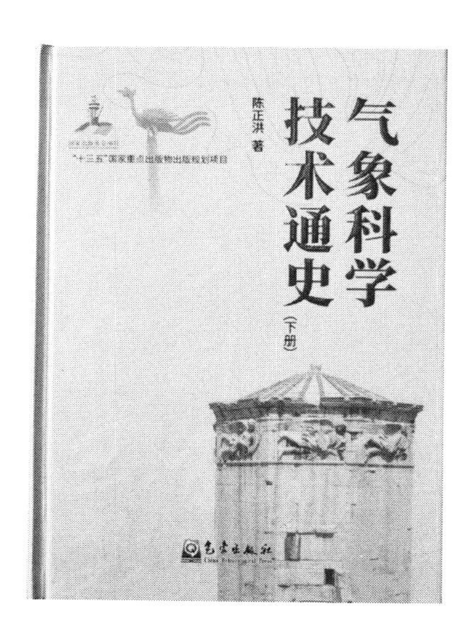
“十三五”国家重点出版物出版规划项目
气象科学技术通史
（下册）
陈正洪 著

Abstract

Construction of Numerical Weather Forecast System in China—Interview with Academician Li Zechun

Sun Nan, *Li Shengkun* / 003

Abstract: China's numerical forecasting, from the Beijing B model to the current GRAPES, has gone through difficulties. At the beginning of this period, the process of importing computers was the most difficult because of the Western embargo. Academician Li Zechun recalled this difficult journey which reflects the responsibility and national feelings of meteorologists.

Keywords: Numerical Forecasting; MICAPS; Li Zechun

Experimental Study on Water Conservancy and Meteorology of Tengchow College

Guo Jianfu, *Bai Xin* / 021

Abstract: Tengchow College was a university established in Tengchow, Shandong Province (present - day Penglai). The College has long established a very wide range of physical laboratory, including the East and West commonly used water conservancy facilities, atmosphere, thermology experimental equipment. Based on some original materials, this paper tries to tease out the relevant experiments and equipment, as well as the introduction of advanced knowledge of water conservancy and meteorology from abroad, and makes a horizontal comparison between the university's experimental instruments with those from abroad at the same time, it is compared with the modern teaching instruments in order to better explain the advanced degree of these instruments and their influence.

Keywords: Tengchow College; Calvin Wilson Mateer; Experiment of Water Conservancy Facilities; Thermometers

Abandoned Knowledge: Scholarly Study on Hailstones in Ming and Qing Dynasties

Liu Hongjun / 039

Abstract: During the late Ming and early Qing, the Jesuits brought in the western natural philosophy. Meanwhile, European scholars developed revolutionary scientific methods in the 16th and 17th centuries. In China, intellectual elites also had their own traditional natural knowledge. Under the influence of Jesuits, they developed a kind of hybrid knowledge. Those knowledge were later superseded by modern science and rarely studied by modern researchers. Based on this, this paper sorts out the thinking and discussions of Chinese scholars on hailstones during the Ming and Qing Dynasties, investigate the sources of their knowledge and analyze their terms and logics. Through the sort out of hailstone knowledge in this transition time, I try to figure out Chinese scholars' interests and ability to study the nature, and clarify which position these rational knowledge are in in the whole society.

Keywords: Ming and Qing Scholars; Hailstones; Natural Philosophy; History of Science

Contribution made by Mr. Zou Jingmeng to China's Meteorological Development

Abstract: This paper describes the story of Mr Zou Jingmeng's life. Zou was a weather observer in headquarters of the Eighth Route Army in Yan ′an, and he has led China's meteorological modernization drive from the 1980s. The article described in detail how Zou drew the blueprint and put into action in the China's meteorological modernization drive, as well as the history in detail how he safeguard national interests and break new ground in World Meteorological Organization.

Keywords: Zou Jingmeng; Meteorological Development; Meteorological Modernization

Biography of Five Meteorologists Graduated from the Department of Meteorology of MIT

Abstract: After the World War II, the strong social demand and better meteorological education system in many universities promoted the rapid development of synoptic – dynamic meteorology in USA. This paper, looking from the department of meteorology in Massachusetts Institute of Technology, introduces some key persons behind the rapid development of the synoptic – dynamic meteorology, i. e. , the great master (Old Dad) Professor Frederick Sanders (who firstly coined the term "meteorological bomb"), as well as the "Gang of Four" which he has created. No. 1 person is Prof. Howard Bluestein. No. 2 person is Prof. Lance Bosart. No. 3 person is Dr. Brad Colman, and No. 4 person is Mr. Todd Glickman. Some comments are given on the way in which Professor Frederick Sanders and his students combined meteorological research, meteorological education, and commercial activities together and pushed the rapid development of the synoptic - dynamic meteorology in USA.

Keywords: Massachusetts Institute of Technology; Synoptic - Dynamic Meteorology; Meteorological Bomb; Meteorological Education

On the Yellow River Water Information and the Origin of Civilization

Wu Jiabi / 089

Abstract: The earliest recorded that flood season of the Yellow River in the literature is "The autumn water arrived on time" in *Zhuangzi*, which happened in the Luokou area where the Luohe River flows into the Yellow River, at the beginning of autumn. During the Warring States period, Qin and Han Dynasties, our ancestors had already known the Yellow River's spring and autumn news. The complete Yellow River's water information can be found in the *Song Dynasty Records of Rivers and Canals*. Shuanghuaishu site of Yangshao culture, the capital of Heluo ancient country, was found near Luokou. *Xia Xiaozheng* recorded that the astronomical phenomena of the beginning of autumn were "The Milky way is perpendicular to the window at July", that is the direction of the Milky way is due south at dusk. Field observation at Summer solstice morning shows that in Heluo area, the Milky way is east - west, Sirius rises with the sun, and the Milky way and the Yellow River are connected and integrated on the northwest horizon. The ancestors of Heluo ancient country may make use of the synchronous cycle that astronomical phenomena, and water regime of the Yellow River and the natural solar term to formulate the astronomical observation calendar and publishing time, so as to breed the origin of civilization.

Keywords: Yellow River Water Information; Heluo Ancient Country; Astronomical Phenomena; Beginning of Autumn; Summer Solstice

The Development of Meteorology Science and Technology Culture in Ming Dynasty from Wang Shixing's Travel Notes

Zhang Lifeng / 103

Abstract: Wang Shixing's travel notes in the Ming Dynasty contain many new understandings of regional weather and climate based on field investigations, and analyze the influence and restriction of climate environment on human activities from the perspective of man and nature. Wang Shixing also made theoretical explorations on some meteorological phenomena, which made a certain degree of breakthrough in the traditional academic context of emphasizing experience and ignoring theory. From the point of view of the history of meteorology and science, the above observation, research and exploration are of great value, and many of the original opinions formed are beyond The Times, which should be brought into the category of the history of meteorology in ancient China and carefully examined.

Keywords: Wang Shixing; *Guangzhi Yi*; Ming Dynasty; Meteorological; Science and Technology

A Further Study of the Climate in Liao and Jin Dynasties

Zhao WenSheng / 115

Abstract: The Liao and Jin dynasties, it is the third strong period of low temperature in the history of our country. The climate is dry and cold, natural disasters occur frequently, and the annual average gas. The temperature is 1 ~ 2℃ lower than usual. The northeast. The freezing period in the area is longer than that of the present, and the snow line in Tianshan is 200 ~ 300 meters lower than it is now, and the middle part of the Silk Road was annihilated. In the early period of the Liao Dynasty, it was in the third warm period in the climatic history of China, and in the later period it began to enter the low temperature period. Only in the Dongliao period, there were 13 kinds and 133 times of natural disasters. The change of the increasingly dry and cold natural environment in northern China during the Liao and Jin dynasties belongs to the global cycle. The cold climate has affected the process of Chinese history and the changes of the natural environment. The cold and dry climate environment was one of the reasons why the Qidan, Nuzhen, Mongolian, Dangxiang and other ethnic groups moved frequently to the south at that time. The agricultural area of our country moved from north to south. The climate - based natural environment change caused by astronomical phenomena is also the initial reason for the unreasonable development of human beings.

Keywords: Liao Jin Period; Climate History; Climate Environment

The Development of the 24 Solar Terms —Based on Literature Analysis

Sheng Lifang, Zhao Chuanhu / 129

Abstract: The 24 Solar Terms is a brilliant achievement of ancient Chinese astronomy and meteorological science, which has made great contributions to the development of material civilization of human agricultural society. The 24 solar terms do not form naturally, but have gone through a long process of development and perfection. At least ten thousand years ago, people struggled to grasp the seasonal changes, gradually came to understand the Spring equinox and Autumn equinox, discovered the "si zhong", the four seasons, the four square, and then the eight solar terms. In the pre - Qin period, due to the development of agriculture, the slave rule of emperors and the need of people's sacrifice, as well as the progress of observation technology, the knowledge system of the calendar and solar terms was more perfected, and the 24 solar terms were formed in the Qin and Han dynasties. By sorting through books and literatures, this paper explains the complex factors of the development of the 24 solar terms from three aspects of nature, politics and technology, in order to promote people's comprehensive understanding of the formation of the concept of the 24 solar terms.

Keywords: The 24 Solar Terms; Astronomy; Meteorology

Use Music to Simply Judge the Division of Annual Time—The Catender is so Regulated as Music by a Tuner and the 24 Solar Terms

Abstract: Based on the ancient Chinese astronomical calendar, it analyzes the process and way of the ancients' definition of cold and heat, Summer days and lunar month, spring, summer, autumn and winter. It also analyzes the basis for the establishment of the beginning month of the year in the astronomical calendar of Xia, Shang and Zhou Dynasties, and the origin of the formation of twelvemonth in the lunar calendar at the season divided into three parts in the Gregorian calendar. This paper expounds the method of determining the time of the year according to the astronomical observation of twelve stars and the observation of climate (ground temperature) of twelve ancient tones. And try to analyze the cause of formation from astronomy through twelve news hexagrams, and describe the 24 solar terms from phenology with twelve Earthly Branches. So as to sort out the ancient people's perceptual analysis of annual climate refinement and phenological rotation. It provides references for accurately understanding of the historical origins of ancient seasons and phenology.

Keywords: The 24 Solar Terms; The Catender is so Regulated as Music by a Tuner; Twelve News Hexagrams; Earthly Branches; Cold and Heat

The Background, Composition and Development of Classical Meteorology

Chen Zhenghong / 159

Abstract: The classical meteorology is the first stage in the development of meteorological history, and it is an important field of meteorological history research. This paper combs the germination of classical meteorology in ancient civilization, expounds the knowledge background of the formation of Western classical meteorology, and emphatically discusses Aristotle's thought of classical meteorology. The paper also outlines the development and breakthrough of classical meteorology after Aristotle.

Keywords: The History of Meteorology; Classical Meteorology; *Meteorologica*; Knowledge System of Meteorology

The Development of Mountain Meteorology in Nineteenth - century Scotland

Simon Naylor / 174

Abstract: This paper discusses the development of Scottish mountain meteorology in the 19th century, especially traces the history of the Scottish Meteorological Society and its attempt to establish a meteorological observatory on the top of the mountain, with emphasis on the work of Clement Wragge. While working on Ben Nevis, Wragges' emphasized his own experience and deep understanding of the mountain landscape, as well as his emphasis on the scientific virtues of precision and punctuality. These are the reasons why his observations are valuable and reliable. Lord Kelvin, a famous physicist at the university of Glasgow, did the same, focusing on Wragges' work as a reason to build a permanent observatory at the top of the mountain. This view of mountain meteorologist as heroic and noble was an important determining factor in raising the funds needed to build and operate the Ben Nevis Observatory until 1904.

Keywords: Scotland; Mountain Meteorology; Observation Station

WMO Development and Trends from the Historical Perspective

Li Pan, Ouyang Huiling, Tang Xu / 198

Abstract: The World Meteorological Organization (WMO), an intergovernmental international organization, founded in 1950, is an evolution of the International Meteorological Organization (IMO), a non-government international organization, which was established in 1873. In June 2019, the 18th World Meteorological Congress approved the WMO reform plan. This paper will focus on the WMO historical development, the content and process of the institutional reform, and analyze the WMO trend in promoting the development of atmospheric science.

Keywords: WMO; IMO; Historical Evolution

Meteorology Education and Personnel Training at the Beginning of National Tsinghua University

Wu Haiping / 213

Abstract: National Tsinghua University established the Department of Geography in 1928 and offered courses in meteorology, and then it was reorganized into the Department of Geography in 1932, with three groups of geology, geography and meteorology. In April 1938, the Department of Geology of Tsinghua University moved to Changsha and Kunming successively, and reorganized with the Department of Geology of Peking University into the Department of Geology, Geography and Meteorology. This paper discusses in detail the curriculum, teaching staff, meteorological station construction and personnel training in the initial period of the meteorological discipline of National Tsinghua University from 1928 to 1937, in order to improve the understanding of the history of meteorological science and technology in China. and provide reference for the new related disciplines in colleges and universities.

Keywords: National Tsinghua University; Meteorology Education; Personnel Training; Republic of China period

A Century History of Yingkou Meteorological Station

Abstract: Yingkou is the first foreign trade port in Northeast China, and it is also the earliest city in modern meteorological observation. Its meteorological observation history spans a hundred years, covering the period customs, Japan's invasion and many stages of meteorological activities after the founding of new China. On May 17, 2017, Yingkou meteorological station was selected as one of the first 100 year meteorological stations of WMO. Yingkou is the only remaining station in the three meteorological stations that were selected simultaneously in Chinese mainland. From 2017 to 2019, Yingkou meteorological bureau built Yingkou Centennial meteorological exhibition hall based on the former site. During the construction of the former site, the relics of meteorological observation records burned by the Japanese army in that year were accidentally found. After excavation and restoration, the precious meteorological historical and cultural heritage was left.

Keywords: Centennial Meteorological Station; Yingkou Meteorological Station; Meteorotogic History; Cultural Heritage

Astrometeorology Group of National Shandong University Founded in 1935

Zhang gaizhen, *Wang Zhiqiang* / 245

Abstract: The construction of independent meteorological stations, the development of meteorological service and the development of meteorological education promoted each other. In 1935, national Shandong University and Qingdao Observatory established the astrometeorology group in the Department of physics of national Shandong University for the purpose of training meteorological technical talents directly needed in China. National Shandong University has good teachers and school running conditions. Qingdao Observatory provides students with complete practice bases, books and experimental instruments. This is the third school offering Meteorology in the history of Meteorology education in China.

Keywords: Astronomy and Meteorology Group; National Shandong University; Qingdao Observatory; Jiang Bingran

Zhang Yan's Contribution and Enlightenment in Rainstorm Forecast of Three Gorges Project

He Haiying, *Chen Zhenghong* / 248

Abstract: Mrs. Zhang Yan has been engaged in the research on the theory and application of rainstorm forecast for a long time, and is one of the founders and pioneers of Hydrometeorology. This paper mainly introduces her research on Rainstorm Forecast for the Three Gorges Project in 1958. She first put forward a large – scale objective precipitation forecast method in China, thus creating a precedent of quantitative precipitation forecast.

Keywords: Zhangyan; Three Gorges Project; Rainstorm Forecast

《气象史研究》约稿启事

《气象史研究》（*Meteorological History Studies*）是由中国气象局气象干部培训学院主办，中国科技史学会气象科技史委员会承办的学术辑刊，是以气象历史为研究对象的学术性辑刊，旨在为国内气象史和相关研究提供成果发布平台，推动中国气象史与文明国际化发展，拓展该领域的学术交流与资源共享。

1. 本刊发表文章包括：特稿、大气科学分支学科史、气象人物史、气象教育与培训史、气象灾害史、气象科技文化遗产、气候与文明史、地方气象史以及涉及气象与历史的相关研究成果等，每年定期出版 1 ~ 2 辑。投稿形式以研究论文为主，也包括文献评介、书评、成果介绍、学术动态等。

2. 投稿须是没有公开发表的原创性文章。本刊发表学术论文稿件一般不少于 8000 字，不超过 15000 字。书评、成果介绍等文章稿件不超过 4000 字，

3. 《气象史研究》辑刊将被中国知网（CNKI）等数据库收录，如有异议，请在来稿中说明。

4. 来稿请通过电子邮件提供 WORD 文档。如文中包括特殊字符、插图，请同时提供 PDF 文档。文中插图请同时单独发送图片文件。来稿文责由作者自负。

5. 请勿一稿多投。投稿后会在三个月内收到有关稿件处理的通知。为免邮误，作者在发出稿件三个月后如未收到通知，请向编辑部查询。

6. 本刊编辑部设在中国气象局气象干部培训学院，联系方法如下。

邮政地址：北京市中关村南大街46号，中国气象局气象干部培训学院国际培训部 陈老师 何老师

邮政编码：100081

投稿邮箱：qxkjshy@ yeah. net

电　　话：010 - 58994127

010 - 68400243

《气象史研究》稿件体例及注释规范

一、文稿请按题目、作者、摘要（250～300字）、关键词（3～5个）、基金项目（可选）、作者简介、正文之次序撰写。节次或内容编号请按一、（一）、1、（1）……之顺序排列。文后请附英文题目和摘要。

二、正文或注释中出现的中文书籍、期刊、报纸之名称，请以书名号《》表示；文章篇名请以书名号《》表示。英文著作、期刊、报纸之名称，请以斜体表示；文章篇名请以双引号“”表示。古籍书名与篇名连用时，可用“·”将书名与篇名分开，如《论语·学而》。

三、正文或注释中出现的页码及出版年月日，请尽量以公元纪年并以阿拉伯数字表示。

四、所有引用和注释均需详列来源。参考文献请参考下列附例。

（一）书籍

1. 中文

（1）专著

石源华：《中华民国外交史新著》（第三卷），社会科学文献出版社，2013，第1094～1174页。

（2）编著

谢伏瞻主编《中国社会科学院国际形势报告（2021）》，社会科学文献出版社，2021，第39页。

（3）译著

〔美〕亨利·基辛格：《大外交》，顾淑馨等译，海南出版社，2012，第146页。

（4）文集中的文章

爱德华·卡尔：《现实主义对乌托邦主义的批判》，载秦亚青编《西方国际关系理论经典导读》，北京大学出版社，2009，第3～24页。

2. 西文

（1）专著

Robert G. Sutter, *Chinese Foreign Relations: Power and Policy since the Cold War*, Lanham, Maryland: Rowman & Littlefield Publishers, Inc., 2012, pp. 17 – 37.

（2）编著

Christopher M. Dent, ed., *China, Japan and Regional Leadership in East Asia*, Cheltenham, U. K.: Edward Elgar Publishing Ltd., 2008, p. 286.

（3）文集中的文章

June Teufel Dreyer, "Sino – Japanese Territorial and Maritime Disputes," in Bruce A. Elleman, Stephen Kotkin, and Clive Schofield, eds., *Beijing's Power and China's Borders: Twenty Neighbors in Asia*, New York: M. E. Sharpe, 2013, pp. 81 – 95.

（二）论文

1. 中文

（1）学术论文

祁怀高、石源华：《中国的周边安全挑战与大周边外交战略》，《世界经济与政治》2013 年第 6 期，第 25 ~ 46 页。

（2）报纸文章

温家宝：《关于社会主义初级阶段的历史任务和我国对外政策的几个问题》，《人民日报》2007 年 2 月 27 日，第 2 版。

（3）学位论文

都允珠：《后冷战时期中国周边区域多边外交研究》，博士学位论文，复旦大学，2008，第 134 页。

2. 西文

（1）期刊论文

Adam P. Liff and G. John Ikenberry, "Racing toward Tragedy?: China's Rise, Military Competition in the Asia Pacific, and the Security Dilemma," *International Security*, Vol. 39, No. 2 (Fall 2014), pp. 52 – 91.

（2）报纸文章

Joseph S. Nye Jr., "Work With China, Don't Contain It," *New York Times*,

January 26，2013，p. 19.

（三）档案文献

1. 中文

《斯大林与毛泽东会谈记录》，1949 年 12 月 16 日，俄总统档案馆，全宗 45，目录 1，案宗 239，第 9 ~ 17 页。

2. 西文

U. S. Department of States，*Foreign Relations of the United States*，1932，Vol. III，The Far East，Washington D. C.：Government Printing Office，1948，p. 8.

（四）辞书类

1. 中文

夏征农、陈至立主编《辞海》（第六版彩图本），第 2 册，上海辞书出版社，2009，第 2978 页。

2. 西文

The New Encyclopaedia Britannica，“The Transition to Socialism，1953 - 57，” Vol. 15，*Encyclopaedia Britannica*，15th ed.，Chicago，1988，p. 145.

五、第一次引用应注明全名与出版项，再次引用可以简化为“作者、著作、页码”。

六、来源于互联网的电子资源，除注明作者、题目、发表日期等信息外，还应注明完整网址。

1. 中文

国务院新闻办公室：《中国的和平发展》，2011 年 9 月，http：//www.scio.gov.cn/zfbps/ndhf/2011/Document/1000032/1000032_3.htm。

2. 西文

Central Intelligence Agency，“Maritime Zones of Northeast Asia，” Report No. 923，February 9，1978，https：//www.cia.gov/library/readingroom/docs/CIA - RDP08C01297R000200130003 - 5.pdf.

图书在版编目（CIP）数据

气象史研究．第一辑／中国气象局气象干部培训学院编．-- 北京：社会科学文献出版社，2021.11
ISBN 978－7－5201－9119－7

Ⅰ．①气…　Ⅱ．①中…　Ⅲ．①气象学－历史－研究
Ⅳ．①P4－09

中国版本图书馆 CIP 数据核字（2021）第 200365 号

气象史研究（第一辑）

编　　者／中国气象局气象干部培训学院

出 版 人／王利民
责任编辑／李明伟
责任印制／王京美

出　　版／社会科学文献出版社·国别区域分社（010）59367078
地址：北京市北三环中路甲 29 号院华龙大厦　邮编：100029
网址：www.ssap.com.cn
发　　行／市场营销中心（010）59367081　59367083
印　　装／三河市龙林印务有限公司

规　　格／开　本：787mm × 1092mm　1/16
印　张：17.75　字　数：276 千字
版　　次／2021 年 11 月第 1 版　2021 年 11 月第 1 次印刷
书　　号／ISBN 978－7－5201－9119－7
定　　价／98.00 元